博弈论十五讲

俞 建 著

科学出版社
北 京

内 容 简 介

本书对博弈论中的主要数学模型进行了比较全面的介绍，然后应用非线性分析的理论和方法，进行了比较深入的研究. 全书内容包括数学预备知识、矩阵博弈与两人零和博弈、双矩阵博弈与 n 人非合作有限博弈、n 人非合作博弈、广义博弈、数理经济学中的一般均衡理论、Nash 平衡点存在性定理的一些应用、主从博弈、多目标博弈、广义多目标博弈、完美平衡点与本质平衡点、有限理性问题、逼近定理、合作博弈简介.

本书可作为基础数学与应用数学、系统科学与经济管理及相关专业的高年级本科生或研究生教材，也可供从事基础数学与应用数学、系统科学与经济管理及相关专业的科研工作者学习参考.

图书在版编目(CIP)数据

博弈论十五讲/俞建著. —北京：科学出版社, 2020.12

ISBN 978-7-03-066993-3

Ⅰ. ①博… Ⅱ. ①俞… Ⅲ. ①博弈论 Ⅳ. ①O225

中国版本图书馆 CIP 数据核字(2020) 第 230917 号

责任编辑：李静科／责任校对：彭珍珍

责任印制：吴兆东／封面设计：陈 敬

科学出版社 出版

北京东黄城根北街 16 号

邮政编码：100717

http://www.sciencep.com

北京凌奇印刷有限责任公司印刷

科学出版社发行 各地新华书店经销

*

2020 年 12 月第 一 版 开本：720 × 1000 1/16

2025 年 1 月第三次印刷 印张：11 1/2

字数：228 000

定价：78.00 元

前言

六年以前, 作者写了《博弈论选讲》[1] 一书, 当时是出于两个方面的考虑: 一是关于博弈论的教材和专著, 无论是国内还是国外出版的, 绝大多数都是由经济学家写的, 主要是满足学习和研究经济学的需要, 博弈论是数学中运筹学的一个重要分支, 是由两位数学大师 von Neumann 和 Nash 创立的, 完全应当站在数学的高度来写一写, 这样不仅思想上更清晰, 逻辑上更严格, 而且结果及其证明也更简洁更漂亮; 二是基础数学与应用数学、系统科学与经济管理及相关专业的高年级本科生、研究生以及科研工作者也迫切需要一本篇幅不大, 但又有一定理论深度的教材和参考书.

六年多来, 不少读者选择此书作为教材和参考书, 使用后反映是很好的. 同时, 作者又阅读了大量的博弈论文献, 加深了一些认识, 当然也有了不少新的研究成果, 所以就在《博弈论选讲》的基础上写了《博弈论十五讲》, 充实和丰富了不少重要内容, 这包括很多新的结果及其证明技巧, 并对一些在理解上可能产生困难的内容作了更多启发式的说明.

近些年来博弈论发展的势头很好, 其内容、方法和意义也开始受到学界的重视, 因此有必要在前言中作进一步的阐述.

"天下熙熙, 皆为利来; 天下攘攘, 皆为利往." 两千多年以前我国伟大的史学家和文学家司马迁在《史记》中的名言, 今天读起来仍然感受到其思想之深刻. 试问当今世界离开了对利益冲突与合作的分析, 我们又如何能够研究经济乃至于整个社会问题的天下大事呢?

数学在经济学中的应用, 是与经济学中最基础也是最核心的利益最大化原则密切相关的: 如果在模型中决策者只有一个, 那就应用种种最优化方法; 如果在模型中决策者不止一个, 每个决策者都追求自身利益的最大化, 且他们的利益是互相关联的 (在很多情况下是互相冲突的), 那只有达到平衡, 这就是博弈论的思想, 博弈论正是研究这种利益冲突与合作的运筹学的一个重要分支. 应当说, 相比最优化方法, 博弈论更具普遍性, 因为它是更加接近实际的你中有我且我中有你的行为互动的决策科学, 它与当今世界经济和社会发展的全球化潮流是一致的. 当然, 博弈论与最优化方法并不是对立的, 很多博弈的平衡点, 也还是要通过最优化方法来求得的, 例如矩阵博弈的平衡点, 就是用线性规划的算法来求解的.

当然, 具体到每个决策者对自身利益的诉求, 每个决策者都有自己独立的价值取向, 且自身利益并不限于收入, 也包括风险、休闲、名声以及社会责任等, 因此它可以是利己的, 也可以是利他或部分利他的, 这一点很重要.

博弈论讲平衡, 经济学尤其是数理经济学也讲平衡, 这就是一般经济均衡理论. 从 1776 年 Adam Smith 提出 “看不见的手”, 到 1874 年 Walras 将 “看不见的手” 解释为价格体系, 消费者和生产者各自追求自身的最大利益, 在竞争中通过均衡价格而达到供需平衡, 但是 Walras 并没有给出这一思想的准确表述, 更没有给出均衡价格存在的严格证明. 1944 年 von Neumann 等出版了《博弈论与经济行为》[2] 一书, 在此书的 “技术说明” 中, von Neumann 等写道, “将遵从理论物理这个优秀典范” 来进行分析, 将进行 “数理逻辑、集合论和泛函分析式的推理”, 例如对矩阵博弈, 就应用凸集分离定理证明了鞍点 (即平衡点) 的存在性. 1950 年和 1951 年, 年轻的 Nash (1994 年 Nobel 经济学奖获得者) 突破了 von Neumann 等零和思维的束缚, 提出了 n 人非合作有限博弈的概念, 并分别应用集值映射的 Kakutani 不动点定理和连续映射的 Brouwer 不动点定理, 证明了平衡点的存在性, 见文献 [3] 和 [4]. 正是在 von Neumann 和 Nash 工作的鼓舞下, 1952 年 Debreu(1983 年 Nobel 经济学奖获得者) 提出了广义博弈的概念, 并应用不动点定理证明了广义博弈平衡点的存在性定理[5], 然后在 1954 年与 Arrow(1972 年 Nobel 经济学奖获得者) 合作, 应用广义博弈平衡点的存在性定理证明了一般经济均衡的存在性定理[6], 产生了巨大的影响. 66 年过去了, 这些年来经济全球化深入发展, 科学技术突飞猛进, 生产规模扩大, 垄断势力增强, 随着这种竞争的日益加剧以及各种利益冲突与合作的持续展开, 博弈论的思想和方法已逐渐成为理解和分析经济问题的工具和语言, 这就是经济学中的博弈论革命.

文献 [7] 在其序言中指出, 1987 年, 新版的大型经济学百科全书《新帕尔格雷夫》问世, 编写者指出那场横扫经济学的博弈论革命 “很显然完全是由 von Neumann 和 Nash 的基本数学原理所引发, 别人的任何贡献都不能与他们相比.”

1994 年, Nobel 经济学奖授予 Harsanyi, Nash 和 Selten 三人, 瑞典皇家科学院的 “新闻公告” 中指出[8]: “von Neumann 等的不朽研究《博弈论与经济行为》奠定了他们在经济学中运用博弈论的基础. 在 50 年后的今天, 博弈论已成为一种经济问题分析的主导工具. 特别地, 非合作博弈 (即排除了有约束力合同的博弈论分支) 对经济研究有着巨大影响. 该理论的主要内容是平衡概念, 这一概念被用来预测策略互动的结果.” 从这以后, 又有 6 次 (分别是 1996 年、2001 年、2005 年、2007 年、2012 年和 2014 年) Nobel 经济学奖授予从事博弈论研究与应用的学者, 除去 2012 年的获奖工作, Nobel 经济学奖中的博弈论工作都属于非合作博弈.

非合作博弈论与合作博弈论, 它们之间的关系如何?

非合作博弈论不允许局中人结盟, 也不允许局中人之间对支付进行再分配, 强调的是策略和平衡 (注意到非合作博弈并不意味着局中人总是拒绝与其他局中人合作, 受自身利益的驱使, 局中人也能在一些情况下表现合作的行为); 合作博弈论则允许局中人结盟, 也允许局中人之间对支付进行再分配, 强调的是结盟和分配. 合作博弈论强调结盟, 这就需要局中人之间在博弈开始之前进行谈判, 包括如何协调选择各自的策略以及如何对支付进行再分配, 达成一个具有强制力的协议. 谈判是要以实力为基础的, 谈判达成的协议往往是不稳定的, 这难道不是当今世界的现实吗? 正如国际著名博弈论学者 Dixit 在名著《策略博弈》[9] 中指出的那样: "现实中绝大多数博弈并没有充足地实施联合行为协议的外部强制力, 因此本书以非合作博弈为主要分析对象." 本书也主要研究非合作博弈, 因为它在博弈论中处于基础与核心的地位, 当然也将合作博弈作为一讲来简要介绍, 因为有时它可以起到必不可少的补充作用.

为了便于更多读者阅读, 本书主要在有限维欧氏空间 R^n 的框架中展开论述 (2.2 节、12.3 节和第 13 讲要涉及度量空间), 首先对博弈论中的主要数学模型进行介绍, 然后应用非线性分析的理论和方法对它们进行比较深入的研究, 其中很多结果及其证明技巧都是新的, 富有启发性的, 当然也是完全可以改进和推广的.

本书共十五讲, 主要内容大致安排如下: 第 1 讲和第 2 讲是数学预备知识, 重点在于对凸分析、集值映射和不动点定理作简明扼要的论述; 第 3 讲和第 4 讲分别介绍矩阵博弈、两人零和博弈、双矩阵博弈和 n 人非合作有限博弈; 第 5 讲和第 6 讲分别介绍 n 人非合作博弈和广义博弈, 分别给出了一系列平衡点的存在性定理, 其中 Bayes 博弈是 1994 年 Nobel 经济学奖获得者 Harsanyi 的主要贡献, 他为信息经济学的发展奠定了基础; 第 7 讲是数理经济学中的一般均衡理论, 除了阐述 Walras 一般经济均衡理论思想外, 重点论述了平衡点的存在性和 Pareto 最优性, 这正是要实行市场经济的原因所在; 第 8 讲是 Nash 平衡点存在性定理的一些应用, 证明了平衡点存在性定理与 Brouwer 不动点定理和 Kakutani 不动点定理的等价性, 同时还直接导出了一般经济均衡定理; 第 9 讲介绍主从博弈; 第 10 讲和第 11 讲分别介绍多目标博弈与广义多目标博弈, 分别给出了一系列平衡点的存在性定理; 第 12 讲介绍完美平衡点与本质平衡点, 完美平衡点是 1994 年 Nobel 经济学奖获得者 Selten 在 1975 年提出的, 他将完全理性看作是有限理性的极限, 提出了 Nash 平衡点精练的概念, 这也是他的主要贡献, 本质平衡点是我国著名数学家吴文俊先生和江加禾先生在 1962 年提出的, 是博弈论中最早的平衡点的稳定性研究, 实际上是 Nash 平衡点的一种精练; 第 13 讲是有限理性问题, Simon (1978 年 Nobel 经济学奖获得者) 最早提出有限理性概念, 对经济学中的完全理性假设提出了质疑, 我们对有限理性研究中的博弈论模型进行了深入的研究, 指出了在博弈论与经济学模型中考虑有限理性作用, 一般来说不会产生较大的影响和冲击, 因而对于建立在完全理性假设之上的模型分析结果, 大多数情况下仍然是合理的和可以接受的, 这也是对 Simon 质疑的一个回应; 第 14 讲是逼近定理, 对最优化问题、平衡点问题和不动点问题等一系列非线性问题, 给出了其有限理性对完全理性的逼近定理; 第 15 讲是合作博弈简介, 对合作博弈中两个最常用的解 —— 核与 Shapley 值, 作了简明扼要的介绍.

本书不是对博弈论作面面俱到的介绍, 之所以选择以上内容作为十五讲, 也是与作者的数学背景、个人兴趣及研究方向有关, 这一特色恳请读者理解.

衷心感谢有关的机构、老师、朋友、学生和家人.

本书虽经反复修改, 疏漏仍在所难免, 恳请读者批评指正.

最后, 作者愿意引用 12 年前在《博弈论与非线性分析》一书[10] 中前言的结束语: "博弈论近些年来发展很快, 它向数学提出了很多新的研究课题, 而博弈论的应用广泛而深刻, 不仅对经济学是如此, 因为博弈论抽象地分析利益冲突与合作问题, 它的应用远远超出了经济学的范围, 它已经成为其他许多社会科学领域中普遍认可的、充满生机活力的工具和语言. 在这个意义上, 博弈论的发展和应用也充分展示了数学与经济学, 乃至许多社会科学的交叉与融合, 这是我们应当给予高度关注的." 今天, 尤其是在今天, 作者再次呼吁.

作　者
贵州大学
2020 年 4 月 15 日

目 录

第 1 讲　n 维欧氏空间 R^n 与凸分析简介

本讲是全书的数学预备知识之一, 主要内容是 n 维欧氏空间与凸分析初步, 本讲将对这部分内容作简明扼要的介绍, 主要参考了文献 [10]~[13].

1.1　n 维欧氏空间 R^n

关于 n 维欧氏空间 R^n, 相信读者是熟悉的.

对任意 R^n 中的两点 $x=(x_1,\cdots,x_n)$ 和 $y=(y_1,\cdots,y_n)$, 定义 x 与 y 之间的距离

$$d(x,y)=\left[\sum_{i=1}^{n}(x_i-y_i)^2\right]^{\frac{1}{2}}.$$

显然有

(1) $d(x,y)\geqslant 0$, $d(x,y)=0$ 当且仅当 $x=y$;

(2) $d(x,y)=d(y,x)$;

(3) 对任意 R^n 中的一点 $z=(z_1,\cdots,z_n)$, $d(x,y)\leqslant d(x,z)+d(y,z)$.

设 $\{x^m\}$ 是 R^n 中的一个序列, $x\in R^n$, 如果 $d(x^m,x)\to 0\,(m\to\infty)$, 则称 $x^m\to x$, 显然 x 是唯一确定的, 即如果 $x^m\to x$, $x^m\to y$, 则 $x=y$.

又 $d(x,y)$ 是 (x,y) 的连续函数, 即如果 $x^m\to x$, $y^m\to y$, 则 $d(x^m,y^m)\to d(x,y)$.

对任意 $x^0\in R^n$ 和实数 $r>0$, 记 $O(x^0,r)=\{x\in R^n:d(x,x^0)<r\}$, 它是以 x^0 为球心, r 为半径的开球.

设 G 是 R^n 中的非空子集, $x^0\in G$, 如果存在 $r>0$, 使 $O(x^0,r)\subset G$, 则称 x^0 是 G 的内点. G 中全体内点的集合称为 G 的内部, 记为 $\text{int}G$. 如果 G 中每一点都是 G 的内点, 即 $G=\text{int}G$, 则称 G 是 R^n 中的开集.

显然有

(1) 空集 $\varnothing$ 和 R^n 都是开集;

(2) 任意个开集的并集是开集;

(3) 有限个开集的交集是开集.

设 F 是 R^n 中的非空子集, 如果对 F 中的任一序列 $\{x^m\}$, $x^m\to x$, 则必有 $x\in F$, 就称 F 是 R^n 中的闭集.

易知闭集的余集是开集, 开集的余集是闭集, 且有

(1) 空集 $\varnothing$ 和 R^n 都是闭集;

(2) 任意个闭集的交集是闭集;

(3) 有限个闭集的并集是闭集.

设 A 是 R^n 中的非空子集, 所有包含 A 的闭集的交集, 也就是包含 A 的最小闭集, 称为 A 的闭包, 记为 $\bar{A}$. 显然 A 是闭集当且仅当 $A=\bar{A}$.

设 X 是 R^n 中的非空子集, 可以将其视为 R^n 的子空间: 对任意 X 中的两点 $x=(x_1,\cdots,x_n)$ 和 $y=(y_1,\cdots,y_n)$, 仍以 R^n 中两点之间的距离公式 $d(x,y)$ 来定义它们在 X 中两点之间的距离. R^n 中任意开集与 X 的交即为 X 中的开集, R^n 中任意闭集与 X 的交即为 X 中的闭集. $x_0\in X$, 任何包含 x_0 的 X 中的开集称为 x_0 在 X 中的一个开邻域.

设 A 是 R^n 中的非空点集, 称 $d(A)=\sup\limits_{x\in A,y\in A} d(x,y)$ 为 A 的直径. 如果 $d(A)<\infty$, 则称 A 是 R^n 中的有界集.

以下两个结果的证明见文献 [14].

(1) **聚点收敛定理**. 设 X 是 R^n 中的有界闭集, 则对 X 中的任意序列 $\{x^m\}$, 其必有子序列 $\{x^{m_k}\}$, 使 $x^{m_k}\to x\in X\,(m_k\to\infty)$.

注 1.1.1　这是数学分析实数理论中 Weierstrass 定理的推广. 进一步, 如果 X 是 R^n 中的有界集, 则对 X 中的任意序列 $\{x^m\}$, 其必有子序列 $\{x^{m_k}\}$, 使 $x^{m_k}\to x\,(m_k\to\infty)$, 这里因 X 不一定是闭集, 故 x 不一定属于 X.

(2) **有限开覆盖定理**. 设 X 是 R^n 中的有界闭集, $\{G_\lambda:\lambda\in\Lambda\}$ 是 R^n 中的任意一族开集 (其中 Λ 是指标集), $\bigcup\limits_{\lambda\in\Lambda} G_\lambda\supset X$, 则存在这族开集中的有限个开集 $G_1,\cdots,G_m$, 使 $\bigcup\limits_{i=1}^{m} G_i\supset X$.

注 1.1.2　这是数学分析实数理论中 Borel 覆盖定理的推广. 进一步, 如果 X 是 R^n 中的有界闭集, $\{G_\lambda:\lambda\in\Lambda\}$ 是 X 中的任意一族开集 (其中 Λ 是指标集), $\bigcup\limits_{\lambda\in\Lambda} G_\lambda=X$, 则存在这族开集中的有限个开集 $G_1,\cdots,G_m$, 使 $\bigcup\limits_{i=1}^{m} G_i=X$.

证明如下:

$\forall\lambda\in\Lambda$, 因 G_λ 是 X 中的开集, 存在 R^n 中的开集 G'_λ, 使 $G_\lambda=G'_\lambda\cap X$. 因 $\bigcup\limits_{\lambda\in\Lambda} G'_\lambda\supset X$, 存在 $G'_1,\cdots,G'_m$, 使 $\bigcup\limits_{i=1}^{m} G'_i\supset X$, 故 $\bigcup\limits_{i=1}^{m} G_i=X$.

设 A 是 R^n 中的非空子集, $x\in R^n$, 称 $d(x,A)=\inf\limits_{y\in A} d(x,y)$ 为 x 与 A 之间的距离.

引理 1.1.1　设 A 是 R^n 中的非空子集, 则 $\forall x,y\in R^n$, 有

$$|d(x,A)-d(y,A)|\leqslant d(x,y)$$

(这表明 $d(x,A)$ 对 x 是连续的).

证明 $\forall a \in A$, 有

$$d(x, A) \leqslant d(x, a) \leqslant d(x, y) + d(y, a),$$

故

$$d(x, A) \leqslant d(x, y) + \inf_{a \in A} d(y, a) = d(x, y) + d(y, A),$$
$$d(x, A) - d(y, A) \leqslant d(x, y).$$

同样有

$$d(y, A) - d(x, A) \leqslant d(x, y),$$

最后得

$$|d(x, A) - d(y, A)| \leqslant d(x, y).$$

易证以下引理.

引理 1.1.2 (1) 设 A 是 R^n 中的非空子集, $x \in R^n$, 则 $d(x, A) = 0$ 当且仅当 $x \in \bar{A}$;

(2) 设 A 是 R^n 中的非空闭集, $x \in R^n$, 则 $d(x, A) = 0$ 当且仅当 $x \in A$.

设 X 是 R^n 中的非空子集, $f: X \to R$ 是一个函数, $x^0 \in X$, 如果 $\forall \varepsilon > 0$, 存在 x^0 在 X 中的开邻域 $O(x^0)$, 使 $\forall x \in O(x^0)$, 有

$$f(x) < f(x^0) + \varepsilon \quad (\text{或 } f(x) > f(x^0) - \varepsilon),$$

则称 f 在 x^0 是上半连续的 (或下半连续的). 如果 f 在 x^0 既上半连续又下半连续, 则称 f 在 x^0 是连续的, 此时 $\forall x \in O(x^0)$, 有 $|f(x) - f(x^0)| < \varepsilon$. 如果 $\forall x \in X$, f 在 x 连续 (或上半连续, 或下半连续), 则称 f 在 X 上是连续的 (或上半连续的, 或下半连续的).

引理 1.1.3 设 X 是 R^n 中的非空子集, $f: X \to R$ 是一个函数, 则

(1) f 在 X 上是上半连续的当且仅当 $\forall c \in R$, $\{x \in X: f(x) \geqslant c\}$ 是 X 中的闭集;

(2) f 在 X 上是下半连续的当且仅当 $\forall c \in R$, $\{x \in X: f(x) \leqslant c\}$ 是 X 中的闭集;

(3) f 在 X 上是连续的当且仅当 $\forall c \in R$, $\{x \in X: f(x) \geqslant c\}$ 和 $\{x \in X: f(x) \leqslant c\}$ 都是 X 中的闭集.

证明 只证 (1). 设 f 在 X 上是上半连续的, $\forall x^m \in \{x \in X: f(x) \geqslant c\}$, $x^m \to x^0 \in X$, 则 $x^m \in X$, 且 $f(x^m) \geqslant c$. $\forall \varepsilon > 0$, 因 f 在 x^0 上半连续且 $x^m \to x^0$, 则当 m 充分大时, 有 $c \leqslant f(x^m) < f(x^0) + \varepsilon$. 因 ε 是任意的, 故 $f(x^0) \geqslant c$, $x^0 \in \{x \in X: f(x) \geqslant c\}$, $\{x \in X: f(x) \geqslant c\}$ 必是 X 中的闭集.

反之, $\forall x^0 \in X$, $\forall \varepsilon > 0$, 因 $\left\{x \in X : f(x) \geqslant f\left(x^0\right)+\varepsilon\right\}$ 是 X 中的闭集, 故 $\left\{x \in X : f(x) < f\left(x^0\right)+\varepsilon\right\}$ 必是 X 中的开集. 记 $O\left(x^0\right)=\left\{x \in X : f(x) < f\left(x^0\right)+\varepsilon\right\}$, 它是 x^0 在 X 中的开邻域, $\forall x \in O\left(x^0\right)$, 有 $f(x) < f\left(x^0\right)+\varepsilon$, f 在 x^0 必是上半连续的.

注 1.1.3　可以将引理 1.1.3 叙述为以下:

(1) f 在 X 上是上半连续的当且仅当 $\forall c \in R$, $\{x \in X : f(x) < c\}$ 是 X 中的开集;

(2) f 在 X 上是下半连续的当且仅当 $\forall c \in R$, $\{x \in X : f(x) > c\}$ 是 X 中的开集;

(3) f 在 X 上是连续的当且仅当 $\forall c \in R$, $\{x \in X : f(x) < c\}$ 和 $\{x \in X : f(x) > c\}$ 都是 X 中的开集.

定理 1.1.1　设 X 是 R^n 中的有界闭集, $f: X \rightarrow R$, 则

(1) 如果 f 在 X 上是上半连续的, 则 f 在 X 上有上界, 且达到其最大值;

(2) 如果 f 在 X 上是下半连续的, 则 f 在 X 上有下界, 且达到其最小值;

(3) 如果 f 在 X 上是连续的, 则 f 在 X 上既有上界也有下界, 且达到其最大值和最小值.

证明　只证 (1). 用反证法, 如果 f 在 X 上无上界, 则对任意正整数 m, 存在 $x^m \in X$, 使 $f\left(x^m\right) > m$. 因 X 是 R^n 中的有界闭集, 由聚点收敛定理, 必有 $\left\{x^m\right\}$ 的子序列 $\left\{x^{m_k}\right\}$, 使 $x^{m_k} \rightarrow x^0 \in X$. 因 f 在 x^0 是上半连续的, 令 $\varepsilon=1$, 当 m_k 充分大时, 有 $m_k < f\left(x^{m_k}\right) < f\left(x^0\right)+1$, 由此得 $f\left(x^0\right)=\infty$, 矛盾.

记 $M=\sup\limits_{x \in X} f(x) < \infty$, 则对任何正整数 m, 存在 $x^m \in X$, 使 $M-\dfrac{1}{m} < f\left(x^m\right) \leqslant M$. 同上, 存在 $\left\{x^m\right\}$ 的子序列 $\left\{x^{m_k}\right\}$, 使 $x^{m_k} \rightarrow x \in X$. $\forall \varepsilon > 0$, 当 m_k 充分大时, 有 $M-\dfrac{1}{m_k} < f\left(x^{m_k}\right) < f\left(x^0\right)+\varepsilon$, 故 $M \leqslant f\left(x^0\right)+\varepsilon$. 因 ε 是任意的, 有 $M \leqslant f\left(x^0\right)$. 又 $f\left(x^0\right) \leqslant M$, 最后得 $f\left(x^0\right)=M$.

注 1.1.4　可以用有限开覆盖定理来证明 (1): 用反证法, 如果结论不成立, 则 $\forall x \in X$, 必存在 $y \in X$, 使 $f(y) > f(x)$, 即 $x \in G(y)$, 其中 $G(y)=\{x \in X : f(x) < f(y)\}$. 由注 1.1.3(2), $G(y)$ 是开集. 因 $X=\bigcup\limits_{y \in X} G(y)$, 而 X 是 R^n 中的有界闭集, 由有限开覆盖定理, 存在 $\left\{y_1, \cdots, y_m\right\} \subset X$, 使 $X=\bigcup\limits_{i=1}^{m} G\left(y_i\right)$. 不妨设 $f\left(y_1\right) \leqslant f\left(y_2\right) \leqslant \cdots \leqslant f\left(y_m\right)$, 则易知 $G\left(y_1\right) \subset G\left(y_2\right) \subset \cdots \subset G\left(y_m\right)$, $X=G\left(y_m\right)$. 因 $y_m \in X$, 故 $y_m \in G\left(y_m\right), f\left(y_m\right) < f\left(y_m\right)$, 矛盾.

定理 1.1.2　设 X 是 R^n 中的有界闭集, $\left\{G_1, \cdots, G_m\right\}$ 是 X 中的 m 个开集, 且 $\bigcup\limits_{i=1}^{m} G_i=X$, 则存在从属于此开覆盖 $\left\{G_1, \cdots, G_m\right\}$ 的连续单位分划 $\left\{\beta_1, \cdots, \beta_m\right\}$,

即 $\forall i=1,\cdots,m$, $\beta_i: X\to R$ 满足

(1) β_i 在 X 上是连续的, 且 $\forall x\in X$, 有 $0\leqslant \beta_i(x)\leqslant 1$;

(2) $\forall x\in X$, 如果 $\beta_i(x)>0$, 则 $x\in G_i$;

(3) $\forall x\in X$, $\sum\limits_{i=1}^{n}\beta_i(x)=1$.

证明 $\forall i=1,\cdots,m$, 定义 $\beta_i: X\to R$ 如下:

$$\forall x\in X,\quad \beta_i(x)=\frac{d(x,X\backslash G_i)}{\sum\limits_{i=1}^{m}d(x,X\backslash G_i)}.$$

首先, 如果 $\sum\limits_{i=1}^{m}d(x,X\backslash G_i)=0$, 则 $\forall i=1,\cdots,m$, 有 $d(x,X\backslash G_i)=0$, 因 G_i 是开集, $X\backslash G_i$ 是闭集, 由引理 1.1.2(2), 有 $x\in X\backslash G_i$, 即 $x\in X$, 而 $x\notin G_i$, 这与 $x\in X=\bigcup\limits_{i=1}^{m}G_i$ 矛盾. 又由引理 1.1.1, $\forall i=1,\cdots,m$, β_i 在 X 上必连续, 且 $\forall x\in X$, 有 $0\leqslant\beta_i(x)\leqslant 1$, $\sum\limits_{i=1}^{n}\beta_i(x)=1$.

$\forall x\in X$, 如果 $\beta_i(x)>0$, 则 $d(x,X\backslash G_i)>0, x\notin X\backslash G_i, x\in G_i$.

$\forall x=(x_1,\cdots,x_n)\in R^n$, 定义 x 的范数 (或模)

$$\|x\|=\left(\sum_{i=1}^{n}x_i^2\right)^{\frac{1}{2}}.$$

显然有

(1) $\|x\|\geqslant 0$, $\|x\|=0$ 当且仅当 $x=\mathbf{0}$;

(2) $\forall\alpha\in R$, $\|\alpha x\|=|\alpha|\,\|x\|$;

(3) $\forall y\in R^n$, $\|x+y\|\leqslant\|x\|+\|y\|$.

注意到 $\forall x\in R^n$, $\forall y\in R^n$, 有 $\|x-y\|=d(x,y)$. 这样, $d(x^m,x)\to 0\,(m\to\infty)$ 当且仅当 $\|x^m-x\|\to 0\,(m\to\infty)$.

$\forall x=(x_1,\cdots,x_n)\in R^n, \forall y=(y_1,\cdots,y_n)\in R^n$, 定义 x 与 y 的内积

$$\langle x,y\rangle=\sum_{i=1}^{n}x_iy_i.$$

显然有

(1) $\langle x,x\rangle\geqslant 0$, $\langle x,x\rangle=0$ 当且仅当 $x=\mathbf{0}$;

(2) $\langle x,y\rangle=\langle y,x\rangle$;

(3) $\forall\alpha,\beta\in R$, $\forall z\in R^n$, $\langle\alpha x+\beta y,z\rangle=\alpha\langle x,z\rangle+\beta\langle y,z\rangle$.

$\forall x\in R^n$, 有 $\langle x,x\rangle=\|x\|^2$, 且有以下引理.

引理 1.1.4 (1) $\forall x, y \in R^n$, 有

$$|\langle x, y\rangle| \leqslant \|x\| \, \|y\| \quad (\text{Cauchy 不等式});$$

(2) $\forall x, y \in R^n$, 平行四边形公式

$$\|x+y\|^2 + \|x-y\|^2 = 2\left(\|x\|^2 + \|y\|^2\right)$$

成立.

证明 (1) $\forall \lambda \in R$, 由

$$\langle \lambda x - y, \lambda x - y\rangle = \lambda^2 \|x\|^2 - 2\lambda \langle x, y\rangle + \|y\|^2 \geqslant 0,$$

得以上关于 λ 的二次三项式的判别式

$$4\,|\langle x, y\rangle|^2 - 4\,\|x\|^2 \, \|y\|^2 \leqslant 0,$$

故

$$|\langle x, y\rangle| \leqslant \|x\| \, \|y\|.$$

(2) $$\begin{aligned}\|x+y\|^2 + \|x-y\|^2 &= \langle x+y, x+y\rangle + \langle x-y, x-y\rangle \\ &= \langle x, x\rangle + 2\langle x, y\rangle + \langle y, y\rangle + \langle x, x\rangle - 2\langle x, y\rangle + \langle y, y\rangle \\ &= 2\left(\|x\|^2 + \|y\|^2\right).\end{aligned}$$

设 X 和 Y 分别是 R^m 和 R^n 中的两个非空子集, R^m 和 R^n 上的距离函数分别记为 d 和 ρ, $f: X \to Y$ 是一个映射, $x^0 \in X$. 如果 $\forall \varepsilon > 0$, 存在 x^0 在 X 中的开邻域 $O\left(x^0\right)$, 使 $\forall x \in O\left(x^0\right)$, 有

$$\rho\left(f(x), f\left(x^0\right)\right) < \varepsilon,$$

则称映射 f 在 x^0 上连续的. 如果 f 在 X 中的每一点都连续, 则称 f 在 X 上是连续的. 此外, 定义

$$X \times Y = \{(x, y) : x \in X, y \in Y\},$$

$\forall (x, y) \in X \times Y$, $\forall (x', y') \in X \times Y$, 定义 (x, y) 和 (x', y') 之间的距离

$$l\left((x, y), (x', y')\right) = \left[\left(d(x, x')\right)^2 + \left(\rho(y, y')\right)^2\right]^{\frac{1}{2}},$$

易知如果 X 和 Y 分别是 R^m 和 R^n 中的有界闭集, 则 $X \times Y$ 必是 R^{m+n} 中的有界闭集.

1.2 凸集与凸函数

设 A 和 B 是 R^n 中的两个非空子集, 定义

$$A+B=\{x+y:x\in A,y\in B\}.$$

对任意 $\lambda\in R$, 定义

$$\lambda A=\{\lambda x:x\in A\}.$$

如果 A 和 B 是 R^n 中的非空有界闭集, 则易知 $A+B$ 必是 R^n 中的有界闭集, 且对任意 $\lambda\in R$, λA 必是 R^n 中的有界闭集.

设 C 是 R^n 中的一个非空子集, 如果 $\forall x_1,x_2\in C$, $\forall\lambda\in(0,1)$, 有 $\lambda x_1+(1-\lambda)x_2\in C$, 则称 C 是 R^n 中的凸集. 显然 C 是凸集当且仅当 $\forall\lambda\in(0,1)$, 有 $\lambda C+(1-\lambda)C=C$. 单点集是凸集, 规定空集 $\varnothing$ 是凸集.

设 A 和 B 是 R^n 中的两个非空凸集, $a,b\in R$, 则易知 $aA+bB$ 必是 R^n 中的凸集. 又易知 R^n 中任意个凸集的交集仍是凸集. 设 A 是 R^n 中的非空子集, R^n 中所有包含 A 的凸集的交集, 也就是包含 A 的最小凸集, 称为 A 的凸包, 记为 $\mathrm{co}(A)$, 它是 R^n 中凸组合 $\sum\limits_{i=1}^m\lambda_ix_i$ 的全体, 其中 $x_i\in A$, $\lambda_i\geqslant 0$, $i=1,\cdots,m$, $\sum\limits_{i=1}^m\lambda_i=1$, $m=1,2,3,\cdots$. 显然, A 是凸集当且仅当 $A=\mathrm{co}(A)$.

引理 1.2.1 设 A 是 R^n 中的一个非空子集, 则 $\forall x\in\mathrm{co}(A)$, x 必可以表示成 A 中至多 $n+1$ 个点的凸组合.

证明 $\forall x\in\mathrm{co}(A)$, 则 $x=\sum\limits_{i=1}^m\lambda_ix_i$, 其中 $\lambda_i>0$, $i=1,\cdots,m$, $\sum\limits_{i=1}^m\lambda_i=1$.

如果 $m>n+1$, 则 R^n 中 $m-1$ 个向量 $(x_2-x_1),\cdots,(x_m-x_1)$ 必是线性相关的, 存在不全为零的 $m-1$ 个实数 $\alpha_2,\cdots,\alpha_m$, 使

$$\sum_{i=2}^m\alpha_i(x_i-x_1)=\mathbf{0}.$$

化简, 并令 $\alpha_1=-\sum\limits_{i=2}^m\alpha_i$, 得

$$\sum_{i=1}^m\alpha_i=0\quad 且\quad\sum_{i=1}^m\alpha_ix_i=\mathbf{0}.$$

不妨设 $\alpha_m>0$, 且 $\dfrac{\lambda_m}{\alpha_m}=\min\left\{\dfrac{\lambda_k}{\alpha_k}:\alpha_k>0\right\}$ (否则可重新排列编号). $\forall i=$

$1, \cdots, m$, 令 $\beta_i = \lambda_i - \dfrac{\lambda_m}{\alpha_m}\alpha_i$, 则 $\beta_i \geqslant 0$, 但 $\beta_m = 0$. 注意到

$$\sum_{i=1}^{m} \beta_i = \sum_{i=1}^{m} \lambda_i - \frac{\lambda_m}{\alpha_m}\sum_{i=1}^{m} \alpha_i = 1.$$

另一方面, 因 $\beta_m = 0$, 有

$$\begin{aligned}\sum_{i=1}^{m-1} \beta_i x_i = \sum_{i=1}^{m} \beta_i x_i &= \sum_{i=1}^{m} \left(\lambda_i - \frac{\lambda_m}{\alpha_m}\alpha_i\right) x_i \\ &= \sum_{i=1}^{m} \lambda_i x_i - \frac{\lambda_m}{\alpha_m}\sum_{i=1}^{m} \alpha_i x_i = \sum_{i=1}^{m} \lambda_i x_i = x,\end{aligned}$$

这表明可以将 x 表示成 A 中 $m-1$ 个点的凸组合. 如果 $m-1 > n+1$, 继续以上过程, 直到可以将 x 表示成 A 中至多 $n+1$ 个点的凸组合.

注 1.2.1　实际上, $\forall x \in \mathrm{co}(A)$, 都可以将 x 表示成 A 中 $n+1$ 个点的凸组合.

定理 1.2.1　设 A 是 R^n 中的有界闭集, 则 $\mathrm{co}(A)$ 必是 R^n 中的有界闭凸集.

证明　$\mathrm{co}(A)$ 必是 R^n 中的凸集, 以下证明它是有界的: 因 A 有界, 则 $\sup\limits_{y \in A} \|y\| = M < \infty$.

$\forall x \in \mathrm{co}(A)$, 由引理 1.2.1 和注 1.2.1, 则 $x = \sum\limits_{i=1}^{n+1} \lambda_i x_i$, 其中 $x_i \in A$, $\lambda_i \geqslant 0$, $i = 1, \cdots, n+1$, $\sum\limits_{i=1}^{n+1} \lambda_i = 1$,

$$\|x\| = \left\|\sum_{i=1}^{n+1} \lambda_i x_i\right\| \leqslant \sum_{i=1}^{n+1} \lambda_i \|x_i\| \leqslant M \sum_{i=1}^{n+1} \lambda_i = M,$$

$\mathrm{co}(A)$ 必是有界的.

然后来证明 $\mathrm{co}(A)$ 必是闭集. 对任意 $\mathrm{co}(A)$ 中的序列 $\{x^m\}$, $x^m \to x$, 要证明 $x \in \mathrm{co}(A)$. 由引理 1.2.1 及注 1.2.1, $\forall m = 1, 2, 3, \cdots$, 存在 $x_{m_i} \in A$ 和 $\lambda_{m_i} \geqslant 0$, $i = 1, \cdots, n+1$, 使 $\sum\limits_{i=1}^{n+1} \lambda_{m_i} = 1$, 且 $x^m = \sum\limits_{i=1}^{n+1} \lambda_{m_i} x_{m_i}$. 记

$$B = \left\{\lambda = (\lambda_1, \cdots, \lambda_{n+1}) : \lambda_i \geqslant 0, i = 1, \cdots, n+1, \sum_{i=1}^{n+1} \lambda_i = 1\right\},$$

易知 B 是 R^{n+1} 中的有界闭集.

因 B 和 A 分别是 R^{n+1} 和 R^n 中的有界闭集, 由聚点存在定理, 不妨设 (否则可取子序列)

$$\lambda_{m_i} \to \lambda_i \geqslant 0, \quad x_{m_i} \to x_i \in A, \quad i = 1, \cdots, n+1.$$

因 $\sum\limits_{i=1}^{n+1}\lambda_{m_i}=1,\ m=1,2,3,\cdots$, 故 $\sum\limits_{i=1}^{n+1}\lambda_i=1,\ x^m\to\sum\limits_{i=1}^{n+1}\lambda_i x_i=\bar{x}\in\mathrm{co}\,(A)$. 又 $x^m\to x$, 故 $x=\bar{x}\in\mathrm{co}\,(A)$, $\mathrm{co}\,(A)$ 必是闭集.

定理 1.2.2 设 C 是 R^n 中的非空闭凸集, 则 $\forall x\in R^n$, 存在唯一的 $x_0\in C$, 使

$$\|x-x_0\|=\min_{y\in C}\|x-y\|.$$

证明 任取 $x_1\in C$, 不妨设 $x_1\neq x$, 记 $\|x_1-x\|=\rho>0$, 则 $C_1=\{x\in X:\|x-x_1\|\leqslant\rho\}$ 必是 R^n 中的有界闭集. 易知函数 $y\to\|x-y\|$ 在 C_1 上是连续的, 由定理 1.1.1(3), 存在 $x_0\in C_1\subset C$, 使

$$\|x-x_0\|=\min_{y\in C_1}\|x-y\|=\min_{y\in C}\|x-y\|.$$

以下证明唯一性. 用反证法, 如果结论不成立, 则存在 $x_0'\in C$, $x_0'\neq x_0$, 而

$$\|x-x_0'\|=\min_{y\in C}\|x-y\|.$$

记 $\min\limits_{y\in C}\|x-y\|=d$, 由平行四边形公式, 有

$$4\left\|x-\frac{x_0+x_0'}{2}\right\|^2+\|x_0-x_0'\|^2=2\left(\|x-x_0\|^2+\|x-x_0'\|^2\right)=4d^2.$$

因 C 是凸集, $\dfrac{x_0+x_0'}{2}\in C$, 故 $4\left\|x-\dfrac{x_0+x_0'}{2}\right\|^2\geqslant 4d^2$, 于是 $\|x_0-x_0'\|^2\leqslant 0$, 这与 $x_0'\neq x_0$ 矛盾.

注 1.2.2 x_0 称为 x 在 C 上的投影, 以上定理也称投影定理.

定理 1.2.3 设 C 是 R^n 中的非空闭凸集, $B\supset C$, 则存在连续映射 $r:B\to C$, 使 $\forall x\in C$, 有 $r(x)=x$.

证明 由定理 1.2.2, $\forall x\in B$, 存在唯一的 $r(x)\in C$, 使 $\|x-r(x)\|=\min\limits_{z\in C}\|x-z\|$, 且易知 $\forall x\in C$, 有 $r(x)=x$. 以下来证明映射 r 必是连续的.

$\forall x,y\in B$, $\forall\theta\in(0,1)$, 因 C 是凸集, $\theta r(y)+(1-\theta)r(x)\in C$, 故

$$\begin{aligned}&\|x-(\theta r(y)+(1-\theta)r(x))\|^2\\&=\|x-r(x)\|^2-2\theta\langle x-r(x),r(y)-r(x)\rangle+\theta^2\|r(y)-r(x)\|^2\\&\geqslant\|x-r(x)\|^2.\end{aligned}$$

化简, 因 $\theta>0$, 有

$$-2\langle x-r(x),r(y)-r(x)\rangle+\theta\|r(y)-r(x)\|^2\geqslant 0.$$

令 $\theta \to 0$, 有

$$\langle x - r(x), r(y) - r(x)\rangle \leqslant 0.$$

交换 x 和 y, 有

$$\langle y - r(y), r(x) - r(y)\rangle \leqslant 0.$$

这样,

$$\begin{aligned}\|x-y\|^2 &= \|[(x-r(x))-(y-r(y))]+(r(x)-r(y))\|^2\\ &= \|(x-r(x))-(y-r(y))\|^2+2\langle x-r(x), r(x)-r(y)\rangle\\ &\quad -2\langle y-r(y), r(x)-r(y)\rangle+\|r(x)-r(y)\|^2\\ &\geqslant \|r(x)-r(y)\|^2,\end{aligned}$$

最后得

$$\|r(x)-r(y)\| \leqslant \|x-y\|,$$

映射 $r: B \to C$ 必是连续的.

定理 1.2.4 (凸集分离定理)　设 A, B 是 R^n 中的非空闭凸集, 其中 B 是有界的, 且 $A \cap B = \varnothing$, 则存在 $p \in R^n$, 使 $\inf\limits_{y\in B}\langle p, y\rangle > \sup\limits_{x\in A}\langle p, x\rangle$.

证明　$\forall y \in B$, 因 $d(y, A)$ 在 B 上连续且 B 是有界闭集, 存在 $y_0 \in B$, 使 $d(y_0, B) = \min\limits_{y\in B} d(y, A)$. 因 A 是闭凸集, 由定理 1.2.2, 存在 $x_0 \in A$, 使

$$d(y_0, A) = \|y_0 - x_0\| = \min_{x\in A}\|y_0 - x\|.$$

设 $p = y_0 - x_0$, 因 $A \cap B = \varnothing$, 故 $p \neq \mathbf{0}$, $\langle p, y_0 - x_0\rangle = \langle p, p\rangle > 0$, 从而有 $\langle p, y_0\rangle > \langle p, x_0\rangle$.

以下来证明 $\forall x \in A$, $\langle p, x_0\rangle \geqslant \langle p, x\rangle$.

$\forall x \in A$, $\forall \lambda \in (0,1)$, 因 A 是凸集, 故 $(1-\lambda)x_0 + \lambda x \in A$, 且

$$\|y_0 - [(1-\lambda)x_0 + \lambda x]\|^2 \geqslant \|y_0 - x_0\|^2,$$

展开, 得

$$\begin{aligned}&\|y_0 - [(1-\lambda)x_0 + \lambda x]\|^2\\ =&\ \|\lambda(y_0 - x) + (1-\lambda)(y_0 - x_0)\|^2\\ =&\ \lambda^2\|y_0 - x\|^2 + 2\lambda(1-\lambda)\langle y_0 - x, y_0 - x_0\rangle + (1-\lambda)^2\|y_0 - x_0\|^2\\ \geqslant&\ \|y_0 - x_0\|^2,\end{aligned}$$

化简, 得

$$\lambda(\lambda-2)\|y_0-x_0\|^2+2\lambda(1-\lambda)\langle y_0-x,y_0-x_0\rangle+\lambda^2\|y_0-x\|^2\geqslant 0.$$

因 $\lambda>0$, 上式两边除以 λ, 并令 $\lambda\to 0$, 得

$$-2\|y_0-x_0\|^2+2\langle y_0-x_0,y_0-x\rangle\geqslant 0.$$

再化简, 并注意到 $p=y_0-x_0$, 得

$$\langle p,y_0-x\rangle\geqslant\langle p,p\rangle,$$

$$\langle p,x_0\rangle\geqslant\langle p,x\rangle.$$

同样可证明 $\forall y\in B$, 有 $\langle p,y\rangle\geqslant\langle p,y_0\rangle$, 这样,

$$\inf_{y\in B}\langle p,y\rangle\geqslant\langle p,y_0\rangle>\langle p,x_0\rangle\geqslant\sup_{x\in A}\langle p,x\rangle.$$

注 1.2.3 如果 $x\notin C$, 其中 C 是 R^n 中的非空闭凸集, 因单点集 x 是 R^n 中的非空有界闭凸集, 则存在 $p\in R^n$, 使 $\langle p,x\rangle>\sup\limits_{y\in C}\langle p,y\rangle$; 或者存在 $q\in R^n$, 使 $\langle q,x\rangle<\inf\limits_{y\in C}\langle q,y\rangle$.

注 1.2.4 如果在定理 1.2.4 中记 $b=\inf\limits_{y\in B}\langle p,y\rangle$, $a=\sup\limits_{x\in A}\langle p,x\rangle$, 因 $b>a$, 存在 $c\in R$, 使 $b>c>a$. $\forall x\in A$, $\langle p,x\rangle\leqslant a<c$, $\forall y\in B$, $\langle p,y\rangle\geqslant b>c$, R^n 中的超平面 $\{z\in R^n:\langle p,z\rangle=c\}$ 就将凸集 A 和 B 分离了.

设 C 是 R^n 中的一个非空凸集, 函数 $f:C\to R$, 如果 $\forall x_1,x_2\in C$, $\forall\lambda\in(0,1)$, 有

$$f(\lambda x_1+(1-\lambda)x_2)\leqslant\lambda f(x_1)+(1-\lambda)f(x_2),$$

则称 f 是 C 上的凸函数.

如果 $-f$ 是 C 上的凸函数, 则称 f 是 C 上的凹函数, 此时 $\forall x_1,x_2\in C$, $\forall\lambda\in(0,1)$, 有

$$f(\lambda x_1+(1-\lambda)x_2)\geqslant\lambda f(x_1)+(1-\lambda)f(x_2).$$

如果 f 是 C 上的凸函数, 则易证 $\forall x_i\in C$, $\forall\lambda_i\geqslant 0$, $i=1,\cdots,m$, $\sum\limits_{i=1}^m\lambda_i=1$, 有

$$f\left(\sum_{i=1}^m\lambda_i x_i\right)\leqslant\sum_{i=1}^m\lambda_i f(x_i).$$

如果 f 是 C 上的凹函数, 则易证 $\forall x_i \in C$, $\forall \lambda_i \geqslant 0$, $i=1,\cdots,m$, $\sum\limits_{i=1}^{m} \lambda_i = 1$, 有

$$f\left(\sum_{i=1}^{m} \lambda_i x_i\right) \geqslant \sum_{i=1}^{m} \lambda_i f(x_i).$$

如果 $\forall x_1, x_2 \in C$, $\forall \lambda \in (0,1)$, 有

$$f(\lambda x_1 + (1-\lambda) x_2) \leqslant \max\{f(x_1), f(x_2)\},$$

则称 f 是 C 上的拟凸函数.

如果 $-f$ 是 C 上的拟凸函数, 则称 f 是 C 上的拟凹函数, 此时 $\forall x_1, x_2 \in C$, $\forall \lambda \in (0,1)$, 有

$$f(\lambda x_1 + (1-\lambda) x_2) \geqslant \min\{f(x_1), f(x_2)\}.$$

如果 f 是 C 上的拟凸函数, 则易证 $\forall x_i \in C$, $\forall \lambda_i \geqslant 0$, $i=1,\cdots,m$, $\sum\limits_{i=1}^{m} \lambda_i = 1$, 有

$$f\left(\sum_{i=1}^{m} \lambda_i x_i\right) \leqslant \max\{f(x_1), \cdots, f(x_m)\}.$$

如果 f 是 C 上的拟凹函数, 则易证 $\forall x_i \in C$, $\forall \lambda_i \geqslant 0$, $i=1,\cdots,m$, $\sum\limits_{i=1}^{m} \lambda_i = 1$, 有

$$f\left(\sum_{i=1}^{m} \lambda_i x_i\right) \geqslant \min\{f(x_1), \cdots, f(x_m)\}.$$

显然, 如果 f 是 C 上的凸函数 (或凹函数), 则 f 必是 C 上的拟凸函数 (或拟凹函数), 但反之不然.

定理 1.2.5 设 C 是 R^n 中的一个非空凸集, 函数 $f: C \to R$, 则

(1) f 是 C 上的拟凸函数当且仅当 $\forall r \in R$, $\{x \in C : f(x) \leqslant r\}$ 是凸集;

(2) f 是 C 上的拟凹函数当且仅当 $\forall r \in R$, $\{x \in C : f(x) \geqslant r\}$ 是凸集.

证明 只证 (1). 必要性. $\forall r \in R$, 对 $\{x \in C : f(x) \leqslant r\}$ 中任意两点 x_1, x_2, 则 $x_1, x_2 \in C$, 且 $f(x_1) \leqslant r$, $f(x_2) \leqslant r$. $\forall \lambda \in (0,1)$, 因 C 是凸集, $\lambda x_1 + (1-\lambda) x_2 \in C$, 且因 f 是 C 上的拟凸函数, 有

$$f(\lambda x_1 + (1-\lambda) x_2) \leqslant \max\{f(x_1), f(x_2)\} \leqslant r,$$

故 $\lambda x_1 + (1-\lambda) x_2 \in \{x \in C : f(x) \leqslant r\}$, $\{x \in C : f(x) \leqslant r\}$ 必是凸集.

充分性. $\forall x_1, x_2 \in C$, $\forall \lambda \in (0,1)$, 令 $r = \max\{f(x_1), f(x_2)\}$, 则 $x_1 \in \{x \in C : f(x) \leqslant r\}$, $x_2 \in \{x \in C : f(x) \leqslant r\}$. 因 $\{x \in C : f(x) \leqslant r\}$ 是凸集, 故 $\lambda x_1 +$

$(1-\lambda)\,x_2 \in \{x\in C: f(x)\leqslant r\}$, 即

$$f(\lambda x_1+(1-\lambda)\,x_2)\leqslant r=\max\{f(x_1),f(x_2)\},$$

f 必是 C 上的拟凸函数.

注 1.2.5 从定理 1.2.5(1) 的证明看, 如果 f 是 C 上的拟凸函数, 则 $\forall r\in R$, $\{x\in C: f(x)<r\}$ 必是凸集; 同样地, 如果 f 是 C 上的拟凹函数, $\forall r\in R$, $\{x\in C: f(x)>r\}$ 也必是凸集.

第 2 讲　集值映射与不动点定理

本讲是全书的数学预备知识之二, 主要内容是集值映射与不动点定理, 本讲将对这部分内容作简明扼要的介绍, 主要参考文献 [10]~[12] 及 [15]~[21].

2.1　Hausdorff 距离

设 A 是 R^n 中的一个非空子集, $\forall\varepsilon>0$, 记

$$U(\varepsilon,A)=\left\{x\in R^n:\ \text{存在}\ a\in A,\ \text{使}\ d(a,x)<\varepsilon\right\}.$$

引理 2.1.1　$U(\varepsilon,A)$ 是一个开集.

证明　因 $U(\varepsilon,A)=\bigcup\limits_{a\in A}O(a,\varepsilon)$, 而 $\forall a\in A$, $O(a,\varepsilon)$ 是开集, 故 $U(\varepsilon,A)$ 必是一个开集.

设 A,B 是 R^n 中的任意两个非空有界集, 定义

$$h(A,B)=\inf\{\varepsilon>0:A\subset U(\varepsilon,B),B\subset U(\varepsilon,A)\},$$

称 $h(A,B)$ 为 A 与 B 之间的 Hausdorff 距离. 注意到 $h(A,B)$ 一般与 $d(A,B)=\inf\limits_{a\in A,b\in B}d(a,b)$ 是不同的.

定理 2.1.1　(1) 对 R^n 中任意两个非空有界集 A 和 B, 有 $h(A,B)\geqslant 0$, 且 $h(A,B)=0$ 当且仅当 $\bar{A}=\bar{B}$;

(2) 对 R^n 中任意两个非空有界集 A 和 B, 有 $h(A,B)=h(B,A)$;

(3) 对 R^n 中任意三个非空有界集 A,B 和 C, 有 $h(A,B)\leqslant h(A,C)+h(C,B)$.

证明　(1) $h(A,B)\geqslant 0$ 显然.

如果 $h(A,B)=0$, 则 $\forall\varepsilon>0$, 有 $A\subset U(\varepsilon,B)$ 和 $B\subset U(\varepsilon,A)$, 此时必有 $A\subset\bar{B}$ 且 $B\subset\bar{A}$, 于是 $\bar{A}\subset\bar{B}$, $\bar{B}\subset\bar{A}$, 从而有 $\bar{A}=\bar{B}$.

反之, 如果 $\bar{A}=\bar{B}$, $\forall\varepsilon>0$, 因 $A\subset\bar{A}=\bar{B}\subset U(\varepsilon,B)$, $B\subset\bar{B}=\bar{A}\subset U(\varepsilon,A)$, 得 $h(A,B)\leqslant\varepsilon$. 因 ε 是任意的, 故 $h(A,B)=0$.

(2) 显然.

(3) $\forall\delta>0$, 由 Hausdorff 距离的定义, 有

$$A\subset U\left(h(A,C)+\frac{\delta}{2},C\right),\quad C\subset U\left(h(A,C)+\frac{\delta}{2},A\right),$$

$$C \subset U\left(h(C,B)+\frac{\delta}{2},B\right),\quad B \subset U\left(h(C,B)+\frac{\delta}{2},C\right).$$

于是

$$A \subset U\left(h(A,C)+h(C,B)+\delta,B\right),$$
$$B \subset U\left(h(A,C)+h(C,B)+\delta,A\right).$$

再由 Hausdorff 距离的定义, 有

$$h(A,B) \leqslant h(A,C)+h(C,B)+\delta.$$

因 δ 是任意的, 得

$$h(A,B) \leqslant h(A,C)+h(C,B).$$

注 2.1.1 以往一些文献, 如文献 [10], 仅对 R^n 中的有界闭集 A 和 B 之间定义 Hausdorff 距离, 此时 $h(A,B)=0$ 当且仅当 $A=B$.

引理 2.1.2 设 A, B 是 R^n 中的两个非空有界集, 则

(1) $h\left(A,\bar{A}\right)=0$;

(2) $h\left(\bar{A},\bar{B}\right)=h(A,B)$.

证明 (1) 显然.

(2) 由 Hausdorff 距离的定义及 (1), 有

$$h\left(\bar{A},\bar{B}\right) \leqslant h\left(\bar{A},A\right)+h(A,B)+h\left(B,\bar{B}\right)=h(A,B)$$

及

$$h(A,B) \leqslant h\left(A,\bar{A}\right)+h(A,B)+h\left(\bar{B},B\right)=h\left(\bar{A},\bar{B}\right),$$

故 $h\left(\bar{A},\bar{B}\right)=h(A,B)$.

设 $\{A_m\}$ 是 R^n 中的一列非空有界子集, A 是 R^n 中的一个非空有界集, 如果 $h(A_m,A)\to 0\,(m\to\infty)$, 则称序列 $\{A_m\}$ 收敛于 A, 记作 $A_m\to A$, 称 $\{A_m\}$ 为收敛序列, 而 A 为 $\{A_m\}$ 的极限.

引理 2.1.3 (1) 如果 $A_m\to A$, $B_m\to B$, 则 $\bar{A}=\bar{B}$;

(2) 如果 $A_m\to A$, $B_m\to B$, 则 $h(A_m,B_m)\to h(A,B)$.

证明 (1) 由 $h(A,B)\leqslant h(A,A_m)+h(A_m,B)$, 而 $h(A,A_m)\to 0$, $h(A_m,B)\to 0$, 得 $h(A,B)=0$, $\bar{A}=\bar{B}$.

(2) 由 $h(A_m,B_m)\leqslant h(A_m,A)+h(A,B)+h(B,B_m)$, 得

$$h(A_m,B_m)-h(A,B)\leqslant h(A_m,A)+h(B,B_m).$$

同样有

$$h(A,B)-h(A_m,B_m)\leqslant h(A_m,A)+h(B,B_m),$$

从而有

$$|h(A_m, B_m) - h(A, B)| \leqslant h(A_m, A) + h(B, B_m).$$

因 $h(A_m, A) \to 0$, $h(B, B_m) \to 0$, 故 $h(A_m, B_m) \to h(A, B)$.

注 2.1.2 在测度论的研究中, 如果在测度空间 X 上两个可测函数 $f(x)$ 和 $g(x)$ 满足可测集 $C = \{x \in X : f(x) \neq g(x)\}$ 的测度为零, 则称 $f(x)$ 和 $g(x)$ 是几乎处处相等的, 可以将 $f(x)$ 和 $g(x)$ 看作同一个函数. 在用 Hausdorff 距离来研究 R^n 中的非空有界子集序列的收敛性等问题时, 如果 $\bar{A} = \bar{B}$, 也可以将 A 和 B 看作同一个子集. 这样, 引理 2.1.3(1) 就表明在 Hausdorff 距离收敛意义下, 极限是唯一的. 引理 2.1.3(2) 的意义比较清楚: $h(A, B)$ 对 (A, B) 是连续的.

引理 2.1.4 设 A, B 是 R^n 中的两个非空有界集, 则

(1) $\forall a \in A$, $\forall \varepsilon > 0$, 存在 $b \in B$, 使 $d(a, b) < h(A, B) + \varepsilon$;

(2) $\forall x, y \in R^n$, 有 $d(x, A) \leqslant d(x, y) + d(y, B) + h(A, B)$;

(3) $\forall x, y \in R^n$, 有 $|d(x, A) - d(y, B)| \leqslant d(x, y) + h(A, B)$.

证明 (1) $\forall \varepsilon > 0$, 因 $A \subset U(h(A, B) + \varepsilon, B)$, 而 $a \in A$, 故存在 $b \in B$, 使 $d(a, b) < h(A, B) + \varepsilon$.

(2) $\forall \varepsilon > 0$, 由下确界定义, 存在 $b \in B$, 使

$$d(y, B) > d(y, b) - \frac{\varepsilon}{2}.$$

由 (1), 存在 $a \in A$, 使 $h(A, B) > d(a, b) - \frac{\varepsilon}{2}$. 于是

$$\begin{aligned} d(x, A) &\leqslant d(x, a) \leqslant d(x, y) + d(y, a) \\ &\leqslant d(x, y) + d(y, b) + d(a, b) \\ &\leqslant d(x, y) + d(y, B) + \frac{\varepsilon}{2} + h(A, B) + \frac{\varepsilon}{2} \\ &\leqslant d(x, y) + d(y, B) + h(A, B) + \varepsilon, \end{aligned}$$

因 ε 是任意的, 得

$$d(x, A) \leqslant d(x, y) + d(y, B) + h(A, B).$$

(3) 由 (2), 有

$$d(x, A) - d(y, B) \leqslant d(x, y) + h(A, B).$$

同样, 有

$$d(y, B) - d(x, A) \leqslant d(x, y) + h(A, B),$$

故

$$|d(x,A)-d(y,B)| \leqslant d(x,y)+h(A,B).$$

注 2.1.3 如果 $A=B$, 则由 (3) 可得

$$|d(x,A)-d(y,A)| \leqslant d(x,y).$$

以下两个引理给出了 Hausdorff 距离的两个等价定义.

引理 2.1.5 设 A, B 是 R^n 中任意两个非空有界集, 则

$$h(A,B)=\max\left\{\sup_{a\in A} d(a,B), \sup_{b\in B} d(b,A)\right\}.$$

证明 $\forall a\in A, \forall \varepsilon>0$, 由引理 2.1.4(1), 存在 $b\in B$, 使 $d(a,b)<h(A,B)+\varepsilon$, 于是

$$d(a,B)<h(A,B)+\varepsilon, \quad \sup_{a\in A} d(a,B) \leqslant h(A,B)+\varepsilon.$$

同样, 有 $\sup\limits_{b\in B} d(b,A) \leqslant h(A,B)+\varepsilon$, 从而有

$$\max\left\{\sup_{a\in A} d(a,B), \sup_{b\in B} d(b,A)\right\} \leqslant h(A,B)+\varepsilon.$$

因 ε 是任意的, 得

$$\max\left\{\sup_{a\in A} d(a,B), \sup_{b\in B} d(b,A)\right\} \leqslant h(A,B).$$

反之, $\forall \varepsilon>0$, 因 $A\subset U\left(\sup\limits_{a\in A} d(a,B)+\varepsilon, B\right)$, $B\subset U\left(\sup\limits_{b\in B} d(b,A)+\varepsilon, A\right)$, 得

$$h(A,B) \leqslant \max\left\{\sup_{a\in A} d(a,B), \sup_{b\in B} d(b,A)\right\}+\varepsilon.$$

因 ε 是任意的, 得

$$h(A,B)=\max\left\{\sup_{a\in A} d(a,B), \sup_{b\in B} d(b,A)\right\}.$$

引理 2.1.6 设 A, B 是 R^n 中任意两个非空有界集, 则

$$h(A,B)=\sup_{x\in R^n} |d(x,A)-d(x,B)|.$$

证明 $\forall x\in R^n$, 首先在引理 2.1.4(3) 中令 $y=x$, 得

$$|d(x,A)-d(x,B)| \leqslant h(A,B),$$

故

$$\sup_{x\in R^n}|d(x,A)-d(x,B)|\leqslant h(A,B).$$

反之, $\forall b\in B$, 因 $d(b,A)=|d(b,A)-d(b,B)|\leqslant\sup\limits_{x\in R^n}|d(x,A)-d(x,B)|$, 得

$$\sup_{b\in B}d(b,A)\leqslant\sup_{x\in R^n}|d(x,A)-d(x,B)|.$$

同样, 有

$$\sup_{a\in A}d(a,B)\leqslant\sup_{x\in R^n}|d(x,A)-d(x,B)|.$$

由引理 2.1.5, 得

$$h(A,B)=\max\left\{\sup_{a\in A}d(a,B),\sup_{b\in B}d(b,A)\right\}\leqslant\sup_{x\in R^n}|d(x,A)-d(x,B)|.$$

引理 2.1.7 设 K 是 R^n 中的一个非空有界闭集, G 是 R^n 中的一个开集, $G\supset K$, 则存在 $\delta>0$, 使 $G\supset U(\delta,K)$.

证明 用反证法. 如果结论不成立, 则存在 $\delta_m\to 0$, 存在 $x_m\in U(\delta_m,K)$, 而 $x_m\notin G$, $m=1,2,3,\cdots$. 因 $x_m\in U(\delta_m,K)$, 存在 $y_m\in K$, 使 $d(x_m,y_m)<\delta_m$, 因 K 是 R^n 中的有界闭集, 不妨设 $y_m\to y\in K$, 因 $\delta_m\to 0$, 此时必有 $x_m\to y\in K\subset G$, 这与 G 是开集, 而 $x_m\notin G$ 矛盾.

引理 2.1.8 设 $\{A_m\}$ 是 R^n 中的一列非空有界子集, A 是 R^n 中的一个非空有界闭集, G 是 R^n 中的一个开集, $G\supset A$. 如果 $A_m\to A$, 则存在正整数 N, 使 $\forall m\geqslant N$, 有 $G\supset A_m$.

证明 由引理 2.1.7, 存在 $\delta>0$, 使 $G\supset U(\delta,A)$. 因 $A_m\to A$, 存在正整数 N, 使 $\forall m\geqslant N$, 有 $h(A_m,A)<\delta$, 故 $A_m\subset U(\delta,A)\subset G$.

引理 2.1.9 设 $\{A_m\}$ 是 R^n 中的一列非空有界子集, A 是 R^n 中的一个非空有界子集, G 是 R^n 中的一个开集, $G\cap A\neq\varnothing$. 如果 $A_m\to A$, 则存在正整数 N, 使 $\forall m\geqslant N$, 有 $G\cap A_m\neq\varnothing$.

证明 因 $G\cap A\neq\varnothing$, 取 $x\in G\cap A$, 则 $x\in G$, $x\in A$. 因 G 为开集, 存在 $\delta>0$, 使 $O(x,\delta)\subset G$. 因 $A_m\to A$, 存在正整数 N, 使 $\forall m\geqslant N$, 有 $h(A_m,A)<\delta$, 故 $A\subset U(\delta,A_m)$, 因 $x\in A$, 存在 $x_m\in A_m$, 使 $x_m\in O(x,\delta)\subset G$, 故 $G\cap A_m\neq\varnothing$.

引理 2.1.10 设 $\{A_m\}$ 是 R^n 中的一列非空有界子集, A 是 R^n 中的一个非空有界子集, $A_m\to A$, $x\in A$, 则存在 $x_m\in A_m$, $m=1,2,3,\cdots$, 使 $x_m\to x$.

证明 $\forall p=1,2,3,\cdots$, 因 $O\left(x,\dfrac{1}{p}\right)\cap A\neq\varnothing$, 由引理 2.1.9, 存在正整数 $N(p)$, 使 $\forall m\geqslant N(p)$, 有 $O\left(x,\dfrac{1}{p}\right)\cap A_m\neq\varnothing$. 不妨设 $N(1)<N(2)<N(3)<\cdots$.

当 $m < N(1)$ 时, 任选 $x_m \in A_m$, 当 $N(1) \leqslant m < N(2)$ 时, 任选 $x_m \in A_m$, 且 $x_m \in O(x,1)$, 当 $N(2) \leqslant m < N(3)$ 时, 任选 $x_m \in A_m$, 且 $x_m \in O\left(x, \frac{1}{2}\right)$, 如此继续, 则 $x_m \in A_m$, 且 $x_m \to x$.

引理 2.1.11 设 $\{A_m\}$ 是 R^n 中的一列非空有界子集, $A_m \to A$, 其中 A 是 R^n 中的一个非空有界闭集, $x_m \in A_m$, $m = 1,2,3,\cdots$, 则存在 $\{x_m\}$ 的一个子序列 $\{x_{m_k}\}$, 使 $x_{m_k} \to x^* \in A$.

证明 $\forall k = 1,2,3,\cdots$, 开集 $U\left(\frac{1}{k}, A\right) \supset A$, 因 $A_m \to A$, 由引理 2.1.8, 存在正整数 m_k, 使 $\forall m \geqslant m_k$, 有 $U\left(\frac{1}{k}, A\right) \supset A_m$. 因 $U\left(\frac{1}{k}, A\right) \supset A$, 而 $x_{m_k} \in A_{m_k}$, 存在 $x'_{m_k} \in A$, 使 $d\left(x_{m_k}, x'_{m_k}\right) < \frac{1}{k}$. 因 A 是有界闭集, 不妨设 $x'_{m_k} \to x^* \in A$, 此时必有 $x_{m_k} \to x^* \in A$.

注 2.1.4 注意到本节中所有结果将 R^n 推广至一般的度量空间 (X,d) 中仍然是正确的.

2.2 集值映射的连续性

设 X 和 Y 分别是 R^m 和 R^n 中的两个非空子集, $F: X \to P_0(Y)$ 是从 X 到 Y 的集值映射, 即 $\forall x \in X$, $F(x)$ 是 Y 的非空子集. $x \in X$, 如果对 Y 中的任意开集 G, $G \supset F(x)$, 存在 x 在 X 中的开邻域 $O(x)$, 使 $\forall x' \in O(x)$, 有 $G \supset F(x')$, 则称集值映射 F 在 x 是上半连续的. 如果对 Y 中的任意开集 G, $G \cap F(x) \neq \varnothing$, 存在 x 在 X 中的开邻域 $O(x)$, 使 $\forall x' \in O(x)$, 有 $G \cap F(x') \neq \varnothing$, 则称集值映射 F 在 x 是下半连续的. 如果集值映射 F 在 x 既上半连续又下半连续, 则称 F 在 x 是连续的. 如果 $\forall x \in X$, 集值映射 F 在 x 连续 (或上半连续, 或下半连续), 则称 F 在 X 上是连续的 (或上半连续的, 或下半连续的).

如果映射 $F: X \to Y$ 连续, 则将其视为集值映射, 易知它在 X 上必是连续的, 当然在 X 上必是上半连续的和下半连续的.

如果 $\forall x \in X$, $F(x) = B$, 其中 B 是 Y 中的一个非空子集, 则易知集值映射 F 在 X 上必是连续的.

集值映射上半连续和下半连续是两个不同的概念, 例如 $X = Y = [0,1]$,

$$F_1(x) = \begin{cases} 0, & x \neq 0, \\ [0,1], & x = 0. \end{cases}$$

集值映射 F_1 在 0 点是上半连续的, 但不是下半连续的.

$$F_2(x)=\begin{cases}[0,1], & x\neq 0,\\ 0, & x=0.\end{cases}$$

集值映射 F_2 在 0 点是下半连续的, 但不是上半连续的.

设 $F:X\to P_0(Y)$ 是一个集值映射, F 的图定义为

$$\mathrm{graph}(F)=\{(x,y)\in X\times Y: y\in F(x)\}.$$

如果 $\mathrm{graph}(F)$ 是 $X\times Y$ 中的闭集, 则称集值映射 F 是闭的.

引理 2.2.1　设集值映射 $F:X\to P_0(Y)$ 是闭的, $x\in X$, 则

(1) $\forall x_k\to x$, $\forall y_k\in F(x_k)$, $y_k\to y$, 则必有 $y\in F(x)$;

(2) $\forall x\in X$, $F(x)$ 必是闭集.

证明　(1) 因 $(x_k,y_k)\in\mathrm{graph}(F)$, $k=1,2,3,\cdots$, $(x_k,y_k)\to(x,y)$, $\mathrm{graph}(F)$ 是 $X\times Y$ 中的闭集, 故必有 $(x,y)\in\mathrm{graph}(F)$, 即 $y\in F(x)$.

(2) $\forall y_k\in F(x)$, $y_k\to y$, 要证明 $y\in F(x)$. $\forall k=1,2,3,\cdots$, 令 $x_k=x$, 则 $x_k\to x$, $y_k\in F(x)=F(x_k)$, $y_k\to y$, 由 (1), 必有 $y\in F(x)$.

引理 2.2.2　如果集值映射 F 在 X 上是上半连续的, 且 $\forall x\in X, F(x)$ 是闭集, 则集值映射 F 必是闭的.

证明　用反证法. 如果结论不成立, 则存在 $(x_k,y_k)\in\mathrm{graph}(F)$, $k=1,2,3,\cdots$, $(x_k,y_k)\to(x,y)$, 而 $(x,y)\notin\mathrm{graph}(F)$, 即 $y\notin F(x)$. 因 $F(x)$ 是闭集, Y 中的距离 $\rho(y,F(x))=r>0$. 令 $U=\left\{y'\in Y:\rho(y',y)<\dfrac{r}{2}\right\}$, $V=\left\{y'\in Y:\rho(y',F(x))<\dfrac{r}{2}\right\}$, 则易知 U 和 V 都是 Y 中的开集, 且 $U\cap V=\varnothing$, $F(x)\subset V$. 因 $y_k\to y$, $x_k\to x$, 且集值映射 F 在 x 是上半连续的, 则存在正整数 K, 使 $\forall k\geqslant K$, 有 $y_k\in U$ 及 $F(x_k)\subset V$, 这与 $y_k\in F(x_k)$ 且 $U\cap V=\varnothing$ 矛盾.

定理 2.2.1　设 Y 是 R^n 中的有界闭集, 集值映射 $F:X\to P_0(Y)$ 是闭的, 则 F 在 X 上必是上半连续的.

证明　用反证法. 设集值映射 F 在 $x\in X$ 不是上半连续的, 则存在 Y 中的开集 G, $G\supset F(x)$, 存在 $x_k\to x$, $y_k\in F(x_k)$, 而 $y_k\notin G$, $k=1,2,3,\cdots$. 因 Y 是 R^n 中的有界闭集, 故 $Y-G$ 必是 R^n 中的有界闭集, 存在 $Y-G$ 中序列 $\{y_k\}$ 的子序列, 不妨设为 $\{y_k\}$, 使 $y_k\to y\in Y-G$. 因集值映射 F 是闭的, 由引理 2.2.1(1), 必有 $y\in F(x)\subset G$, 这与 G 是 Y 中的开集, $y_k\to y\in G$, 而 $y_k\notin G$ 矛盾.

注 2.2.1　有了引理 2.2.2 和定理 2.2.1, 在一定条件下, 集值映射 F 在 X 上是上半连续的与集值映射是闭的就是等价的.

定理 2.2.2　设 $F:X\to P_0(R^n)$ 是从 X 到 R^n 的集值映射, $\forall x\in X$, $F(x)$ 是 R^n 中的非空有界闭集, 则

(1) F 在 x 上半连续当且仅当 $\forall\varepsilon>0$, 存在 x 在 X 中的开邻域 $O(x)$, 使 $\forall x'\in O(x)$, 有 $F(x')\subset U(\varepsilon,F(x))$;

(2) F 在 x 下半连续当且仅当 $\forall\varepsilon>0$, 存在 x 在 X 中的开邻域 $O(x)$, 使 $\forall x'\in O(x)$, 有 $F(x)\subset U(\varepsilon,F(x'))$;

(3) F 在 x 连续当且仅当 $\forall\varepsilon>0$, 存在 x 在 X 中的开邻域 $O(x)$, 使 $\forall x'\in O(x)$, 有 $h(F(x'),F(x))<\varepsilon$, 其中 h 是 R^n 中的 Hausdorff 距离.

证明 (1) 设 F 在 $x\in X$ 是上半连续的, $\forall\varepsilon>0$, 因开集 $U(\varepsilon,F(x))\supset F(x)$, 故存在 x 在 X 中的开邻域 $O(x)$, 使 $\forall x'\in O(x)$, 有 $F(x')\subset U(\varepsilon,F(x))$.

反之, 对 R^n 中的任意开集 G, $G\supset F(x)$, 由引理 2.1.7, 存在 $\varepsilon>0$, 使 $G\supset U(\varepsilon,F(x))$. 对此 $\varepsilon>0$, 存在 x 在 X 中的开邻域 $O(x)$, 使 $\forall x'\in O(x)$, 有 $F(x')\subset U(\varepsilon,F(x))\subset G$, F 在 $x\in X$ 必是上半连续的.

(2) 设 F 在 $x\in X$ 是下半连续的, $\forall\varepsilon>0$, $\forall y\in F(x)$, 因 $O\left(y,\dfrac{\varepsilon}{2}\right)\cap F(x)\neq\varnothing$, 存在 x 在 X 中的开邻域 $O_y(x)$ (表示依赖于 y), 使 $\forall x'\in O_y(x)$, 有 $O\left(y,\dfrac{\varepsilon}{2}\right)\cap F(x')\neq\varnothing$. 因 $\bigcup\limits_{y\in F(x)}O\left(y,\dfrac{\varepsilon}{2}\right)\supset F(x)$, 而 $F(x)$ 是 R^n 中的有界闭集, 存在 $y_1,\cdots,y_k\in F(x)$, 使 $\bigcup\limits_{i=1}^{k}O\left(y_i,\dfrac{\varepsilon}{2}\right)\supset F(x)$. 令 $O(x)=\bigcap\limits_{i=1}^{k}O_{y_i}(x)$, 这是 x 在 X 中的开邻域, $\forall x'\in O(x)$, $\forall y\in F(x)$, 存在某 i, 使 $y\in O\left(y_i,\dfrac{\varepsilon}{2}\right)$, 因 $x'\in O_{y_i}(x)$, $O\left(y_i,\dfrac{\varepsilon}{2}\right)\cap F(x')\neq\varnothing$, 得 $y\in U(\varepsilon,F(x'))$, 故 $F(x)\subset U(\varepsilon,F(x'))$.

反之, 对 R^n 中的任意开集 G, $G\cap F(x)\neq\varnothing$, 取 $y\in G\cap F(x)$, 因 G 是开集, 存在 $\varepsilon>0$, 使 $O(y,\varepsilon)\subset G$. 对此 $\varepsilon>0$, 存在 x 在 X 中的开邻域 $O(x)$, 使 $\forall x'\in O(x)$, 有 $F(x)\subset U(\varepsilon,F(x'))$. 于是 $O(y,\varepsilon)\cap F(x')\neq\varnothing$, 从而 $G\cap F(x')\neq\varnothing$, F 在 $x\in X$ 必是下半连续的.

(3) 由 (1)(2), F 在 x 连续当且仅当 $\forall\varepsilon>0$, 存在 x 在 X 中的开邻域 $O(x)$, 使 $\forall x'\in O(x)$, $F(x')\subset U(\varepsilon,F(x))$ 和 $F(x)\subset U(\varepsilon,F(x'))$ 都成立, 即 Hausdorff 距离 $h(F(x'),F(x))<\varepsilon$.

注 2.2.2 从定理 2.2.2 看, 可以形象地说, 如果当 x' 充分接近 x 时, $F(x')$ 相对于 $F(x)$ 不能突然变得很大 (或很小), 则称集值映射 F 在 x 是上半连续的 (或下半连续的); 如果当 x' 充分接近 x 时, $F(x')$ 相对于 $F(x)$ 既不能突然变得很大, 也不能突然变得很小, 则称集值映射 F 在 x 是连续的.

注意到集值映射的上半连续和下半连续是两个不同的概念, 不能从其中一个成立推出另一个成立, 但是有以下著名的 Fort 定理[22], 其证明可见文献 [10].

为介绍 Fort 定理, 我们愿意在度量空间的框架中展开讨论, 这首先需要介绍稠密集、剩余集 (residual set)、第二纲集和 Baire 分类的概念. 设 X 是一个度量空间,

A 是 X 中的非空子集, 如果 $\bar{A}=X$, 则称 A 在 X 中是稠密的. 如果 Q 包含一列在 X 中稠密开集的交集, 则称 Q 是 X 中的一个剩余集. 设 A 是度量空间 X 中的一个非空子集, 如果 $\operatorname{int}(\bar{A})=\varnothing$, 则称 A 是 X 中的一个无处稠密集, 此时对 X 中的任意非空开集 U, 必存在 X 中的非空开集 V, 使 $V\subset U$, 而 $V\cap A=\varnothing$. 可数个无处稠密集的并集称为第一纲集, 否则就称为第二纲集, 这就是 Baire 分类的概念.

还需要介绍度量空间的完备性和紧性的概念. 设 (X,d) 是一个度量空间, $\{x_n\}$ 是 X 中的一个序列, 如果 $\forall\varepsilon>0$, 存在正整数 N, 使 $\forall m,n\geqslant N$, 有 $d(x_m,x_n)<\varepsilon$, 则称 $\{x_n\}$ 是 X 中的一个 Cauchy 序列. 如果对 X 中的任意 Cauchy 序列, 都存在 $x\in X$, 使 $x_n\to x$, 则称 X 是一个完备度量空间. 设 $\{O_n\}$ 是完备度量空间 X 中一列在 X 中稠密的开集, 则 $\bigcap\limits_{n=1}^{\infty}O_n$ 必在 X 中稠密. 设 A 是度量空间 X 中的一个非空子集, 如果对 X 中的任意一族开集 $\{G_\lambda:\lambda\in\Lambda\}$, $\bigcup\limits_{\lambda\in\Lambda}G_\lambda\supset A$, 都存在其中的有限个开集 $G_1,\cdots,G_m$, 使 $\bigcup\limits_{i=1}^{m}G_i\supset A$, 则称 A 是 X 中的一个紧集. 还可以给出紧集的一个等价的定义: A 是紧集当且仅当 A 中的任意序列 $\{x_n\}$, 必存在 $\{x_n\}$ 的子序列 $\{x_{n_k}\}$, 使 $x_{n_k}\to x\in A$.

注 2.2.3 R^n 必是完备度量空间, 设 A 是 R^n 中的非空子集, 则 A 是紧集当且仅当其是有界闭集.

以下是 Fort 在文献 [22] 中的定理 2: 设 X 和 Y 是两个度量空间, 集值映射 $F:X\to P_0(Y)$ 满足 $\forall x\in X$, $F(x)$ 是 Y 中的非空紧集, 且 F 在 x 是上半连续的, 则存在 X 中的一个剩余集 Q, 使 $\forall x\in Q$, 集值映射 F 在 x 下半连续, 从而是连续的.

以下是现在提及的 Fort 定理.

定理 2.2.3 (Fort 定理) 设 X 是一个完备度量空间, Y 是一个度量空间, 集值映射 $F:X\to P_0(Y)$ 满足 $\forall x\in X$, $F(x)$ 是 Y 中的非空紧集, 且 F 在 x 是上半连续的, 则存在 X 中的一个第二纲的稠密剩余集 Q, 使 $\forall x\in Q$, 集值映射 F 在 x 下半连续, 从而是连续的, 且

$$\lim_{x'\to x}h\left(F\left(x'\right),F\left(x\right)\right)=0,$$

其中 h 是 Y 上的 Hausdorff 距离.

注意到定理 2.2.3 与文献 [22] 中的定理 2 是有差别的, 文献 [23] 就明确指出了这一点. 关于 Fort 定理的深入研究还可见文献 [24].

注 2.2.4 设 X 是一个完备度量空间, Q 是 X 中的一个第二纲的稠密剩余集, 如果 $\forall x\in Q$, 依赖于 x 的性质 P 成立, 则称 P 是 X 上的通有性质 (generic property), 或者性质 P 在 X 上是通有成立的. 因为在 Baire 分类的意义上, 或者在非线性分析和拓扑学的意义上, 第一纲集被认为是一个小集, 这样我们就可以说,

对大多数的 $x \in X$, 依赖于 x 的性质 P 都是成立的. 注意到这里的 "大多数" 与测度论意义上的 "几乎处处" 是两个不同的概念, 不能从其中一个成立推出另外一个成立, 这样的例子可见文献 [10]. 当然, 第一纲集与测度论中的零测度集还是有某些共同之处的, 它们都被认为是某种意义上的 "小集", 而且可数个第一纲集的并集仍是第一纲集, 可数个零测度集的并集也仍是零测度集. 这一点与集合论中的可数集也有相似之处: 集合论中无限集中的 "小集" 是可数集, 可数个可数集的并集也仍是可数集.

注 2.2.5 文献 [25] 在总结非线性系统具有某些普遍性与特征时指出: 解往往是集值的, 这是最大的特点; 然后是其解可能会产生某种奇异性, 解的结构往往会随参数的变化而急剧变化, 之后将会看到, Fort 定理正是处理这类问题的有力工具.

引理 2.2.3 设 X 是 R^m 中的非空闭集, F_1 和 F_2 是两个从 X 到 R^n 的上半连续的集值映射, 且 $\forall x \in X$, $F_1(x)$ 和 $F_2(x)$ 都是 R^n 中的非空有界闭集, 则 $\forall x \in X$, 由

$$F(x) = F_1(x) + F_2(x)$$

定义的集值映射 $F: X \to P_0(R^n)$ 在 X 上必是上半连续的.

证明 $\forall x \in X$, 因 $F_1(x)$ 和 $F_2(x)$ 都是 R^n 中的有界闭集, 则易知 $F(x)$ 必是 R^n 中的有界闭集. 对 R^n 中的任意开集 G, $G \supset F(x)$, 由引理 2.1.7, 存在 $\delta > 0$, 使 $G \supset U(\delta, F(x))$. 令 $G_1 = U\left(\dfrac{\delta}{2}, F_1(x)\right)$, $G_2 = U\left(\dfrac{\delta}{2}, F_2(x)\right)$, G_1 和 G_2 都是开集, 且易知 $G \supset G_1 + G_2$. 因 $G_1 \supset F_1(x)$, $G_2 \supset F_2(x)$, 集值映射 F_1 和 F_2 在 x 都是上半连续的, 存在 x 的开邻域 $O(x)$, 使 $\forall x' \in O(x)$, 有 $G_1 \supset F_1(x')$, $G_2 \supset F_2(x')$, 故 $G \supset G_1 + G_2 \supset F_1(x') + F_2(x') = F(x')$, 集值映射 F 在 x 必是上半连续的.

引理 2.2.4 设 X_1 和 X_2 分别是 R^{m_1} 和 R^{m_2} 中的两个非空闭集, $F_1: X_1 \to P_0(R^{n_1})$ 和 $F_2: X_2 \to P_0(R^{n_2})$ 是两个上半连续的集值映射, 且 $\forall x_1 \in X_1$, $F_1(x_1)$ 是 R^{n_1} 中的非空有界闭集, $\forall x_2 \in X_2$, $F_2(x_2)$ 是 R^{n_2} 中的非空有界闭集. 记 $X = X_1 \times X_2$, 则 $\forall x = (x_1, x_2) \in X$, 由

$$F(x) = F_1(x_1) \times F_2(x_2)$$

定义的集值映射 $F: X \to P_0(R^{n_1+n_2})$ 在 X 上必是上半连续的.

证明 $\forall x = (x_1, x_2) \in X$, 因 $F_1(x_1)$ 和 $F_2(x_2)$ 分别是 R^{n_1} 和 R^{n_2} 中的有界闭集, 则 $F(x) = F_1(x_1) \times F_2(x_2)$ 必是 $R^{n_1+n_2}$ 中的有界闭集. 对 $R^{n_1+n_2}$ 中的任意开集 G, $G \supset F(x)$, 由引理 2.1.7, 存在 $\delta > 0$, 使 $G \supset U(\delta, F(x))$. 令 $G_1 = U\left(\dfrac{\delta}{2}, F_1(x_1)\right)$, $G_2 = U\left(\dfrac{\delta}{2}, F_2(x_2)\right)$, 以下来证明

$$U(\delta, F(x)) \supset G_1 \times G_2.$$

$\forall (y_1, y_2) \in G_1 \times G_2$, 则存在 $y_1' \in F_1(x_1)$, $y_2' \in F_2(x_2)$, 使 $d_1(y_1', y_1) < \dfrac{\delta}{2}$, $d_2(y_2', y_2) < \dfrac{\delta}{2}$. 因 $(y_1', y_2') \in F_1(x_1) \times F_2(x_2) = F(x)$, 而

$$d((y_1', y_2'), (y_1, y_2)) < \left[\left(\frac{\delta}{2}\right)^2 + \left(\frac{\delta}{2}\right)^2\right]^{\frac{1}{2}} = \frac{\delta}{\sqrt{2}} < \delta,$$

故 $(y_1, y_2) \in U(\delta, F(x))$, $U(\delta, F(x)) \supset G_1 \times G_2$.

因 G_1 和 G_2 都是开集, $G_1 \supset F_1(x_1)$, $G_2 \supset F_2(x_2)$, 集值映射 F_1 和 F_2 分别在 x_1 和 x_2 是上半连续的, 存在 x_1 在 X_1 的开邻域 $O_1(x_1)$ 和 x_2 在 X_2 的开邻域 $O_2(x_2)$, 使 $\forall x_1' \in O_1(x_1)$, $\forall x_2' \in O_2(x_2)$, 有 $G_1 \supset F_1(x_1')$, $G_2 \supset F_2(x_2')$. 令 $O(x) = O_1(x_1) \times O_2(x_2)$, 这是 $x = (x_1, x_2)$ 在 $X = X_1 \times X_2$ 中的开邻域, $\forall x' = (x_1', x_2') \in O(x)$, 有

$$F(x') = F_1(x_1') \times F_2(x_2') \subset G_1 \times G_2 \subset U(\delta, F(x)) \subset G,$$

集值映射 F 在 x 必是上半连续的.

引理 2.2.5 设 X 是 R^m 中的有界闭集, Y 是 R^n 中的闭集, 集值映射 $F: X \to P_0(Y)$ 在 X 上是上半连续的, 且 $\forall x \in X$, $F(x)$ 是 R^n 中的有界闭集, 则

$$F(X) = \{y \in Y: \text{存在 } x \in X, \text{ 使 } y \in F(x)\}$$

必是 R^n 中的有界闭集.

证明 首先证明 $F(X)$ 是闭集: $\forall y_k \in F(X)$, $y_k \to y$, 要证明 $y \in F(X)$. 因 $y_k \in F(X)$, 存在 $x_k \in X$, 使 $y_k \in F(x_k)$, $k = 1, 2, 3, \cdots$. 因 X 是有界闭集, 不妨设 $x_k \to x \in X$. 因集值映射 F 在 X 上是上半连续的, 且 $\forall x \in X$, $F(x)$ 是闭集, 由引理 2.2.2, 集值映射 F 必是闭的, 故 $y \in F(x) \subset F(X)$.

再来证明 $F(X)$ 是有界的: 用反证法, 如果结论不成立, 则存在 $F(X)$ 中的序列 $\{y_k\}$, 使 $\|y_k\| \geqslant k$, $k = 1, 2, 3, \cdots$. 因 $y_k \in F(X)$, 存在 $x_k \in X$, 使 $y_k \in F(x_k)$, $k = 1, 2, 3, \cdots$. 同上, 不妨设 $x_k \to x \in X$. 因 $U = \{y \in Y: \rho(y, F(x)) < 1\}$ 是 Y 中的有界开集, $U \supset F(x)$, 集值映射 F 在 x 是上半连续的, 必存在正整数 K, 使 $\forall k \geqslant K$, 有 $F(x_k) \subset U$, 从而有 $y_k \in U$, 这与 U 是有界集矛盾.

以下给出集值映射上半连续和下半连续的两个重要定理.

定理 2.2.4 设 X 和 Y 分别是 R^m 和 R^n 中的非空子集, 集值映射 $F: X \to P_0(Y)$ 满足 $\forall x \in X$, $F(x)$ 是非空有界闭集, 则 F 在 x 上半连续的充分必要条件是 $\forall x_k \to x$, $\forall y_k \in F(x_k)$, $k = 1, 2, 3, \cdots$, $\{y_k\}$ 必有子序列 $\{y_{n_k}\}$, 使 $y_{n_k} \to y \in F(x)$.

证明 必要性. $\forall k=1,2,3,\cdots$, 因开集 $U\left(\frac{1}{k},F(x)\right)\supset F(x)$, $x_k\to x$ 且集值映射 F 在 x 是上半连续的, 存在正整数 n_k, 使 $\forall p\geqslant n_k$, 有 $U\left(\frac{1}{k},F(x)\right)\supset F(x_p)$. 因 $U\left(\frac{1}{k},F(x)\right)\supset F(x_{n_k})$, $y_{n_k}\in F(x_{n_k})$, 存在 $y'_{n_k}\in F(x)$, 使 $d\left(y_{n_k},y'_{n_k}\right)<\frac{1}{k}$, $k=1,2,3,\cdots$. 因 $F(x)$ 是有界闭集, 不妨设 $y'_{n_k}\to y\in F(x)$, 此时必有 $y_{n_k}\to y\in F(x)$.

充分性. 用反证法, 设 F 在 x 不是上半连续的, 则存在 Y 中的开集 G, $G\supset F(x)$, 存在 $x_k\to x$, $y_k\in F(x_k)$, 而 $y_k\notin G$, $k=1,2,3,\cdots$. 因 $\{y_k\}$ 必有子序列 $\{y_{n_k}\}$, 使 $y_{n_k}\to y\in F(x)\subset G$, 这与 G 是开集, 而 $y_{n_k}\notin G$ 矛盾.

定理 2.2.5 设 X 和 Y 分别是 R^m 和 R^n 中的非空子集, $x\in X$, 则集值映射 $F:X\to P_0(Y)$ 在 x 下半连续的充分必要条件是 $\forall x_k\to x$, $\forall y\in F(x)$, 必存在 $y_k\in F(x_k)$, $k=1,2,3,\cdots$, 使 $y_k\to y$.

证明 必要性. $\forall p=1,2,3,\cdots$, $\forall y\in F(x)$, 则 $O\left(y,\frac{1}{p}\right)\cap F(x)\neq\varnothing$. 因集值映射 F 在 x 是下半连续的, 存在正整数 $N(p)$, 使 $\forall k\geqslant N(p)$, 有 $O\left(y,\frac{1}{p}\right)\cap F(x_k)\neq\varnothing$. 不妨设 $N(1)<N(2)<N(3)<\cdots$.

当 $k<N(1)$ 时, 任取 $y_k\in F(x_k)$, 当 $N(1)\leqslant k<N(2)$ 时, 任取 $y_k\in F(x_k)$, 使 $y_k\in O(y,1)$, 当 $N(2)\leqslant k<N(3)$ 时, 任取 $y_k\in F(x_k)$, 使 $y_k\in O\left(y,\frac{1}{2}\right)$, 如此继续, 则 $y_k\in F(x_k)$, 且 $y_k\to y$.

充分性. 用反证法, 设 F 在 x 不是下半连续的, 则存在 Y 中的开集 G, $G\cap F(x)\neq\varnothing$, 存在 $x_k\to x$, 而 $G\cap F(x_k)\neq\varnothing$, $k=1,2,3,\cdots$. 取 $y\in G\cap F(x)$, 则 $y\in G$, 且存在 $y_k\in F(x_k)$, $k=1,2,3,\cdots$, 使 $y_k\to y\in G$. 因 G 是开集, 当 k 充分大时必有 $y_k\in G$, 这与 $G\cap F(x_k)\neq\varnothing$ 矛盾.

定理 2.2.6 设 X 和 Y 分别是 R^m 和 R^n 中的两个非空子集, $f:X\times Y\to R$ 是一个函数, $G:Y\to P_0(X)$ 是一个集值映射, 则

(1) 如果 $f:X\times Y\to R$ 下半连续, 集值映射 $G:Y\to P_0(X)$ 在 Y 上是下半连续的, 则函数

$$V(y)=\sup_{x\in G(y)}f(x,y)$$

在 Y 上必是下半连续的;

(2) 如果 $f:X\times Y\to R$ 上半连续, 集值映射 $G:Y\to P_0(X)$ 在 Y 上是上半连续的, 且 $\forall y\in Y$, $G(y)$ 是有界闭集, 则函数 $V(y)$ 在 Y 上必是上半连续的;

(3) (Berge 极大值定理)[26] 如果 $f:X\times Y\to R$ 连续, 集值映射 $G:Y\to$

$P_0(X)$ 在 Y 上是连续的, 且 $\forall y \in Y$, $G(y)$ 是有界闭集, 则函数 $V(y)$ 在 Y 上是连续的, 且 $\forall y \in Y$, 由

$$M(y) = \{x \in G(y) : f(x,y) = V(y)\}$$

定义的集值映射 $M : Y \to P_0(X)$ 在 Y 上必是上半连续的, 且 $M(y)$ 必是非空有界闭集.

证明　(1) $\forall \varepsilon > 0$, $\forall y \in Y$, 存在 $x \in G(y)$, 使 $f(x,y) > V(y) - \frac{\varepsilon}{2}$. $\forall y_k \to y$, 由定理 2.2.5, 存在 $x_k \in G(y_k)$, $k = 1,2,3,\cdots$, 使 $x_k \to x$. 因 f 在 (x,y) 是下半连续的, 存在正整数 K_1, 使 $\forall k \geqslant K_1$, 有

$$f(x_k, y_k) > f(x,y) - \frac{\varepsilon}{2}.$$

这样, $\forall k \geqslant K_1$,

$$V(y_k) \geqslant f(x_k, y_k) > f(x,y) - \frac{\varepsilon}{2} > V(y) - \varepsilon,$$

函数 V 在 y 必是下半连续的.

(2) $\forall y_k \to y$, $\forall \varepsilon > 0$, 存在 $x_k \in G(y_k)$, 使 $f(x_k, y_k) > V(y_k) - \frac{\varepsilon}{2}$, $k = 1,2,3,\cdots$. 由定理 2.2.4, 存在 $\{x_k\}$ 的子序列, 不妨仍记为 $\{x_k\}$, 使 $x_k \to \bar{x} \in G(y)$. 因函数 f 在 $(\bar{x}, y)$ 是上半连续的, 存在正整数 K_2, 使 $\forall k \geqslant K_2$, 有

$$f(x_k, y_k) < f(\bar{x}, y) + \frac{\varepsilon}{2}.$$

这样, $\forall k \geqslant K_2$,

$$V(y) \geqslant f(\bar{x}, y) > f(x_k, y_k) - \frac{\varepsilon}{2} > V(y_k) - \varepsilon,$$

函数 V 在 y 必是上半连续的.

(3) 结合 (1) 和 (2), 函数 V 在 y 必是连续的.

$\forall y \in Y$, 因 $G(y)$ 是有界闭集且 f 是连续的, 则易知 $M(y)$ 必是非空有界闭集.

以下用反证法. 如果集值映射 M 在 $y \in Y$ 不是上半连续的, 则存在 X 中的开集 O, $O \supset M(y)$, 存在 $y_k \to y$, 存在 $x_k \in M(y_k)$, 而 $x_k \notin O$, $k = 1,2,3,\cdots$. 因 $x_k \in M(y_k)$, 则 $x_k \in G(y_k)$, 且 $f(x_k, y_k) = V(y_k)$, $k = 1,2,3,\cdots$. 同 (2), 由定理 2.2.4, 不妨设 $x_k \to x \in G(y)$. 因函数 f 和 V 都连续, 必有 $f(x,y) = V(y)$, $x \in M(y) \subset O$, 这与 $x_k \notin O$, $x_k \to x \in O$, 而 O 是开集矛盾.

如果在定理 2.2.6 中 $\forall y \in Y$, $G(y) = X$, 其中 X 是有界闭集, 则可以得到定理 2.2.7.

定理 2.2.7 设 X 和 Y 分别是 R^m 和 R^n 中的两个非空子集, 其中 X 是有界闭集, $f: X \times Y \to R$ 连续, 则函数 $V(y) = \sup\limits_{x \in X} f(x,y)$ 在 Y 上必是连续的, 且 $\forall y \in Y$, 由

$$M(y) = \{x \in X : f(x,y) = V(y)\}$$

定义的集值映射 $M : Y \to P_0(X)$ 在 Y 上必是上半连续的, 且 $M(y)$ 必是非空有界闭集.

注 2.2.6 不能断言以上集值映射 $M : Y \to P_0(X)$ 必是下半连续的, 可见文献 [12] 中的以下例子:

$X = Y = [0,1]$, 都是有界闭集;

$\forall x \in X, \forall y \in Y, f(x,y) = xy$, 它是连续的;

$\forall y \in Y, V(y) = \sup\limits_{x \in [0,1]} xy = y$;

$$\forall y \in Y, M(y) = \{x \in [0,1] : xy = y\} = \begin{cases} \{1\}, & y \neq 0, \\ [0,1], & y = 0; \end{cases}$$

集值映射 M 在 $y = 0$ 是上半连续的, 但不是下半连续的.

2.3 不动点定理与 Ky Fan 不等式

以下是著名的 Brouwer 不动点定理, 见文献 [27].

定理 2.3.1 (Brouwer 不动点定理) 设 C 是 R^n 中的一个非空有界闭凸集, $f : C \to C$ 连续, 则映射 f 的不动点必存在, 即存在 $x^* \in C$, 使 $f(x^*) = x^*$.

这一定理的证明方法较多, 以下首先证明 Sperner 引理, 然后应用 Sperner 引理证明 KKM 引理[28], 最后应用 KKM 引理来证明 Brouwer 不动点定理, 见文献 [10] 和 [18].

在 R^n 中给定 $n+1$ 个点 $v^0, v^1, \cdots, v^n$, 如果 $v^1 - v^0, \cdots, v^n - v^0$ 是线性无关的, 则称 $v^0, v^1, \cdots, v^n$ 的凸包 $\sigma = \mathrm{co}(v^0, v^1, \cdots, v^n)$ 是顶点为 $v^0, v^1, \cdots, v^n$ 的单纯形. 换句话说, σ 是所有点 $x = \sum\limits_{i=0}^{n} x_i v^i$ 的集合, 其中 $x_i \geqslant 0$, $i = 0, 1, \cdots, n$, 且 $\sum\limits_{i=0}^{n} x_i = 1$, $x_0, x_1, \cdots, x_n$ 称为 $x \in \sigma$ 的重心坐标.

引理 2.3.1 $v^0, v^1, \cdots, v^n \in R^n$, $v^1 - v^0, \cdots, v^n - v^0$ 线性无关, 如果 $x \in \mathrm{co}(v^0, v^1, \cdots, v^n)$, 即 $x = \sum\limits_{i=0}^{n} x_i v^i$, 其中 $x_i \geqslant 0$, $i = 0, 1, \cdots, n$, 且 $\sum\limits_{i=0}^{n} x_i = 1$, 则 $x_0, x_1, \cdots, x_n$ 是唯一确定的.

证明 因 $\sum\limits_{i=0}^{n} x_i = 1$, 有 $v^0 = \sum\limits_{i=0}^{n} x_i v^0$, 故 $x - v^0 = \sum\limits_{i=1}^{n} x_i (v^i - v^0)$, 因 $v^1 -$

$v^0, \cdots, v^n - v^0$ 是线性无关的, 故 $x_1, \cdots, x_n$ 是唯一确定的, 从而 $x_0 = 1 - \sum\limits_{i=1}^{n} x_i$ 也是唯一确定的.

易知单纯形 σ 是 R^n 中的有界闭凸集, 它的边界元素是很复杂的: 边界元素的维数可以是 $n-1, \cdots$, 或 0. 维数 $k \leqslant n-1$ 的边界元素由 $k+1$ 个点 $v^{i_0}, \cdots, v^{i_k}$ 确定. 此边界元素中 x 的重心坐标满足 $x_{i_0} > 0, \cdots, x_{i_k} > 0$, 其余的都为 0.

如果 x 在由 $v^{i_0}, \cdots, v^{i_k}$ 确定的边界元素上, 定义指标函数 $m(x) = i_0, \cdots$, 或 i_k (称这一定义满足规则 (*)), 如果 x 是 σ 的内点, 定义指标函数 $m(x) = 0, 1, \cdots$, 或 n.

对于 $N = 2, 3, 4, \cdots$, 作单纯形 σ 的 N 次重心剖分, 顶点为 $\dfrac{1}{N}(k_0, k_1, \cdots, k_n)$, 其中 k_i 为非负整数, $i = 0, 1, \cdots, n$, 且 $\sum\limits_{i=0}^{n} k_i = N$. 单纯形 σ 被分划成许多个 n 维的格子, 称格子 $n-1$ 维的边界元素为它的面. 设单纯形 σ 的直径等于 Δ, 则每个格子的直径等于 $\dfrac{\Delta}{N}$.

如果某格子或其边界元素的顶点标号为 $m_0, \cdots, m_k (k = 0, 1, \cdots, n)$, 则称此格子或其边界元素属于 $(m_0, \cdots, m_k)$ 的类型, 规定类型的区分与 $m_0, \cdots, m_k$ 的次序无关.

现在给定一个按照规则 (*) 标号的重心剖分, 用 $F(a, \cdots, l)$ 表示类型 $(a, \cdots, l)$ 中元素的个数.

引理 2.3.2 (Sperner 引理)　在单纯形 σ 的 N 次重心剖分中, 对每个格子的顶点标号, 在 σ 的边界上标号满足规则 (*), 则必存在某个全标号格子, 即此格子的顶点的 $n+1$ 个标号恰是 $0, 1, \cdots, n$.

证明　对 n 用数学归纳法, 但以下证明更强的结论: $F(0, 1, \cdots, n)$ 必是奇数.

$n = 1$, 观察标号为 0 的面 ($n = 1$, 一个面就是一个点). 每个类型 $(0, 0)$ 的格子具有两个标号为 0 的面, 每个类型 $(0, 1)$ 的格子具有一个标号为 0 的面. 令 $S = 2F(0,0) + F(0,1)$, 注意到 S 计算每个内部面二次, 但是对边界上的唯一面只计算一次, 所以

$$2F(0,0) + F(0,1) = 2F_i(0) + 1,$$

其中 $F_i(0)$ 表示内部面 0 的个数, 这就证明了 $F(0,1) = 2F_i(0) + 1 - 2F(0,0)$ 必是奇数.

设对 $n-1$ 结论成立, 以下来证明对 n 结论也成立. 考虑标号为 $(0, 1, \cdots, n-1)$ 的面, 每个类型 $(0, 1, \cdots, n-1, k)$ $(k \leqslant n-1)$ 的格子具有两个标号为 $(0, 1, \cdots, n-1)$ 的面, 每个类型 $(0, 1, \cdots, n)$ 的格子具有一个标号为 $(0, 1, \cdots, n-1)$ 的面. 令 $S = 2\sum\limits_{k=0}^{n-1} F(0, 1, \cdots, n-1, k) + F(0, 1, \cdots, n)$, 注意到 S 计算每个内部面二次, 但是对

边界上的每个面 $(0,1,\cdots,n-1)$ 只计算一次, 所以

$$2\sum_{k=0}^{n-1}F(0,1,\cdots n-1,k)+F(0,1,\cdots,n)=2F_i(0,1,\cdots,n-1)+F_b(0,1,\cdots,n-1),$$

其中 $F_i(0,1,\cdots,n-1)$ 表示内部面 $(0,1,\cdots,n-1)$ 的个数, $F_b(0,1,\cdots,n-1)$ 表示边界上的面 $(0,1,\cdots,n-1)$ 的个数, 而它正是顶点为 $v^0,v^1,\cdots,v^{n-1}$ 的 $n-1$ 维单纯形中类型为 $(0,1,\cdots,n-1)$ 的格子数, 由归纳法假设, $F_b(0,1,\cdots,n-1)$ 必是奇数, 这就证明了

$$F(0,1,\cdots,n)=2F_i(0,1,\cdots,n-1)+F_b(0,1,\cdots,n-1)-2\sum_{k=0}^{n-1}F(0,1,\cdots,n-1,k)$$

必是奇数.

引理 2.3.3 (KKM 引理) 设 $F_0,F_1,\cdots,F_n$ 是单纯形 σ 中的 $n+1$ 个闭集, 如果对任意 $i_0,\cdots,i_k(k=0,1,\cdots,n)$, 有

$$\mathrm{co}\left(v^{i_0},\cdots,v^{i_k}\right)\subset\bigcup_{m=0}^{k}F_{i_m},$$

则 $\bigcap\limits_{i=0}^{n}F_i\neq\varnothing$.

证明 令 $i_0=0,\cdots,i_n=n$, 得 $\sigma=\bigcup\limits_{i=0}^{n}F_i$.

作单纯形 σ 的 N 次剖分, $N=2,3,4,\cdots$, 下面来对格子的顶点标号: 如果格子的顶点 x 在 σ 的边界上, 例如在由 $v^{i_0},\cdots,v^{i_k}$ 决定的边界元素上, 则由 $x\in\mathrm{co}\left(v^{i_0},\cdots,v^{i_k}\right)\subset\bigcup\limits_{m=0}^{k}F_{i_m}$, 必存在 i_m, 使 $x\in F_{i_m}$, 规定 $m(x)=i_m$. 如果格子的顶点不在 σ 的边界上, 则由 $x\in\sigma=\bigcup\limits_{i=0}^{n}F_i$, 必存在 i, 使 $x\in F_i$, 规定 $m(x)=i$.

显然, 以上标号满足规则 $(*)$, 由 Sperner 引理, 存在全标号的格子 σ_N. 设 σ_N 的顶点为 y_i^N, $i=0,1,\cdots,n$, 其中 $m\left(y_i^N\right)=i$. 由 $m\left(y_i^N\right)=i$, 得 $y_i^N\in F_i$, $i=0,1,\cdots,n$.

考虑 R^n 中有界闭集 σ 中的序列 $\left\{y_0^N:N=2,3,4,\cdots\right\}$, 不妨设 $y_0^N\to x^*(N\to\infty)$. 因当 $N\to\infty$ 时格子的直径 $\dfrac{\Delta}{N}\to0$, 故必有 $y_i^N\to x^*\,(N\to\infty)$, $i=1,\cdots,n$. 由 $y_i^N\in F_i$, $N=2,3,4,\cdots$, 而 F_i 是闭集, 得 $x^*\in F_i$, $i=0,1,\cdots,n$, 故 $\bigcap\limits_{i=0}^{n}F_i\neq\varnothing$.

引理 2.3.4 设单纯形 $\sigma=\mathrm{co}\left(v^0,v^1,\cdots,v^n\right)$, 映射 $f:\sigma\to\sigma$, $\forall x=\sum\limits_{i=0}^{n}x_iv^i\in\sigma$, 其中 $x_i\geqslant0$, $i=0,1,\cdots,n$, $\sum\limits_{i=0}^{n}x_i=1$, $f(x)=\sum\limits_{i=0}^{n}f_i(x)v^i\in\sigma$, 其中 $f_i(x)\geqslant0$,

$i=0,1,\cdots,n$, $\sum\limits_{i=0}^{n} f_i(x)=1$, 则映射 f 在 σ 上连续的充分必要条件是函数 $f_i(x)$ 在 σ 上连续, $i=0,1,\cdots,n$.

证明　充分性易证, 以下证必要性.

首先证明, 如果 $a_1,\cdots,a_n\in R^n$ 线性无关, $\forall x\in R^n$, $g(x)=\sum\limits_{i=1}^{n} g_i(x)a_i$, 其中 $g_i: R^n\to R$, 则由 g 连续可推得 g_i 连续, $i=1,\cdots,n$.

因 $\left\|\sum\limits_{i=1}^{n} u_i a_i\right\|$ 是 $u=(u_1,\cdots,u_n)$ 的连续函数, 而

$$B=\left\{u=(u_1,\cdots,u_n):\sum_{i=1}^{n} u_i^2=1\right\}$$

是 R^n 中的有界闭集, 存在 $u^0=\left(u_1^0,\cdots,u_n^0\right)\in B$, 使

$$\left\|\sum_{i=1}^{n} u_i^0 a_i\right\|=\min_{u\in B}\left\|\sum_{i=1}^{n} u_i a_i\right\|.$$

因 $u^0\in B$, 故 $u_1^0,\cdots,u_n^0$ 不全为 0, 且因 $a_1,\cdots,a_n$ 线性无关, 故 $\sum\limits_{i=1}^{n} u_i^0 a_i\neq \mathbf{0}$, $b=\left\|\sum\limits_{i=1}^{n} u_i^0 a_i\right\|>0$.

$\forall x,x'\in R^n$, 如果 $g(x)\neq g(x')$, 则

$$\begin{aligned}\|g(x)-g(x')\| &= \left\|\sum_{i=1}^{n}\left[g_i(x)-g_i(x')\right]a_i\right\|\\ &= \sqrt{\sum_{i=1}^{n}\left[g_i(x)-g_i(x')\right]^2}\left\|\sum_{i=1}^{n}\frac{g_i(x)-g_i(x')}{\sqrt{\sum\limits_{i=1}^{n}\left[g_i(x)-g_i(x')\right]^2}}a_i\right\|\\ &\geqslant b\sqrt{\sum_{i=1}^{n}\left[g_i(x)-g_i(x')\right]^2}.\end{aligned}$$

注意到当 $g(x)=g(x')$ 时, 有 $g_i(x)=g_i(x')$, $i=0,1,\cdots,n$, 此时以上不等式仍然成立.

如果 g 连续, 则由不等式

$$|g_i(x)-g_i(x')|\leqslant\frac{1}{b}\left\|g_i(x)-g_i(x')\right\|,$$

可推得函数 g_i 必是连续的, $i=1,\cdots,n$.

回到单纯形 σ 的情况. $\forall x \in \sigma$, $f(x) = \sum\limits_{i=0}^{n} f_i(x)\nu^i$, 其中 $f_i(x) \geqslant 0$, $i = 0,1,\cdots,n$, $\sum\limits_{i=0}^{n} f_i(x) = 1$, 故 $\nu^0 = \sum\limits_{i=0}^{n} f_i(x)\nu^0$, $f(x) - \nu^0 = \sum\limits_{i=1}^{n} f_i(x)\left(\nu^i - \nu^0\right)$.

因 $\nu^1 - \nu^0, \cdots, \nu^n - \nu^0$ 线性无关, 映射 $g(x) = f(x) - \nu^0$ 在 σ 上连续, 则函数 $f_i(x)$ 在 σ 上必连续, $i = 1, \cdots, n$, 再由 $f_0(x) = 1 - \sum\limits_{i=1}^{n} f_i(x)$, 得函数 $f_0(x)$ 在 σ 上必连续.

Brouwer 不动点定理的证明 (C 为单纯形 σ 的情况):

$\forall x = \sum\limits_{i=0}^{n} x_i\nu^i \in \sigma$, $f(x) = \sum\limits_{i=0}^{n} f_i(x)\nu^i \in \sigma$.

$\forall i = 0,1,\cdots,n$, 定义 $F_i = \{x \in \sigma : f_i(x) \leqslant x_i\} = \{x \in \sigma : f_i(x) - x_i \leqslant 0\}$, 因 $f(x)$ 和 x 在 σ 上连续, 由引理 2.3.4, $f_i(x) - x_i$ 连续, F_i 必是闭集.

对任意 $i_0, \cdots, i_k (k = 0,1,\cdots,n)$, 以下来证明

$$\operatorname{co}\left(v^{i_0}, \cdots, v^{i_k}\right) \subset \bigcup_{m=0}^{k} F_{i_m}.$$

用反证法. 如果结论不成立, 则存在 $x = \sum\limits_{i=0}^{k} x_{i_m} v^{i_m} \in \operatorname{co}\left(v^{i_0}, \cdots, v^{i_k}\right)$, 而 $\sum\limits_{i=0}^{k} x_{i_m} v^{i_m} \notin \bigcup\limits_{m=0}^{k} F_{i_m}$, 故 $x_{i_m} < f_{i_m}(x)$, $m = 0, \cdots, k$, 于是

$$1 = \sum_{m=0}^{k} x_{i_m} < \sum_{m=0}^{k} f_{i_m}(x) \leqslant \sum_{i=0}^{n} f_i(x) = 1,$$

矛盾. 这样, 由 KKM 引理, 存在 $x^* \in \sigma$, 使 $x^* \in \bigcap\limits_{i=0}^{n} F_i$, 即 $f_i(x^*) \leqslant x_i^*$, $i = 0,1,\cdots,n$, 但是 $\sum\limits_{i=0}^{n} f_i(x^*) = 1 = \sum\limits_{i=0}^{n} x_i^*$, 故 $f_i(x^*) = x_i^*$, $i = 0,1,\cdots,n$, $f\left(x^*\right) = x^*$.

Brouwer 不动点定理的证明 (一般情况):

因 C 是有界的, 存在 R^n 中的单纯形 σ, 使 $\sigma \supset C$. 因 C 是 R^n 中的有界闭凸集, 由定理 1.2.3, 存在连续映射 $r : \sigma \to C$, 使 $\forall x \in C$, 有 $r(x) = x$.

现在定义复合映射 $g : \sigma \to \sigma$. $\forall x \in \sigma$, $g(x) = f(r(x)) \in C \subset \sigma$. 因 r 和 f 都连续, 故 g 是连续的, 存在 $x^* \in \sigma$, 使 $g(x^*) = f(r(x^*)) = x^*$. 注意到 $x^* = f\left(r\left(x^*\right)\right) \in C$, 故 $r(x^*) = x^*$, 最后得 $f(x^*) = x^*$.

以下是著名的 Kakutani 不动点定理, 见文献 [29], 它是 Brouwer 不动点定理的推广.

定理 2.3.2 (Kakutani 不动点定理) 设 C 是 R^n 中的一个非空有界闭凸集, 集值映射 $F : C \to P_0(C)$ 满足 $\forall x \in C$, $F(x)$ 是 C 中的非空闭凸集, 且 F 在 x 是上半连续的, 则存在 $x^* \in C$, 使 $x^* \in F(x^*)$.

注 2.3.1　因 C 是 R^n 中的有界闭集, 且 $\forall x\in X$, $F(x)$ 是闭集, 由引理 2.2.2 和定理 2.2.1, 此时 $\forall x\in X$, F 在 x 上半连续等价于集值映射 F 是闭的. 因此 Kakutani 不动点定理也可以叙述为: 设 C 是 R^n 中的一个非空有界闭凸集, 集值映射 $F: C\to P_0(C)$ 满足 $\forall x\in C$, $F(x)$ 是 C 中的非空凸集, 且 F 是闭的, 则存在 $x^*\in C$, 使 $x^*\in F(x^*)$.

Kakutani 不动点定理的证明 (C 为单纯形 σ 的情况):

对 $N=2,3,4,\cdots$, 作 σ 的 N 次重心剖分, 定义映射 $f^N:\sigma\to\sigma$ 如下: 如果 x 是某格子的顶点, 任取 $y\in F(x)$, 定义 $f^N(x)=y\in\sigma$, 如果 x 不是任格子的顶点, 则它必在某顶点为 $x^0,x^1,\cdots,x^n$ 的格子中, 设 $x=\sum\limits_{i=0}^{n}\theta_i x^i$, 其中 $\theta_i\geqslant 0$, $i=0,1,\cdots,n$, $\sum\limits_{i=0}^{n}\theta_i=1$, 定义 $f^N(x)=\sum\limits_{i=0}^{n}\theta_i f^N(x^i)$, 因 σ 是凸集, $f^N\left(x^i\right)\in\sigma$, 得 $f^N(x)\in\sigma$. 注意到如果 x 在两个格子共享的面上, $f^N(x)$ 的定义是一致的, 由此 $f^N:\sigma\to\sigma$ 是连续的. 由 Brouwer 不动点定理, 存在 $x^{(N)}\in\sigma$, 使 $f^N\left(x^{(N)}\right)=x^{(N)}$.

设 $x^{(N)}$ 在顶点为 $x^{N_0},x^{N_1},\cdots,x^{N_n}$ 的格子中, 即 $x^{(N)}=\sum\limits_{i=0}^{n}\theta_{N_i}x^{N_i}$, 其中 $\theta_{N_i}\geqslant 0$, $i=0,1,\cdots,n$, $\sum\limits_{i=0}^{n}\theta_{N_i}=1$. $f^N\left(x^N\right)=\sum\limits_{i=0}^{n}\theta_{N_i}f^N\left(x^{N_i}\right)=\sum\limits_{i=0}^{n}\theta_{N_i}y^{N_i}=x^{(N)}$, 其中 $y^{N_i}=f^{(N)}\left(x^{N_i}\right)\in F\left(x^{N_i}\right)$, $i=0,1,\cdots,n$.

由 $\left\{x^{(N)}:N=2,3,\cdots\right\}\subset\sigma$, $\{\theta_{N_i}:i=0,1,\cdots,n;N=2,3,\cdots\}\subset[0,1]$, $\{y^{N_i}:i=0,1,\cdots,n;N=2,3,\cdots\}\subset\sigma$, 而 σ 和 $[0,1]$ 分别是 R^n 和 R 中的有界闭集, 不妨设当 $N\to\infty$ 时, 有 (否则可取子序列) $x^{(N)}\to x^*\in\sigma$, $\theta_{N_i}\to\theta_i\geqslant 0$, $i=0,1,\cdots,n$, $\sum\limits_{i=0}^{n}\theta_i=1$, $y^{N_i}\to y^i\in\sigma$, $i=0,1,\cdots,n$. 因 $\sum\limits_{i=0}^{n}\theta_{N_i}y^{N_i}=x^{(N)}$, 令 $N\to\infty$, 得 $\sum\limits_{i=0}^{n}\theta_i y^i=x^*$.

注意到当 $N\to\infty$ 时, σ 的 N 次重心剖分的格子的直径趋于 0, 因此格子的顶点 $x^{N_i}\to x^*$, $i=0,1,\cdots,n$. 又 $y^{N_i}\in F\left(x^{N_i}\right)$, $y^{N_i}\to y^i$, 因集值映射 F 是闭的, 必有 $y^i\in F(x^*)$, $i=0,1,\cdots,n$. 因 $F(x^*)$ 是凸集, 必有 $x^*=\sum\limits_{i=0}^{n}\theta_i y^i\in F(x^*)$.

Kakutani 不动点定理的证明 (一般情况):

因 C 是有界的, 存在单纯形 σ, 使 $\sigma\supset C$.

由定理 1.2.3, 存在连续映射 $r:\sigma\to C$, 使 $\forall x\in C$, 有 $r(x)=x$.

现在定义复合集值映射 $G:\sigma\to P_0(\sigma)$, $\forall x\in\sigma$, $G(x)=F(r(x))\subset C\subset\sigma$. $\forall x\in\sigma$, $G(x)$ 是 σ 中的非空闭凸集, 又因 r 连续, F 上半连续, 易证集值映射 G 是闭的, 从而是上半连续的, 故存在 $x^*\in\sigma$ 使 $x^*\in G(x^*)=F(r(x^*))\subset C\subset\sigma$. 因 $x^*\in C$, 有 $r(x^*)=x^*$, 从而得 $x^*\in F(x^*)$.

注 2.3.2　Kakutani 不动点定理是 Brouwer 不动点定理的推广, 它也是用

Brouwer 不动点定理来证明的, 因此这两个重要结果是等价的. 此外, Brouwer 不动点定理和 Kakutani 不动点定理都没有不动点唯一性的结论. 例如 $C=[0,1]$, $\forall x\in C$, 令 $f(x)=x\in C$, 则 f 连续, 而 $\forall x\in[0,1]$, x 都是 f 的不动点.

注 2.3.3 我们已经由 KKM 引理推得 Brouwer 不动点定理, 以下再来由 Brouwer 不动点定理推得 KKM 引理 (同时给出两个证明), 这说明 KKM 引理与 Brouwer 不动点定理是等价的.

证明 1 首先, $\sigma=\operatorname{co}(v^0,v^1,\cdots,v^n)$ 是 R^n 中的有界闭凸集, 如果 $\bigcap\limits_{i=1}^{n}F_i=\varnothing$, 则由 $\sigma=\sigma-\bigcap\limits_{i=1}^{n}F_i=\bigcup\limits_{i=1}^{n}(\sigma-F_i)$, 得 $\{\sigma-F_i:i=0,1,\cdots,n\}$ 就是 σ 的有限开覆盖, 设 $\{\beta_i:i=0,1,\cdots,n\}$ 是从属于此开覆盖的连续单位分划.

$\forall x\in\sigma$, 定义 $g(x)=\sum\limits_{i=0}^{n}\beta_i(x)v^i\in\sigma$, 得 $g:\sigma\to\sigma$ 连续, 由 Brouwer 不动点定理, 存在 $x^*\in\sigma$, 使 $x^*=g(x^*)$. 记 $I(x^*)=\{i:\beta_i(x^*)>0\}$, 则 $I(x^*)\neq\varnothing$. $\forall i\in I(x^*)$, 有 $x^*\in\sigma-F_i$, 从而有 $x^*\notin F_i$. 由 $x^*=\sum\limits_{i\in I(x^*)}\beta_i(x^*)v^i$, 得

$$x^*\in\operatorname{co}\{v^i:i\in I(x^*)\}\subset\bigcup_{i\in I(x^*)}F_i,$$

这与 $x^*\notin\bigcup\limits_{i\in I(x^*)}F_i$ 矛盾.

证明 2 $\forall x=(x_0,x_1,\cdots,x_n)\in\sigma$, $\forall j=0,1,\cdots,n$, 定义

$$f_j(x)=\frac{x_j+d(x,F_j)}{1+\sum\limits_{i=0}^{n}d(x,F_i)},$$

$$f(x)=(f_0(x),f_1(x),\cdots,f_n(x)).$$

容易验证 $f:\sigma\to\sigma$ 连续, 由 Brouwer 不动点定理, 存在 $x^*=(x_0^*,x_1^*,\cdots,x_n^*)\in\sigma$, 使 $f(x^*)=x^*$, 即 $\forall j=0,1,\cdots,n$, 有

$$x_j^*=\frac{x_j^*+d(x^*,F_j)}{1+\sum\limits_{i=0}^{n}d(x^*,F_i)}.$$

由 $x^*\in\sigma=\bigcup\limits_{j=0}^{n}F_j$, 存在某 j, 使 $x^*\in F_j$, 因 F_j 是闭集, 故 $d(x^*,F_j)=0$, 代入上式, 必有 $d(x^*,F_i)=0$, $i=0,1,\cdots,n$. 因 F_i 是闭集, 必有 $x^*\in F_i$, $i=0,1,\cdots,n$, 从而有 $\bigcap\limits_{i=0}^{n}F_i\neq\varnothing$.

以下是著名的 von Neumann 引理, 见文献 [30].

定理 2.3.3 (von Neumann 引理)　设 X 和 Y 分别是 R^m 和 R^n 中的两个非空有界闭凸集, E, F 是 $X \times Y$ 中的两个非空闭集, 满足

(1) $\forall x \in X$, $\{y \in Y : (x, y) \in E\}$ 是非空凸集;

(2) $\forall y \in Y$, $\{x \in X : (x, y) \in F\}$ 是非空凸集,

则 $E \cap F \neq \varnothing$.

证明　令 $Z = X \times Y$, 这是 R^{m+n} 中的非空有界闭凸集. $\forall z = (x, y) \in Z$, 定义 $F(z) = F_1(y) \times F_2(x)$, 其中 $F_1(y) = \{x \in X : (x, y) \in F\} \subset X$, $F_2(x) = \{y \in Y : (x, y) \in E\} \subset Y$. 因 E, F 是闭集, 且由 (1) 和 (2), 易知 $F(z)$ 是 Z 中的非空闭凸集. 又因 E, F 是闭集, 易知集值映射 F_1 和 F_2 的图都是闭的, 从而 F_1, F_2 都是上半连续的, 集值映射 $F : Z \to P_0(Z)$ 就是上半连续的. 由 Kakutani 不动点定理, 存在 $z^* = (x^*, y^*) \in Z$, 使

$$(x^*, y^*) = z^* \in F(z^*) = F_1(y^*) \times F_2(x^*).$$

由 $x^* \in F_1(y^*)$, 得 $(x^*, y^*) \in F$, 由 $y^* \in F_2(x^*)$, 得 $(x^*, y^*) \in E$, 从而有 $E \cap F \neq \varnothing$.

注 2.3.4　在文献 [29] 中, Kakutani 正是这样导出 von Neumann 引理的, 而事实上, 由 von Neumann 引理可以非常容易地导出 Kakutani 不动点定理.

令 $X = Y = C$, 这是 R^n 中的非空有界闭凸集. 令

$$A = \mathrm{graph}(F) = \{(x, y) \in C \times C : y \in F(x)\},$$

$$B = \{(x, y) \in C \times C : x = y\},$$

则 A, B 是 $C \times C$ 中的两个非空闭集.

$\forall x \in C$, $\{y \in C : (x, y) \in A\} = F(x)$, 它是非空凸集;

$\forall y \in C$, $\{x \in C : (x, y) \in B\} = y$, 它是非空凸集.

由 von Neumann 引理, $A \cap B \neq \varnothing$. 取 $(x^*, y^*) \in A \cap B$, 由 $(x^*, y^*) \in A$, 得 $y^* \in F(x^*)$. 由 $(x^*, y^*) \in B$, 得 $x^* = y^*$, 故 $x^* \in F(x^*)$.

以下是著名的 Ky Fan 不等式, 见文献 [22].

定理 2.3.4 (Ky Fan 不等式)　设 X 是 R^n 中的一个非空有界闭凸集, $\varphi : X \times X \to R$ 满足

(1) $\forall y \in X$, $x \to \varphi(x, y)$ 在 X 上是下半连续的;

(2) $\forall x \in X$, $y \to \varphi(x, y)$ 在 X 上是拟凹的;

(3) $\forall x \in X$, $\varphi(x, x) \leqslant 0$,

则存在 $x^* \in X$, 使 $\forall y \in X$, 有 $\varphi(x^*, y) \leqslant 0$.

证明 用反证法. 如果结论不成立, 则 $\forall x \in X$, 存在 $y \in X$, 使 $\varphi(x,y) > 0$. $\forall y \in X$, 定义 $F(y) = \{x \in X : \varphi(x,y) > 0\}$, 因 $x \to \varphi(x,y)$ 在 X 上是下半连续的, $F(y)$ 必是 X 中的开集. 因 $X = \bigcup\limits_{y\in X} F(y)$, 而 X 是 R^n 中的有界闭集, 由有限开覆盖定理, 存在 $y_1, \cdots, y_m \in X$, 使 $X = \bigcup\limits_{i=1}^{m} F(y_i)$. 设 $\{\beta_i : i = 1, \cdots, m\}$ 是从属于此开覆盖的连续单位分划.

$\forall x \in X$, 定义 $f(x) = \sum\limits_{i=1}^{m} \beta_i(x) y_i$, 因 $y_i \in X$, $\beta_i(x) \geqslant 0$, $i = 1, \cdots, m$, $\sum\limits_{i=1}^{m} \beta_i(x) = 1$, 且 X 是凸集, 得 $f(x) \in X$. 因 β_i 在 X 上连续, 故 f 在 X 上连续. 由 Brouwer 不动点定理, 存在 $\bar{x} \in X$, 使 $\bar{x} = f(\bar{x}) = \sum\limits_{i=1}^{m} \beta_i(\bar{x}) y_i$.

令 $I(\bar{x}) = \{i : \beta_i(\bar{x}) > 0\}$, 因 $\beta_i(\bar{x}) \geqslant 0$, $i = 1, \cdots, m$, 且 $\sum\limits_{i=1}^{m} \beta_i(\bar{x}) = 1$, 故 $I(\bar{x}) \neq \varnothing$. $\forall i \in I(\bar{x})$, 则 $\beta_i(\bar{x}) > 0$, $\bar{x} \in F(y_i)$, $\varphi(\bar{x}, y_i) > 0$. 因 $\bar{x} = \sum\limits_{i\in I(\bar{x})} \beta_i(\bar{x}) y_i$, 故 $\bar{x}$ 是 $y_i\,(i \in I(\bar{x}))$ 的凸组合, 又因 $y \to \varphi(\bar{x}, y)$ 在 X 上是拟凹的, 故 $\varphi(\bar{x}, \bar{x}) = \varphi\left(\bar{x}, \sum\limits_{i\in I(\bar{x})} \beta_i(\bar{x}) y_i\right) > 0$, 这与 (3) 矛盾.

注 2.3.5 Ky Fan(樊畿, 1914—2010) 是杰出的华人数学家, 国际非线性分析的大师, 他对博弈论与数理经济学的发展也有重大影响. 对樊先生贡献的简单评述可见文献 [32]. 樊先生对博弈论与数理经济学贡献除文献 [31] 外, 还有文献 [33] 和 [34]. 在文献 [34] 中, 樊先生推广了 KKM 引理, 得到了以下重要结果:

设 X 是 R^n 中的任意子集, $\forall x \in X$, $F(x)$ 是 R^n 中的有界闭集且满足 $\forall \{x_1, \cdots, x_m\} \subset X$, 有

$$\operatorname{co}\{x_1, \cdots, x_m\} \subset \bigcup_{i=1}^{m} F(x_i),$$

则 $\bigcap\limits_{x\in X} F(x) \neq \varnothing$.

用此结果可简单推得 Ky Fan 不等式: $\forall y \in X$, 定义 $F(y) = \{x \in X : f(x,y) \leqslant 0\}$, 则由定理 2.3.4 中条件 (1) 知 $F(y)$ 是有界闭集. 以下用反证法, 如果存在 $\{x_1, \cdots, x_m\} \subset X$, 使 $\operatorname{co}\{x_1, \cdots, x_m\} \not\subset \bigcup\limits_{i=1}^{m} F(x_i)$, 则存在 $\bar{x} \in \operatorname{co}\{x_1, \cdots, x_m\}$, 使 $\bar{x} \notin F(x_i)$, 即 $\forall i = 1, \cdots, m$, 有 $f(\bar{x}, x_i) > 0$. 由定理 2.3.4 中条件 (2) 推得 $f(\bar{x}, \bar{x}) > 0$, 这与定理 2.3.4 中条件 (3) 矛盾. 这样, 由推广了的 KKM 引理, 必有 $\bigcap\limits_{y\in X} F(y) \neq \varnothing$. 取 $x^* \in \bigcap\limits_{y\in X} F(y)$, 则 $\forall y \in X$, 必有 $f(x^*, y) \leqslant 0$.

关于 KKM 引理在非线性分析中的应用还可见文献 [35].

注 2.3.6 设 X 是 R^n 中任一非空子集, $\varphi : X \times X \to R$, 如果存在 $x_1^* \in X$,

使 $\forall y \in X$, 有 $\varphi(x_1^*, y) \leqslant 0$, 文献 [36] 称 x_1^* 是 φ 在 X 中的 Ky Fan 点. 之后将看到, Ky Fan 点有许多重要的应用. 如果存在 $x_2^* \in X$, 使 $\forall y \in X$, 有 $\varphi(x_2^*, y) \geqslant 0$, 文献 [37] 称 x_2^* 是平衡问题 φ 在 X 中的解. 注意到平衡问题的研究也是以 Ky Fan 不等式为基础的.

定理 2.3.4 实际上给出了 Ky Fan 点存在的一个充分条件. 以下给出平衡问题存在解的一个充分条件.

定理 2.3.5 设 X 是 R^n 中的一个非空有界闭凸集, $\varphi : X \times X \to R$ 满足

(1) $\forall y \in X$, $x \to \varphi(x, y)$ 在 X 上是上半连续的;

(2) $\forall x \in X$, $y \to \varphi(x, y)$ 在 X 上是拟凸的;

(3) $\forall x \in X$, $\varphi(x, x) \geqslant 0$,

则存在 $x^* \in X$, 使 $\forall y \in X$, 有 $\varphi(x^*, y) \geqslant 0$.

应用 Brouwer 不动点定理, 还可以导出 Fan-Browder 不动点定理, 见文献 [38].

定理 2.3.6 (Fan-Browder 不动点定理) 设 X 是 R^n 中的一个非空有界闭凸集, 集值映射 $F : X \to P_0(X)$ 满足

(1) $\forall x \in X$, $F(x)$ 是 X 中的非空凸集;

(2) $\forall y \in X$, $F^{-1}(y) = \{x \in X : y \in F(x)\}$ 是 X 中的开集,

则存在 $x^* \in X$, 使 $x^* \in F(x^*)$.

证明 因 $X = \bigcup\limits_{y \in X} F^{-1}(y)$, 而 X 是 R^n 中的有界闭集, 由有限开覆盖定理, 存在 $y_1, \cdots, y_m \in X$, 使 $X = \bigcup\limits_{i=1}^{m} F^{-1}(y_i)$. 设 $\{\beta_i : i = 1, \cdots, m\}$ 是从属于此开覆盖的连续单位分划. 令 $\sigma = \mathrm{co}\{y_1, \cdots, y_m\} \subset X$, $\forall x \in X$, 定义 $f(x) = \sum\limits_{i=1}^{m} \beta_i(x) y_i$, 易知 $f : \sigma \to \sigma$ 连续, 由 Brouwer 不动点定理, 存在 $x^* \in \sigma \subset X$, 使 $x^* = f(x^*)$. 令 $I(x^*) = \{i : \beta_i(x^*) > 0\} \neq \varnothing$, $\forall i \in I(x^*)$, 则 $x^* \in F^{-1}(y_i)$, $y_i \in F(x^*)$, 因 $F(x^*)$ 是凸集, 得 $x^* = f(x^*) = \sum\limits_{i \in I(x^*)} \beta_i(x^*) y_i \in F(x^*)$.

注 2.3.7 用 Fan-Browder 不动点定理可以推得 Ky Fan 不等式成立: 用反证法. 如果 Ky Fan 不等式不成立, 则 $\forall y \in X$, $F(y) = \{x \in X : f(x, y) > 0\} \neq \varnothing$, 又由注 1.2.5, $F(y)$ 必是凸集. $\forall x \in X$, $F^{-1}(x) = \{y \in X : x \in F(y)\} = \{y \in X : f(x, y) > 0\}$, 由注 1.1.3(2), $F^{-1}(x)$ 必是开集. 由 Fan-Browder 不动点定理, 存在 $y^* \in X$, 使 $y^* \in F(y^*)$, 即 $f(y^*, y^*) > 0$, 矛盾.

用 Ky Fan 不等式也可以推得 Fan-Browder 不动点定理: $\forall x \in X$, $\forall y \in X$, 定义

$$f(x, y) = \begin{cases} 1, & y \in F(x), \\ 0, & y \notin F(x). \end{cases}$$

$\forall y \in X, \forall r \in R$, 因

$$\{x \in X : f(x,y) > r\} = \begin{cases} X, & r < 0, \\ \varnothing, & r \geqslant 1, \\ F^{-1}(y), & 0 \leqslant r < 1 \end{cases}$$

都是开集, 故 $x \to f(x,y)$ 在 X 上是下半连续的.

$\forall x \in X, \forall r \in R$, 因

$$\{y \in X : f(x,y) > r\} = \begin{cases} X, & r < 0, \\ \varnothing, & r \geqslant 1, \\ F(x), & 0 \leqslant r < 1 \end{cases}$$

都是凸集, 故 $y \to f(x,y)$ 在 X 上是拟凹的.

如果不动点定理不成立, 即 $\forall x \in X$, $x \notin F(x)$, 则 $f(x,x) = 0$. 由 Ky Fan 不等式, 存在 $\bar{x} \in X$, 使 $\forall y \in X$, 有 $f(\bar{x},y) \leqslant 0$, 即 $\forall y \in X$, 有 $y \notin F(\bar{x})$, 这与 $F(\bar{x}) \neq \varnothing$ 矛盾.

用 Ky Fan 不等式还可以推得 Brouwer 不动点定理, 这说明 Ky Fan 不等式与 Brouwer 不动点定理是等价的, 证明如下:

设 C 是 R^n 中的一个非空有界闭凸集, $f : C \to C$ 连续, $\forall x, y \in C$, 定义

$$\varphi(x,y) = \langle x - f(x), x - y \rangle .$$

容易验证:

$\forall y \in C$, $x \to \varphi(x,y)$ 在 C 上是连续的;

$\forall y \in C$, $y \to \varphi(x,y)$ 在 C 上是凹的;

$\forall y \in C$, $\varphi(x,x) = 0$.

由 Ky Fan 不等式, 存在 $x^* \in C$, 使 $\forall y \in C$, 有

$$\varphi(x^*,y) = \langle x^* - f(x^*), x^* - y \rangle \leqslant 0.$$

因 $f(x^*) \in C$, 得

$$\varphi(x^*, f(x^*)) = \|x^* - f(x^*)\|^2 \leqslant 0,$$

从而有 $f(x^*) = x^*$.

用 Ky Fan 不等式还可以推得以下变分不等式解的存在性定理.

定理 2.3.7 设 X 是 R^n 中的一个非空有界闭凸集, $f : X \to R^n$ 连续, 则变分不等式的解存在, 即存在 $x^* \in X$, 使 $\forall y \in X$, 有

$$\langle f(x^*), y - x^* \rangle \geqslant 0.$$

证明 $\forall x,y\in X$, 定义

$$\varphi(x,y)=\langle f(x),x-y\rangle.$$

容易验证:

$\forall y\in X$, $x\to\varphi(x,y)$ 在 X 上是连续的;

$\forall x\in X$, $y\to\varphi(x,y)$ 在 X 上是凹的;

$\forall x\in X$, $\varphi(x,x)=0$.

由 Ky Fan 不等式, 存在 $x^*\in X$, 使 $\forall y\in X$, 有

$$\varphi(x^*,y)=\langle f(x^*),x^*-y\rangle\leqslant 0,$$

即 $\forall y\in X$, 有 $\langle f(x^*),y-x^*\rangle\geqslant 0$.

变分不等式解的存在性定理与 Brouwer 不动点定理也是等价的, 以下首先由变分不等式解的存在性定理来证明 Brouwer 不动点定理:

设 X 是 R^n 中的一个非空有界闭凸集, $f:X\to X$ 连续, $\forall x\in X$, 令 $\mathbf{g}(x)=x-f(x)$, 则 $\mathbf{g}:X\to R^n$ 连续, 由变分不等式解的存在性定理, 存在 $x^*\in X$, 使 $\forall y\in X$, 有

$$\langle\mathbf{g}(x^*),y-x^*\rangle=\langle x^*-f(x^*),y-x^*\rangle\geqslant 0.$$

令 $y=f(x^*)\in X$, 得

$$\langle x^*-f(x^*),f(x^*)-x^*\rangle=-\|f(x^*)-x^*\|^2\geqslant 0,$$

故 $x^*=f(x^*)$, Brouwer 不动点定理成立.

再由 Brouwer 不动点定理来证明变分不等式解的存在性定理:

设 X 是 R^n 中的一个非空有界闭凸集, $f:X\to R^n$ 连续, 由定理 1.2.2 和定理 1.2.3, $\forall x\in X$, 映射 $r(x-f(x))$ (即从 $x-f(x)$ 到 X 上的投影) 是连续的. 由 Brouwer 不动点定理, 存在 $x^*\in X$, 使 $x^*=r(x^*-f(x^*))$, 且由定理 1.2.2, 有

$$\|x^*-f(x^*)-x^*\|=\min_{x\in X}\|x^*-f(x^*)-x\|.$$

$\forall y\in X$, $\forall\lambda\in(0,1)$, 因 X 是凸集, $\lambda y+(1-\lambda)x^*\in X$, 则

$$\begin{aligned}\|f(x^*)\|^2&\leqslant\|x^*-f(x^*)-\lambda y-(1-\lambda)x^*\|^2=\|\lambda(x^*-y)-f(x^*)\|^2\\&=\lambda^2\|x^*-y\|^2+\|f(x^*)\|^2-2\lambda\langle f(x^*),x^*-y\rangle.\end{aligned}$$

化简, 有

$$-\lambda\|x^*-y\|^2\leqslant 2\langle f(x^*),y-x^*\rangle.$$

令 $\lambda \to 0$, 得 $\forall y \in X$, 有

$$\langle f(x^*), y - x^* \rangle \geqslant 0.$$

定理 2.3.8 设 X 是 R^n 中的一个非空有界闭凸集, $F: X \to P_0(R^n)$ 是一个上半连续的集值映射, 且 $\forall x \in X$, $F(x)$ 是 R^n 中的一个非空有界闭凸集, 则广义变分不等式的解存在, 即存在 $x^* \in X$, 存在 $u^* \in F(x^*)$, 使 $\forall y \in X$, 有 $\langle u^*, y - x^* \rangle \geqslant 0$.

证明 首先, 由引理 2.2.5 和定理 1.2.1, $K = \mathrm{co}F(X)$ 必是 R^n 中的非空有界闭凸集, 从而 $X \times K$ 必是 R^{2n} 中的非空有界闭凸集.

$\forall (x, u) \in X \times K$, 定义以下两个集值映射:

$$\varphi(x, u) = \left\{ w \in X : \langle u, x - w \rangle = \max_{y \in X} \langle u, x - y \rangle \right\},$$

$$\Phi(x, u) = \varphi(x, u) \times F(x).$$

由 Berge 极大值定理, 集值映射 φ 是上半连续的, 从而, 集值映射 Φ 是上半连续的. 又易知 $\Phi(x, u)$ 是 $X \times K$ 中的非空闭凸集. 由 Kakutani 不动点定理, 存在 $(x^*, u^*) \in X \times K$, 使

$$(x^*, u^*) \in \Phi(x^*, u^*) = \varphi(x^*, u^*) \times F(x^*).$$

这样, $u^* \in F(x^*)$, 且 $x^* \in \varphi(x^*, u^*)$, 即

$$\max_{y \in X} \langle u^*, x^* - y \rangle = \langle u^*, x^* - x^* \rangle = 0,$$

于是 $\forall y \in X$, 有 $\langle u^*, x^* - y \rangle \leqslant 0$, 从而 $\langle u^*, y - x^* \rangle \geqslant 0$.

广义变分不等式解的存在性定理与 Kakutani 不动点定理是等价的, 以下由广义变分不等式解的存在性定理来证明 Kakutani 不动点定理.

设 X 是 R^n 中的一个非空有界闭凸集, $F: X \to P_0(X)$ 上半连续, 且 $\forall x \in X$, $F(x)$ 是 X 中的非空闭凸集. $\forall x \in X$, 令 $G(x) = x - F(x)$, 则集值映射 G 在 X 上是上半连续的, 且 $\forall x \in X$, $G(x)$ 是 R^n 中的非空有界闭凸集, 由广义变分不等式解的存在性定理, 存在 $x^* \in X$, 存在 $u^* \in G(x^*) = x^* - F(x^*)$, 使 $\forall y \in X$, 有

$$\langle u^*, y - x^* \rangle \geqslant 0.$$

因 $u^* \in x^* - F(x^*)$, 存在 $y^* \in F(x^*) \subset X$, 使 $u^* = x^* - y^*$, $\forall y \in X$, 有

$$\langle x^* - y^*, y - x^* \rangle \geqslant 0,$$

令 $y = y^* \in X$, 得 $-\|x^* - y^*\|^2 \geqslant 0$, 最后得 $x^* = y^*$, $x^* \in F(x^*)$.

以下应用凸集分离定理、连续单位分划定理和 Ky Fan 不等式来证明拟变分不等式解的存在性定理.

定理 2.3.9 设 X 是 R^n 中的一个非空有界闭凸集, 集值映射 $G: X \to P_0(X)$ 连续, 且 $\forall x \in X$, $G(x)$ 是 X 中的非空闭凸集, $\varphi: X \times X \to R$ 下半连续, 且满足

(1) $\forall x \in X$, $y \to \varphi(x,y)$ 在 X 上是凹的;

(2) $\forall x \in X$, $\varphi(x,x) \leqslant 0$,

则拟变分不等式的解存在, 即存在 $x^* \in X$, 使 $x^* \in G(x^*)$, 且 $\forall y \in G(x^*)$, 有 $\varphi(x^*,y) \leqslant 0$.

证明 用反证法. 如果结论不成立, 则 $\forall x \in X$, 或者 $x \notin G(x)$, 或者有 $\alpha(x) = \sup\limits_{y \in G(x)} \varphi(x,y) > 0$.

如果 $x \notin G(x)$, 由凸集分离定理, 存在 $p \in R^n$, 使

$$\langle p, x\rangle - \sup_{y \in G(x)} \langle p, y\rangle > 0.$$

记 $V_0 = \{x \in X : \alpha(x) > 0\}$, 因函数 φ 在 $X \times X$ 上是下半连续的, 集值映射 G 在 X 上是下半连续的, 由定理 2.2.6(1), 函数 α 在 X 上是下半连续的, 从而, V_0 必是开集.

$\forall p \in R^n$, 记 $V_p = \left\{x \in X : \langle p, x\rangle - \sup\limits_{y \in G(x)} \langle p, y\rangle > 0\right\}$, 因函数 $\langle p, y\rangle$ 在 $X \times X$ 上是连续的, 集值映射 G 在 X 上是上半连续的, 且 $\forall x \in X$, $G(x)$ 是 R^n 中的有界闭集, 由定理 2.2.6(2), 函数 $\sup\limits_{y \in G(x)} \langle p, y\rangle$ 在 X 上是上半连续的, 从而函数 $x \to \langle p, x\rangle - \sup\limits_{y \in G(x)} \langle p, y\rangle$ 在 X 上是下半连续的, V_p 必是开集.

因 $X = V_0 \cup \bigcup\limits_{p \in R^n} V_p$, 而 X 是 R^n 中的有界闭集, 由有限开覆盖定理, 存在 $p_1, \cdots, p_m \in R^n$, 使 $X = V_0 \cup \bigcup\limits_{i=1}^{m} V_{p_i}$. 设 $\{\beta_0, \beta_1, \cdots, \beta_m\}$ 是从属于此开覆盖 $\{V_0, V_1, \cdots, V_m\}$ 的连续单位分划.

$\forall x, y \in X$, 定义

$$f(x,y) = \beta_0(x)\varphi(x,y) + \sum_{i=1}^{m} \beta_i(x)\langle p_i, x - y\rangle.$$

容易验证:

$\forall y \in X$, $x \to f(x,y)$ 在 X 上是下半连续的;

$\forall x \in X$, $y \to f(x,y)$ 在 X 上是凹的;

$\forall x \in X$, $f(x,x) \leqslant 0$.

由 Ky Fan 不等式, 存在 $x^* \in X$, 使 $\forall y \in X$, 有

$$f(x^*, y) = \beta_0(x^*)\varphi(x^*, y) + \sum_{i=1}^{m} \beta_i(x^*)\langle p_i, x^* - y\rangle \leqslant 0.$$

分两种情况讨论:

(1) 如果 $\beta_0(x^*) > 0$, 则 $x^* \in V_0$, $\alpha(x^*) > 0$, 选取 $y_1^* \in G(x^*) \subset X$, 使 $\varphi(x^*, y_1^*) > 0$. 记 $I(x^*) = \{i : i \neq 0, \beta_i(x^*) > 0\}$. 如果 $I(x^*) = \varnothing$, 则 $\beta_0(x^*) = 1$, $f(x^*, y_1^*) = \varphi(x^*, y_1^*) > 0$; 如果 $I(x^*) \neq \varnothing$, 则 $\forall i \in I(x^*)$, 有 $x^* \in V_{p_i}$, 因 $y_1^* \in G(x^*)$, 有

$$\begin{aligned}\langle p_i, x^* - y_1^*\rangle &= \langle p_i, x^*\rangle - \langle p_i, y_1^*\rangle \\ &\geqslant \langle p_i, x^*\rangle - \sup_{y \in G(x^*)} \langle p_i, y\rangle > 0,\end{aligned}$$

故

$$f(x^*, y_1^*) = \beta_0(x^*)\varphi(x^*, y_1^*) + \sum_{i \in I(x^*)} \beta_i(x^*)\langle p_i, x^* - y_1^*\rangle > 0.$$

(2) 如果 $\beta_0(x^*) = 0$, 则 $I(x^*) \neq \varnothing$, 任选 $y_2^* \in G(x^*) \subset X$, 则

$$f(x^*, y_2^*) = \sum_{i \in I(x^*)} \beta_i(x^*)\langle p_i, x^* - y_2^*\rangle > 0.$$

无论何种情况, 总得到矛盾, 从而拟变分不等式的解必存在.

第3讲　矩阵博弈与两人零和博弈

本讲将介绍 von Neumann 提出的矩阵博弈和它的推广: 两人零和博弈, 主要参考了文献 [2] 和 [10].

3.1　矩阵博弈

考虑以下博弈: 设局中人 1 有 m 个策略 $\{a_1,\cdots,a_m\}$, 局中人 2 有 n 个策略 $\{b_1,\cdots,b_n\}$, 局中人 1 选择策略 a_i, 局中人 2 选择策略 b_j, 局中人 1 从局中人 2 得到的支付为 c_{ij}, 因为所有 $c_{ij}(i=1,\cdots,m;\ j=1,\cdots,n)$ 构成一个矩阵, 这一博弈就称为矩阵博弈. 每个局中人都是理性的, 都希望自己能获得最大的利益, 因此, 如果存在 $i^*\in\{1,\cdots,m\}$, $j^*\in\{1,\cdots,n\}$, 使

$$c_{i^*j^*}=\max_{1\leqslant i\leqslant m}c_{ij^*},$$

$$c_{i^*j^*}=\min_{1\leqslant j\leqslant n}c_{i^*j},$$

则局中人 1 选择策略 a_{i^*}, 局中人 2 选择策略 b_{j^*}, 博弈就形成平衡, 因为此时谁也不能通过单独改变自己的策略而使自己获得更大的利益, 但是对任意 $c_{ij}(i=1,\cdots,m;$ $j=1,\cdots,n)$, 不能保证这样的 i^* 和 j^* 一定会存在. 在这种情况下, 每个局中人将都尽最大努力不让对手猜出自己将采取的策略, 他们可以用随机方法来确定自己要选择的策略. 将 $A=\{a_1,\cdots,a_m\}$ 和 $B=\{b_1,\cdots,b_n\}$ 分别称为局中人 1 和局中人 2 的纯策略集, 而将 $X=\left\{x=(x_1,\cdots,x_m):x_i\geqslant 0, i=1,\cdots,m,\sum\limits_{i=1}^{m}x_i=1\right\}$ 和 $Y=\left\{y=(y_1,\cdots,y_n):y_j\geqslant 0, j=1,\cdots,n,\sum\limits_{j=1}^{n}y_j=1\right\}$ 分别称为局中人 1 和局中人 2 的混合策略集 (X 和 Y 分别是局中人 1 和局中人 2 在 A 与 B 上的所有概率分布的集合). 如果局中人 1 选择混合策略 $x=(x_1,\cdots,x_m)\in X$, 局中人 2 选择混合策略 $y=(y_1,\cdots,y_n)\in Y$ (理解为局中人 1 以 x_1 的概率选择纯策略 a_1, $\cdots$, 以 x_m 的概率选择纯策略 a_m; 局中人 2 以 y_1 的概率选择纯策略 b_1, $\cdots$, 以 y_n 的概率选择纯策略 b_n), 并假定他们的选择是独立的, 则局中人 1 从局中人 2 得到的期望支付为 $\sum\limits_{i=1}^{m}\sum\limits_{j=1}^{n}c_{ij}x_iy_j$. 每个局中人能都希望自己能获得最大的利益, 如果存在

$x^* = (x_1^*, x_2^*, \cdots, x_m^*) \in X$, 存在 $y^* = (y_1^*, y_2^*, \cdots, y_n^*) \in Y$, 使

$$\sum_{i=1}^{m}\sum_{j=1}^{n} c_{ij}x_i^*y_j^* = \max_{x\in X}\sum_{i=1}^{m}\sum_{j=1}^{n} c_{ij}x_iy_j^*,$$

$$\sum_{i=1}^{m}\sum_{j=1}^{n} c_{ij}x_i^*y_j^* = \min_{y\in Y}\sum_{i=1}^{m}\sum_{j=1}^{n} c_{ij}x_i^*y_j,$$

则局中人 1 选择混合策略 x^*, 局中人 2 选择混合策略 y^*, 博弈就形成平衡, 因为此时谁也不能通过单独改变自己的策略而使自己获得更大的利益. $(x^*, y^*) \in X \times Y$ 称为此矩阵博弈的平衡点, 也称为鞍点, 因为此时 $\forall x = (x_1, \cdots, x_m) \in X$, $\forall y = (y_1, \cdots, y_n) \in Y$, 有

$$\sum_{i=1}^{m}\sum_{j=1}^{n} c_{ij}x_iy_j^* \leqslant \sum_{i=1}^{m}\sum_{j=1}^{n} c_{ij}x_i^*y_j^* \leqslant \sum_{i=1}^{m}\sum_{j=1}^{n} c_{ij}x_i^*y_j.$$

以下就来研究平衡点 (或鞍点) 的存在性, 记

$$v_1 = \max_{x\in X}\min_{y\in Y}\sum_{i=1}^{m}\sum_{j=1}^{n} c_{ij}x_iy_j, \quad v_2 = \min_{y\in Y}\max_{x\in X}\sum_{i=1}^{m}\sum_{j=1}^{n} c_{ij}x_iy_j.$$

引理 3.1.1 $v_1 \leqslant v_2$.

证明 $\forall x = (x_1, \cdots, x_m) \in X$, $\forall y = (y_1, \cdots, y_n) \in Y$, 有

$$\min_{y\in Y}\sum_{i=1}^{m}\sum_{j=1}^{n} c_{ij}x_iy_j \leqslant \sum_{i=1}^{m}\sum_{j=1}^{n} c_{ij}x_iy_j \leqslant \max_{x\in X}\sum_{i=1}^{m}\sum_{j=1}^{n} c_{ij}x_iy_j,$$

故

$$v_1 = \max_{x\in X}\min_{y\in Y}\sum_{i=1}^{m}\sum_{j=1}^{n} c_{ij}x_iy_j \leqslant \min_{y\in Y}\max_{x\in X}\sum_{i=1}^{m}\sum_{j=1}^{n} c_{ij}x_iy_j = v_2.$$

引理 3.1.2 如果 $v_1 = v_2$, 则存在 $x^* = (x_1^*, \cdots, x_m^*) \in X$, 存在 $y^* = (y_1^*, \cdots, y_n^*) \in Y$, 使 $\forall x = (x_1, \cdots, x_m) \in X$, $\forall y = (y_1, \cdots, y_n) \in Y$, 有

$$\sum_{i=1}^{m}\sum_{j=1}^{n} c_{ij}x_iy_j^* \leqslant \sum_{i=1}^{m}\sum_{j=1}^{n} c_{ij}x_i^*y_j^* \leqslant \sum_{i=1}^{m}\sum_{j=1}^{n} c_{ij}x_i^*y_j,$$

或者有

$$\sum_{i=1}^{m}\sum_{j=1}^{n} c_{ij}x_i^*y_j^* = \max_{x\in X}\sum_{i=1}^{m}\sum_{j=1}^{n} c_{ij}x_iy_j^*,$$

$$\sum_{i=1}^{m}\sum_{j=1}^{n} c_{ij}x_i^*y_j^* = \min_{y\in Y}\sum_{i=1}^{m}\sum_{j=1}^{n} c_{ij}x_i^*y_j.$$

证明 记 $v=v_1=v_2$, 因 $v=v_1$, 存在 $x^*=(x_1^*,\cdots,x_m^*)\in X$, 使

$$\min_{y\in Y}\sum_{i=1}^m\sum_{j=1}^n c_{ij}x_i^*y_j=v.$$

因 $v=v_2$, 存在 $y^*=(y_1^*,\cdots,y_n^*)\in Y$, 使

$$\max_{x\in X}\sum_{i=1}^m\sum_{j=1}^n c_{ij}x_iy_j^*=v.$$

这样, $\forall x=(x_1,\cdots,x_m)\in X$, $\forall y=(y_1,\cdots,y_n)\in Y$, 有

$$\sum_{i=1}^m\sum_{j=1}^n c_{ij}x_iy_j^*\leqslant v\leqslant\sum_{i=1}^m\sum_{j=1}^n c_{ij}x_i^*y_j.$$

在上式中令 $x^*=(x_1^*,\cdots,x_m^*)\in X$, $y^*=(y_1^*,\cdots,y_n^*)\in Y$, 得

$$v=\sum_{i=1}^m\sum_{j=1}^n c_{ij}x_i^*y_j^*.$$

即第一个结论成立, 而第二个结论与第一个结论是等价的.

引理 3.1.3 如果存在 $x^*=(x_1^*,\cdots,x_m^*)\in X$, 存在 $y^*=(y_1^*,\cdots,y_n^*)\in Y$, 使

$$\sum_{i=1}^m\sum_{j=1}^n c_{ij}x_i^*y_j^*=\max_{x\in X}\sum_{i=1}^m\sum_{j=1}^n c_{ij}x_iy_j^*,$$

$$\sum_{i=1}^m\sum_{j=1}^n c_{ij}x_i^*y_j^*=\min_{y\in Y}\sum_{i=1}^m\sum_{j=1}^n c_{ij}x_i^*y_j,$$

则 $v_1=v_2$.

证明 首先, 有

$$\begin{aligned}v_1&=\max_{x\in X}\min_{y\in Y}\sum_{i=1}^m\sum_{j=1}^n c_{ij}x_iy_j\\&\geqslant\min_{y\in Y}\sum_{i=1}^m\sum_{j=1}^n c_{ij}x_i^*y_j=\sum_{i=1}^m\sum_{j=1}^n c_{ij}x_i^*y_j^*\\&=\max_{x\in X}\sum_{i=1}^m\sum_{j=1}^n c_{ij}x_iy_j^*\geqslant\min_{y\in Y}\max_{x\in X}\sum_{i=1}^m\sum_{j=1}^n c_{ij}x_iy_j=v_2,\end{aligned}$$

又由引理 3.1.1, 有 $v_1\leqslant v_2$, 故 $v_1=v_2$.

定理 3.1.1 $v_1 = v_2$.

这一定理称为最大最小值定理, 它是博弈论历史上的第一个重要定理, 所以也曾被称为博弈论基本定理. 以下用凸集分离定理来证明它, 这还需要以下引理.

引理 3.1.4 设 $A = \{c_{ij}\}$ 是一个 $m \times n$ 矩阵, 则下列两个不等式之一必成立:

(1) 存在 $y_j \geqslant 0, j = 1, \cdots, n, \sum\limits_{j=1}^{n} y_j = 1$, 使

$$\sum_{j=1}^{n} c_{ij} y_j \leqslant 0, \quad i = 1, \cdots, m;$$

(2) 存在 $x_i > 0, i = 1, \cdots, m, \sum\limits_{i=1}^{m} x_i = 1$, 使

$$\sum_{i=1}^{m} c_{ij} x_i > 0, \quad j = 1, \cdots, n.$$

证明 设 H 是 R^m 中以下 $n+m$ 个点

$$c^{(1)} = (c_{11}, c_{21}, \cdots, c_{m1}), \cdots, c^{(n)} = (c_{1n}, c_{2n}, \cdots, c_{mn});$$

$$e^{(1)} = (1, 0, \cdots, 0), \cdots, e^{(m)} = (0, 0, \cdots, 1)$$

的凸包, 它是 R^m 中的有界闭凸集.

(1) 如果 $\mathbf{0} \in H$, 则存在 $t_1 \geqslant 0, \cdots, t_{n+m} \geqslant 0, \sum\limits_{j=1}^{n+m} t_j = 1$, 使

$$t_1 c^{(1)} + \cdots + t_n c^{(n)} + t_{n+1} e^{(1)} + \cdots + t_{n+m} e^{(m)} = \mathbf{0},$$

于是

$$t_1 c_{i1} + \cdots + t_n c_{in} + t_{n+i} = 0, \quad i = 1, \cdots, m,$$

$$t_1 c_{i1} + \cdots + t_n c_{in} = -t_{n+i} \leqslant 0, \quad i = 1, \cdots, m.$$

如果 $t_1 + \cdots + t_n = 0$, 则必有 $t_{n+i} = 0, i = 1, \cdots, m, \sum\limits_{j=1}^{n+m} t_j = 0$, 矛盾, 故 $t_1 + \cdots + t_n > 0$.

令 $y_j = \dfrac{t_j}{t_1 + \cdots + t_n}$, 则 $y_j \geqslant 0, j = 1, \cdots, n, \sum\limits_{j=1}^{n} y_j = 1$, 而

$$\sum_{j=1}^{n} c_{ij} y_j = \frac{1}{t_1 + \cdots + t_n} \sum_{j=1}^{n} c_{ij} t_j = \frac{-t_{n+i}}{t_1 + \cdots + t_n} \leqslant 0, \quad i = 1, \cdots, m.$$

(2) 如果 $\mathbf{0} \notin H$, 则由凸集分离定理, 存在 $s = (s_1, \cdots, s_m) \in R^m$, 使

$$\left\langle s, c^{(j)} \right\rangle = s_1 c_{1j} + \cdots + s_m c_{mj} > 0, \quad j = 1, \cdots, n;$$

$$\left\langle s, e^{(i)} \right\rangle = s_i > 0, \quad i = 1, \cdots, m.$$

令 $x_i = \dfrac{s_i}{s_1 + \cdots + s_m} > 0, i = 1, \cdots, m$, 则 $\sum\limits_{i=1}^{m} x_i = 1$, 而

$$\sum_{i=1}^{m} c_{ij} x_i = \frac{1}{s_1 + \cdots + s_m} \sum_{i=1}^{m} s_i c_{ij} > 0, \quad j = 1, \cdots, n.$$

最大最小值定理的证明　首先, 由引理 3.1.1, 有 $v_1 \leqslant v_2$, 以下只需证明 $v_1 < v_2$ 不可能发生. 用反证法, 如果 $v_1 < v_2$, 则存在实数 a, 使 $v_1 < a < v_2$. $\forall i = 1, \cdots, m$, $\forall j = 1, \cdots, n$, 令 $c'_{ij} = c_{ij} - a$, 则易知

$$\begin{aligned} v'_1 &= \max_{x \in X} \min_{y \in Y} \sum_{i=1}^{m} \sum_{j=1}^{n} c'_{ij} x_i y_j \\ &= \max_{x \in X} \min_{y \in Y} \sum_{i=1}^{m} \sum_{j=1}^{n} c_{ij} x_i y_j - a = v_1 - a < 0, \\ v'_2 &= v_2 - a > 0, \end{aligned}$$

所以就可以不妨设 $v_1 < 0, v_2 > 0$, 因为如果 $v'_1 < 0, v'_2 > 0$ 不可能发生, 则 $v_1 < a$, $v_2 > a$ 也不可能发生.

由引理 3.1.4, 下列两个不等式之一必成立:

(1) 存在 $y_j \geqslant 0, j = 1, \cdots, n$, $\sum\limits_{j=1}^{n} y_j = 1$, 使

$$\sum_{j=1}^{n} c_{ij} y_j \leqslant 0, \quad i = 1, \cdots, m.$$

$\forall x = (x_1, \cdots, x_m) \in X$, 必有

$$\sum_{i=1}^{m} \sum_{j=1}^{n} c_{ij} x_i y_j = \sum_{i=1}^{m} \left(\sum_{j=1}^{n} c_{ij} y_j \right) x_i \leqslant 0,$$

$$v_2 = \min_{y \in Y} \max_{x \in X} \sum_{i=1}^{m} \sum_{j=1}^{n} c_{ij} x_i y_j \leqslant 0.$$

(2) 存在 $x_i > 0, i = 1, \cdots, m$, $\sum\limits_{i=1}^{m} x_i = 1$, 使

$$\sum_{i=1}^{m} c_{ij} x_i > 0, \quad j = 1, \cdots, n,$$

$\forall y=(y_1,\cdots,y_n)\in Y$, 必有

$$\sum_{i=1}^{m}\sum_{j=1}^{n}c_{ij}x_iy_j=\sum_{j=1}^{n}\left(\sum_{i=1}^{m}c_{ij}x_i\right)y_j>0,$$

$$v_1=\max_{x\in X}\min_{y\in Y}\sum_{i=1}^{m}\sum_{j=1}^{n}c_{ij}x_iy_j>0.$$

这样, 无论何种情况出现都与 $v_1<0, v_2>0$ 矛盾, 故 $v_1=v_2$.

因 $v_1=v_2$, 由引理 3.1.2, 矩阵博弈必存在平衡点或鞍点.

矩阵博弈可以用线性规划来求解, 推导如下:

设

$$X=\left\{x=(x_1,\cdots,x_m):x_i\geqslant 0,i=1,\cdots,m,\sum_{i=1}^{m}x_i=1\right\},$$

$$Y=\left\{y=(y_1,\cdots,y_n):y_j\geqslant 0,j=1,\cdots,n,\sum_{j=1}^{n}y_j=1\right\},$$

定理 3.1.1 已证明

$$\max_{x\in X}\min_{y\in Y}\sum_{i=1}^{m}\sum_{j=1}^{n}c_{ij}x_iy_j=\min_{y\in Y}\max_{x\in X}\sum_{i=1}^{m}\sum_{j=1}^{n}c_{ij}x_iy_j.$$

由

$$\max_{x\in X}\min_{y\in Y}\sum_{i=1}^{m}\sum_{j=1}^{n}c_{ij}x_iy_j=\max_{x\in X}\min_{y\in Y}\sum_{j=1}^{n}\left(\sum_{i=1}^{m}c_{ij}x_i\right)y_j$$

$$=\max_{x\in X}\min_{1\leqslant j\leqslant n}\sum_{i=1}^{m}c_{ij}x_i,$$

记 $x_0=\min\limits_{1\leqslant j\leqslant n}\sum\limits_{i=1}^{m}c_{ij}x_i$, 则问题归结为求解以下最优化问题:

$$\begin{aligned}\max\quad & x_0\\ \text{s.t.}\quad & \sum_{i=1}^{m}c_{ij}x_i\geqslant x_0,\quad j=1,\cdots,n,\\ & \sum_{i=1}^{m}x_i=1,\\ & x_i\geqslant 0,\quad i=1,\cdots,m.\end{aligned}$$

这是一个变量为 $(x_0,x_1,\cdots,x_m)$ 的线性规划问题, 可以求出 x_0^* 和 $x^*=(x_1^*,\cdots,x_m^*)\in X$. 注意到如果约束中 $\forall j=1,\cdots,n$, 有 $\sum\limits_{i=1}^{m}c_{ij}x_i^*>x_0^*$, 则 $(x_0^*,x_1^*,\cdots,x_m^*)$

不可能是线性规划的解, 因为 x_0^* 可以再增大, 直到以上 n 个不等式中至少出现一个等式, 此时 $x_0^* = \min\limits_{1\leqslant j\leqslant n} \sum\limits_{i=1}^{m} c_{ij}x_i^*$.

用同样的方法可以求出 $y^* = (y_1^*, \cdots, y_n^*) \in Y$.

3.2　两人零和博弈

设局中人 1 的策略集是 X, 局中人 2 的策略集是 Y, 它们分别是 R^m 和 R^n 中的非空集合. 局中人 1 选择策略 $x \in X$, 局中人 2 选择策略 $y \in Y$, 局中人 1 从局中人 2 得到的支付为 $f(x,y)$(此时局中人 2 从局中人 1 得到的支付为 $-f(x,y)$), 因为 $\forall x \in X, \forall y \in Y$, 有 $f(x,y) + (-f(x,y)) = 0$, 这一博弈就称为两人零和博弈. 显然, 矩阵博弈为其特例.

每个局中人都是理性的, 都希望自己能获得最大的利益. 此时, 如果存在 $x^* \in X$, 存在 $y^* \in Y$, 使

$$f(x^*, y^*) = \max_{x\in X} f(x, y^*),$$

$$f(x^*, y^*) = \min_{y\in Y} f(x^*, y),$$

则局中人 1 选择策略 x^*, 局中人 2 选择策略 y^*, 博弈就形成平衡, 因为此时谁也不能通过单独改变自己的策略而使自己获得更大的利益. (x^*, y^*) 称为此两人零和博弈的平衡点, 也称为鞍点, 因为此时 $\forall x \in X, \forall y \in Y$, 有

$$f(x, y^*) \leqslant f(x^*, y^*) \leqslant f(x^*, y).$$

关于两人零和博弈平衡点或鞍点的存在性问题, 将在第 5 讲中给出. 以下给出两人零和博弈 (包括矩阵博弈) 的一个重要性质.

定理 3.2.1　设 $f: X \times Y \to R$ 在 $X \times Y$ 中的鞍点全体为 $S(f)$, 如果 $(x_1, y_1) \in S(f)$, $(x_2, y_2) \in S(f)$, 则 $f(x_2, y_1) = f(x_1, y_1) = f(x_1, y_2) = f(x_2, y_2)$, 且 $(x_1, y_2) \in S(f)$, $(x_2, y_1) \in S(f)$.

证明　$\forall (x, y) \in X \times Y$, 因 $(x_1, y_1) \in S(f)$, $(x_2, y_2) \in S(f)$, 必有

$$f(x, y_1) \leqslant f(x_1, y_1) \leqslant f(x_1, y),$$

$$f(x, y_2) \leqslant f(x_2, y_2) \leqslant f(x_2, y).$$

在以上的式中分别令 $x = x_2$, $y = y_2$ 及 $x = x_1$, $y = y_1$, 则有

$$f(x_2, y_1) \leqslant f(x_1, y_1) \leqslant f(x_1, y_2) \leqslant f(x_2, y_2) \leqslant f(x_2, y_1),$$

于是

$$f(x_2,y_1)=f(x_1,y_1)=f(x_1,y_2)=f(x_2,y_2).$$

$\forall (x,y)\in X\times Y$, 有

$$f(x,y_1)\leqslant f(x_1,y_1)=f(x_2,y_1)=f(x_2,y_2)\leqslant f(x_2,y),$$

$$f(x,y_2)\leqslant f(x_2,y_2)=f(x_1,y_2)=f(x_1,y_1)\leqslant f(x_1,y),$$

从而有

$$(x_1,y_2)\in S(f),\quad (x_2,y_1)\in S(f).$$

矩阵博弈最简单的推广是把局中人 1 和局中人 2 的纯策略从有限集推广到无限集, 例如 $[0,1]$: 设局中人 1 从 $[0,1]$ 中选择 x, 局中人 2 从 $[0,1]$ 中选择 y, 局中人 2 支付局中人 1 $A(x,y)$(局中人 1 支付局中人 2 $-A(x,y)$), $A(x,y)$ 对 (x,y) 是连续的, 因为局中人 1 和局中人 2 的纯策略集都是无限集, 这一博弈就称为无限博弈, 它是两人零和博弈.

$\forall x\in[0,1]$, 令 $F(x)=P\{\xi\leqslant x\}$, 这是 $[0,1]$ 上随机变量 ξ 的分布函数, 则 $F(0)=0$, $F(1)=1$, $F(x)$ 单调上升且右连续. 同样地, 令 $G(y)=P\{\eta\leqslant y\}$, 则 $G(0)=0, G(1)=1, G(y)$ 单调上升且右连续. 可以将 $F(x)$ 和 $G(y)$ 分别看作局中人 1 和局中人 2 的混合策略. 如果局中人 1 选择混合策略 $F(x)$, 局中人 2 选择混合策略 $G(y)$, 则局中人 1 的期望支付 $E(F,G)=\displaystyle\int_0^1\int_0^1 A(x,y)\,\mathrm{d}F(x)\,\mathrm{d}G(y)$, 这一积分称为 Stieltjes 积分, 见文献 [39]. 注意到与矩阵博弈相比较, 无非是用 $\displaystyle\int$ 来代替 $\sum$.

与矩阵博弈的分析相同, 局中人 1 当然希望 $E(F,G)$ 越大越好, 而局中人 2 则希望期望支付 $E(F,G)$ 越小越好.

设 D 是 $[0,1]$ 中分布函数的全体, 首先形式地写出

$$v_1=\sup_{F\in D}\inf_{G\in D}E(F,G),\quad v_2=\inf_{G\in D}\sup_{F\in D}E(F,G).$$

引理 3.2.1 如果 $A(x,y)$ 连续, 则以上 v_1,v_2 的表达式中, sup 和 inf 可以用 max 和 min 来代替.

证明 只对 v_2 加以证明. 首先,

$$\begin{aligned}E(F,G)&=\int_0^1\int_0^1 A(x,y)\,\mathrm{d}F(x)\,\mathrm{d}G(y)\\&=\int_0^1\left[\int_0^1 A(x,y)\,\mathrm{d}G(y)\right]\mathrm{d}F(x)=\int_0^1 P(x)\mathrm{d}F(x),\end{aligned}$$

其中 $P(x)=\int_0^1 A(x,y)\,\mathrm{d}G(y)$.

因 $A(x,y)$ 在 $[0,1]\times[0,1]$ 上一致连续, 有

$$|P(x)-P(x')|\leqslant\int_0^1|A(x,y)-A(x',y)|\,\mathrm{d}G(y)\to 0\quad(x'\to x),$$

故 $P(x)$ 在 $[0,1]$ 上连续, 存在 $x_0\in[0,1]$, 使 $P(x_0)=\max\limits_{x\in[0,1]}P(x)$.

对任意 $F\in D$, 由 $\int_0^1 P(x)\mathrm{d}F(x)\leqslant P(x_0)\int_0^1\mathrm{d}F(x)=P(x_0)$, 得

$$\sup_{F\in D}\int_0^1 P(x)\mathrm{d}F(x)\leqslant P(x_0).$$

另外, 如果 $x_0>0$, 令 $F_0(x)=\begin{cases}0, & x<x_0,\\ 1, & x\geqslant x_0,\end{cases}$ 则 $F_0\in D$, 且

$$\sup_{F\in D}\int_0^1 P(x)\mathrm{d}F(x)\geqslant\int_0^1 P(x)\,\mathrm{d}F_0(x)=P(x_0).$$

如果 $x_0=0$, 令 $F_n(x)=\begin{cases}0, & x<\dfrac{1}{n},\\ 1, & x\geqslant\dfrac{1}{n},\end{cases}$ $n=1,2,3,\cdots$, 则 $F_n\in D$, 且

$$\sup_{F\in D}\int_0^1 P(x)\mathrm{d}F(x)\geqslant\int_0^1 P(x)\,\mathrm{d}F_n(x)=P\left(\frac{1}{n}\right),$$

因 $P(x)$ 是右连续的, 令 $n\to\infty$, 得 $\sup\limits_{F\in D}\int_0^1 P(x)\mathrm{d}F(x)\geqslant P(0)$.

总之, $\max\limits_{F\in D}\int_0^1\int_0^1 A(x,y)\,\mathrm{d}F(x)\,\mathrm{d}G(y)$ 必存在, 且等于 $\max\limits_{0\leqslant x\leqslant 1}\int_0^1 A(x,y)\,\mathrm{d}G(y)$.

由 $v_2=\inf\limits_{G\in D}\max\limits_{F\in D}E(F,G)$, 存在 $\{G_n(y)\}\subset D$, 使 $v_2=\lim\limits_{n\to\infty}\max\limits_{F\in D}E(F,G_n)$.

由 Helly 第一和第二定理[40], 可以不妨设 $G_n(y)\to G_0(y)$, $G_0\in D$, 且对任意 $[0,1]$ 上的连续函数 $f(y)$, 有 $\lim\limits_{n\to\infty}\int_0^1 f(y)\mathrm{d}G_n(y)=\int_0^1 f(y)\mathrm{d}G_0(y)$.

由下确界定义, $\max\limits_{F\in D}E(F,G_0)\geqslant v_0$.

另外, 记 $\max\limits_{0\leqslant x\leqslant 1}\int_0^1 A(x,y)\,\mathrm{d}G_0(y)=\int_0^1 A(x^*,y)\,\mathrm{d}G_0(y)$, 则

$$v_2=\lim_{n\to\infty}\max_{F\in D}E(F,G_n)=\lim_{n\to\infty}\max_{0\leqslant x\leqslant 1}\int_0^1 A(x,y)\,\mathrm{d}G_n(y)$$

$$\geqslant \lim_{n\to\infty}\int_0^1 A(x^*,y)\,\mathrm{d}G_n(y)=\int_0^1 A(x^*,y)\,\mathrm{d}G_0(y)=\max_{F\in D}E(F,G_0).$$

这样, $v_2=\max\limits_{F\in D}E(F,G_0)$, $\min\limits_{G\in D}\max\limits_{F\in D}E(F,G)$ 必存在且等于 v_2.

引理 3.2.2 $v_1\leqslant v_2$.

证明 对任意 $F,G\in D$, 有

$$\begin{aligned}\min_{G\in D}\int_0^1\int_0^1 A(x,y)\,\mathrm{d}F(x)\,\mathrm{d}G(y)&\leqslant\int_0^1\int_0^1 A(x,y)\,\mathrm{d}F(x)\,\mathrm{d}G(y)\\&\leqslant\max_{F\in D}\int_0^1\int_0^1 A(x,y)\,\mathrm{d}F(x)\,\mathrm{d}G(y),\end{aligned}$$

于是

$$\begin{aligned}v_1&=\max_{F\in D}\min_{G\in D}\int_0^1\int_0^1 A(x,y)\,\mathrm{d}F(x)\,\mathrm{d}G(y)\\&\leqslant\min_{G\in D}\max_{F\in D}\int_0^1\int_0^1 A(x,y)\,\mathrm{d}F(x)\,\mathrm{d}G(y)=v_2.\end{aligned}$$

定理 3.2.2 $v_1=v_2$.

证明 $\forall\varepsilon>0$, 由 $A(x,y)$ 在 $[0,1]\times[0,1]$ 上一致连续, 存在 n 充分大, 使当 $|x-x'|<\dfrac{1}{n}$, $|y-y'|<\dfrac{1}{n}$ 时, 有 $|A(x,y)-A(x',y')|<\varepsilon$.

将 $[0,1]\times[0,1]$ 分成 n^2 个小正方形, 并令

$$\begin{aligned}&A_1(x,y)=A\left(\frac{i}{n},\frac{j}{n}\right),\quad \frac{i}{n}\leqslant x\leqslant\frac{i+1}{n},\\&\frac{j}{n}\leqslant y\leqslant\frac{j+1}{n},\quad i=0,1,\cdots,n-1,\quad j=0,1,\cdots,n-1,\end{aligned}$$

对任意 $F\in D,G\in D$, 有

$$\int_0^1\int_0^1 A_1(x,y)\,\mathrm{d}F(x)\,\mathrm{d}G(y)=\sum_{i=0}^{n-1}\sum_{j=0}^{n-1}a_{ij}x_iy_j,$$

其中

$$a_{ij}=A\left(\frac{i}{n},\frac{j}{n}\right),\quad x_i=F\left(\frac{i+1}{n}\right)-F\left(\frac{i}{n}\right)\geqslant 0,\quad y_j=G\left(\frac{j+1}{n}\right)-G\left(\frac{i}{n}\right)\geqslant 0,$$

$$\sum_{i=0}^{n-1}x_i=F(1)-F(0)=1,\quad \sum_{j=0}^{n-1}y_j=G(1)-G(0)=1.$$

由定理 3.1.1, 得

$$\max_{x\in D_1}\min_{y\in D_1}\sum_{i=0}^{n-1}\sum_{j=0}^{n-1}a_{ij}x_iy_j=\min_{y\in D_1}\max_{x\in D_1}\sum_{i=0}^{n-1}\sum_{j=0}^{n-1}a_{ij}x_iy_j,$$

其中 $D_1=\left\{(u_0,u_1,\cdots,u_{n-1}):u_k\geqslant 0,k=0,1,\cdots,n-1,\sum\limits_{k=0}^{n-1}u_k=1\right\}$, 于是

$$\max_{F\in D}\min_{G\in D}\int_0^1\int_0^1 A_1(x,y)\,\mathrm{d}F(x)\,\mathrm{d}G(y)=\min_{G\in D}\max_{F\in D}\int_0^1\int_0^1 A_1(x,y)\,\mathrm{d}F(x)\,\mathrm{d}G(y).$$

另外, 对任意 $F\in D,G\in D$, 由

$$\int_0^1\int_0^1|A(x,y)-A_1(x,y)|\,\mathrm{d}F(x)\,\mathrm{d}G(y)<\varepsilon\int_0^1\int_0^1\mathrm{d}F(x)\,\mathrm{d}G(y)=\varepsilon,$$

得

$$\begin{aligned}\int_0^1\int_0^1 A_1(x,y)\,\mathrm{d}F(x)\,\mathrm{d}G(y)-\varepsilon&<\int_0^1\int_0^1 A(x,y)\,\mathrm{d}F(x)\,\mathrm{d}G(y)\\&<\int_0^1\int_0^1 A_1(x,y)\,\mathrm{d}F(x)\,\mathrm{d}G(y)+\varepsilon.\end{aligned}$$

这样,

$$\begin{aligned}v_2&=\min_{G\in D}\max_{F\in D}\int_0^1\int_0^1 A(x,y)\,\mathrm{d}F(x)\,\mathrm{d}G(y)\\&\leqslant\min_{G\in D}\max_{F\in D}\int_0^1\int_0^1 A_1(x,y)\,\mathrm{d}F(x)\,\mathrm{d}G(y)+\varepsilon\\&=\max_{F\in D}\min_{G\in D}\int_0^1\int_0^1 A_1(x,y)\,\mathrm{d}F(x)\,\mathrm{d}G(y)+\varepsilon\\&\leqslant\max_{F\in D}\min_{G\in D}\int_0^1\int_0^1 A(x,y)\,\mathrm{d}F(x)\,\mathrm{d}G(y)+2\varepsilon\\&=v_1+2\varepsilon.\end{aligned}$$

因 ε 是任意的, 得 $v_2\leqslant v_1$, 再由引理 3.2.2, 有 $v_1\leqslant v_2$, 最后得 $v_1=v_2$.

第4讲　双矩阵博弈与 n 人非合作有限博弈

本讲将介绍 Nash 提出的 n 人非合作有限博弈和它的特例: 双矩阵博弈, 主要参考了文献 [4] 和 [10].

4.1　双矩阵博弈

考虑以下博弈: 设局中人 1 有 m 个策略 $\{a_1, \cdots, a_m\}$, 局中人 2 有 n 个策略 $\{b_1, \cdots, b_n\}$, 局中人 1 选择策略 a_i, 局中人 2 选择策略 b_j, 局中人 1 得到的支付为 c_{ij}, 局中人 2 得到的支付为 d_{ij}, 如果对某些 i 和 j 有 $c_{ij} > 0$ 和 $d_{ij} > 0$, 则局中人 1 选择策略 a_i, 局中人 2 选择策略 b_j, 这就是双赢; 反之, 如果对某些 i 和 j 有 $c_{ij} < 0$ 和 $d_{ij} < 0$, 则局中人 1 选择策略 a_i, 局中人 2 选择策略 b_j, 这就是双输. 因为 $\{c_{ij}\}$ 和 $\{d_{ij}\}\,(i = 1, \cdots, m; j = 1, \cdots, n)$ 构成两个矩阵, 这一博弈就称为双矩阵博弈. 将 $A = \{a_1, \cdots, a_m\}$ 和 $B = \{b_1, \cdots, b_n\}$ 分别称为局中人 1 和局中人 2 的纯策略集, 而将

$$X = \left\{ x = (x_1, \cdots, x_m) : x_i \geqslant 0, i = 1, \cdots, m, \sum_{i=1}^{m} x_i = 1 \right\}$$

和

$$Y = \left\{ y = (y_1, \cdots, y_n) : y_j \geqslant 0, j = 1, \cdots, n, \sum_{j=1}^{n} y_j = 1 \right\}$$

分别称为局中人 1 和局中人 2 的混合策略集. 如果局中人 1 选择混合策略 $x = (x_1, \cdots, x_m) \in X$, 局中人 2 选择混合策略 $y = (y_1, \cdots, y_n) \in Y$, 并假定他们的选择是独立的, 则局中人 1 和局中人 2 得到的期望支付分别为 $\sum\limits_{i=1}^{m}\sum\limits_{j=1}^{n} c_{ij}x_i y_j$ 和 $\sum\limits_{i=1}^{m}\sum\limits_{j=1}^{n} d_{ij}x_i y_j$. 每个局中人都是理性的, 都希望自己能获得最大的利益. 因此, 如果存在 $x^* = (x_1^*, x_2^*, \cdots, x_m^*) \in X$, 存在 $y^* = (y_1^*, y_2^*, \cdots, y_n^*) \in Y$, 使

$$\sum_{i=1}^{m}\sum_{j=1}^{n} c_{ij}x_i^* y_j^* = \max_{x \in X} \sum_{i=1}^{m}\sum_{j=1}^{n} c_{ij}x_i y_j^*,$$

$$\sum_{i=1}^{m}\sum_{j=1}^{n} d_{ij}x_i^* y_j^* = \max_{y \in Y} \sum_{i=1}^{m}\sum_{j=1}^{n} d_{ij}x_i^* y_j,$$

则局中人 1 选择混合策略 x^*, 局中人 2 选择混合策略 y^*, 博弈就形成平衡, 因为此时谁也不能通过单独改变自己的策略而使自己获得更大的利益. (x^*,y^*) 称为此双矩阵博弈的 Nash 平衡点.

如果 $\forall i=1,\cdots,m$, $\forall j=1,\cdots,n$, 有 $c_{ij}+d_{ij}=0$, 即 $d_{ij}=-c_{ij}$, 则此博弈为矩阵博弈, 这说明矩阵博弈是双矩阵博弈的特例.

以下用 Brouwer 不动点定理来证明双矩阵博弈 Nash 平衡点必存在.

定理 4.1.1　双矩阵博弈必存在 Nash 平衡点.

证明　易知 X 和 Y 分别是 R^m 和 R^n 中的有界闭凸集, 故 $C=X\times Y$ 必是 R^{m+n} 中的有界闭凸集. $\forall (x,y)\in X\times Y=C$, 定义映射 $f(x,y)=(x',y')$ 如下 (这一映射称为 Nash 映射):

$$x_i'=\frac{x_i+\max\left\{0,\sum_{j=1}^{n}c_{ij}y_j-\sum_{i=1}^{m}\sum_{j=1}^{n}c_{ij}x_iy_j\right\}}{1+\sum_{i=1}^{m}\max\left\{0,\sum_{j=1}^{n}c_{ij}y_j-\sum_{i=1}^{m}\sum_{j=1}^{n}c_{ij}x_iy_j\right\}},\quad i=1,\cdots,m;$$

$$y_j'=\frac{y_j+\max\left\{0,\sum_{i=1}^{m}d_{ij}x_i-\sum_{i=1}^{m}\sum_{j=1}^{n}d_{ij}x_iy_j\right\}}{1+\sum_{j=1}^{n}\max\left\{0,\sum_{i=1}^{m}d_{ij}x_i-\sum_{i=1}^{m}\sum_{j=1}^{n}d_{ij}x_iy_j\right\}},\quad j=1,\cdots,n.$$

容易验证: $x_i'\geqslant 0$, $i=1,\cdots,m$, $\sum\limits_{i=1}^{m}x_i'=1$; $y_j'\geqslant 0$, $j=1,\cdots,n$, $\sum\limits_{j=1}^{n}y_j'=1$, 从而有 $x'\in(x_1',\cdots,x_m')\in X$, $y'\in(y_1',\cdots,y_n')\in Y$, $f(x,y)=(x',y')\in X\times Y=C$.

显然, 映射 $f:C\to C$ 连续, 由 Brouwer 不动点定理, 存在 $(x^*,y^*)\in X\times Y=C$, 使 $f(x^*,y^*)=(x^*,y^*)$, 即

$$x_i^*=\frac{x_i^*+\max\left\{0,\sum_{j=1}^{n}c_{ij}y_j^*-\sum_{i=1}^{m}\sum_{j=1}^{n}c_{ij}x_i^*y_j^*\right\}}{1+\sum_{i=1}^{m}\max\left\{0,\sum_{j=1}^{n}c_{ij}y_j^*-\sum_{i=1}^{m}\sum_{j=1}^{n}c_{ij}x_i^*y_j^*\right\}},\quad i=1,\cdots,m;$$

$$y_j^*=\frac{y_j^*+\max\left\{0,\sum_{i=1}^{m}d_{ij}x_i^*-\sum_{i=1}^{m}\sum_{j=1}^{n}d_{ij}x_i^*y_j^*\right\}}{1+\sum_{j=1}^{n}\max\left\{0,\sum_{i=1}^{m}d_{ij}x_i^*-\sum_{i=1}^{m}\sum_{j=1}^{n}d_{ij}x_i^*y_j^*\right\}},\quad j=1,\cdots,n.$$

令 $I(x^*)=\{i:x_i^*>0\}$, 因 $x_i^*\geqslant 0, i=1,\cdots,m$, 且 $\sum\limits_{i=1}^{m}x_i^*=1$, 故 $I(x^*)\neq\varnothing$.

如果 $\forall i\in I(x^*)$, 都有 $\max\left\{0,\sum\limits_{j=1}^{n}c_{ij}y_j^*-\sum\limits_{i=1}^{m}\sum\limits_{j=1}^{n}c_{ij}x_i^*y_j^*\right\}>0$, 则

$$\sum_{j=1}^{n}c_{ij}y_j^*>\sum_{i=1}^{m}\sum_{j=1}^{n}c_{ij}x_i^*y_j^*,\quad x_i^*\sum_{j=1}^{n}c_{ij}y_j^*>x_i^*\sum_{i=1}^{m}\sum_{j=1}^{n}c_{ij}x_i^*y_j^*.$$

注意到当 $i\notin I(x^*)$, 即 $x_i^*=0$ 时也有 $x_i^*\sum\limits_{j=1}^{n}c_{ij}y_j^*=x_i^*\sum\limits_{i=1}^{m}\sum\limits_{j=1}^{n}c_{ij}x_i^*y_j^*$.

对所有 i 求和, 因 $\sum\limits_{i=1}^{m}x_i^*=1$, 得

$$\sum_{i=1}^{m}\sum_{j=1}^{n}c_{ij}x_i^*y_j^*>\sum_{i=1}^{m}\sum_{j=1}^{n}c_{ij}x_i^*y_j^*,$$

矛盾, 故存在某 $i\in I(x^*)$, 使 $\max\left\{0,\sum\limits_{j=1}^{n}c_{ij}y_j^*-\sum\limits_{i=1}^{m}\sum\limits_{j=1}^{n}c_{ij}x_i^*y_j^*\right\}=0$, 对此 i, 有

$$x_i^*+x_i^*\sum_{i=1}^{n}\max\left\{0,\sum_{j=1}^{n}c_{ij}y_j^*-\sum_{i=1}^{m}\sum_{j=1}^{n}c_{ij}x_i^*y_j^*\right\}=x_i^*,$$

因 $x_i^*>0$, 故

$$\sum_{i=1}^{m}\max\left\{0,\sum_{j=1}^{n}c_{ij}y_j^*-\sum_{i=1}^{m}\sum_{j=1}^{n}c_{ij}x_i^*y_j^*\right\}=0.$$

$\forall i=1,\cdots,m$, 有

$$\max\left\{0,\sum_{j=1}^{n}c_{ij}y_j^*-\sum_{i=1}^{m}\sum_{j=1}^{n}c_{ij}x_i^*y_j^*\right\}=0,$$

从而有

$$\sum_{i=1}^{m}\sum_{j=1}^{n}c_{ij}x_i^*y_j^*\geqslant\sum_{j=1}^{n}c_{ij}y_j^*,\quad i=1,\cdots,m.$$

$\forall x=(x_1,\cdots,x_m)\in X, \forall i=1,\cdots,m$, 因

$$x_i\sum_{i=1}^{m}\sum_{j=1}^{n}c_{ij}x_i^*y_j^*\geqslant x_i\sum_{j=1}^{n}c_{ij}y_j^*=\sum_{j=1}^{n}c_{ij}x_iy_j^*,$$

对所有 i 求和, 得

$$\sum_{i=1}^{m}\sum_{j=1}^{n}c_{ij}x_i^*y_j^*\geqslant\sum_{i=1}^{m}\sum_{j=1}^{n}c_{ij}x_iy_j^*,$$

最后有

$$\sum_{i=1}^{m}\sum_{j=1}^{n} c_{ij}x_i^* y_j^* = \max_{x\in X}\sum_{i=1}^{m}\sum_{j=1}^{n} c_{ij}x_i y_j^*.$$

同样地, 有

$$\sum_{i=1}^{m}\sum_{j=1}^{n} d_{ij}x_i^* y_j^* = \max_{y\in Y}\sum_{i=1}^{m}\sum_{j=1}^{n} d_{ij}x_i^* y_j,$$

(x^*, y^*) 就是此双矩阵博弈的 Nash 平衡点.

注 4.1.1 无论是矩阵博弈还是双矩阵博弈, 平衡点存在, 这是肯定的, 但是没有唯一性的结论, 因为矩阵博弈和双矩阵博弈的平衡点一般都不是唯一的.

4.2 n 人非合作有限博弈

以下 n 人非合作有限博弈的模型是由 Nash 提出的, 见文献 [4] 和 [10].

设 $N = \{1, \cdots, n\}$ 是局中人的集合, $\forall i \in N$, 局中人 i 的纯策略集是有限集 $S_i = \{s_{i1}, \cdots, s_{im_i}\}$, 混合策略集是

$$X_i = \left\{x_i = (x_{i1}, \cdots, x_{im_i}) : x_{ik_i} \geqslant 0, k_i = 1, \cdots, m_i, \sum_{k_i=1}^{m_i} x_{ik_i} = 1\right\},$$

当每个局中人 i 选择纯策略 $s_{ik_i} \in S_i$ 时, $i = 1, \cdots, n$, 局中人 i 得到的支付为实数 $R_i\left(s_{1k_1}, \cdots, s_{nk_n}\right)$. 记 $X = \prod_{i=1}^{n} X_i$, $\forall x = (x_1, \cdots, x_n) \in X$, 当每个局中人 i 选择混合策略 $x_i = (x_{i1}, \cdots, x_{im_i}) \in X_i$ (即局中人 i 以概率 x_{i1} 选择纯策略 $s_{i1}, \cdots$, 以概率 x_{im_i} 选择纯策略 s_{im_i}) 时, $i = 1, \cdots, n$, 并假定他们的选择是独立的, 则局中人 i 得到的期望支付为实数

$$f_i\left(x_1, \cdots, x_n\right) = \sum_{k_1=1}^{m_1} \cdots \sum_{k_n=1}^{m_n} R_i\left(s_{1k_1}, \cdots, s_{nk_n}\right) \prod_{i=1}^{n} x_{ik_i}.$$

$\forall i \in N$, 记 $\hat{i} = N \backslash \{i\}$ (有些文献记 $-i = N \backslash \{i\}$), $f_i\left(x_1, \cdots, x_n\right) = f_i\left(x_i, x_{\hat{i}}\right)$. 每个局中人都是理性的, 都希望自己能获得最大的利益. 因此, 如果存在 $x^* = (x_1^*, \cdots, x_n^*) \in X$, 使 $\forall i \in N$, 有

$$f_i\left(x_i^*, x_{\hat{i}}^*\right) = \max_{u_i \in X_i} f_i\left(u_i, x_{\hat{i}}^*\right),$$

则称 x^* 为此 n 人非合作有限博弈的 Nash 平衡点, 此时每个局中人都不能通过单独改变自己的策略而使自己获得更大的利益.

显然, 双矩阵博弈是 n 人非合作有限博弈的特例, 而这里之所以称为 n 人非合作有限博弈, 是因为每个局中人的纯策略集都是有限集且都考虑混合策略集.

定理 4.2.1 n 人非合作有限博弈必存在 Nash 平衡点.

这是 Nash 的主要贡献, 本讲不准备证明它, 第 5 讲将对更加一般的 n 人非合作博弈来给出 Nash 平衡点的存在性定理. 注意到对于 n 人非合作有限博弈来说, $\forall i \in N$, 混合策略集 X_i 是 R^{m_i} 中的非空有界闭凸集, 局中人 i 的支付函数 $f_i(x_i, x_{\hat{i}})$ 在 X 上连续, 且 $\forall x_{\hat{i}} \in X_{\hat{i}}$, $u_i \to f_i(u_i, x_{\hat{i}})$ 在 X_i 上是凹的.

第 5 讲　n 人非合作博弈

本讲将介绍比 n 人非合作有限博弈更加一般的 n 人非合作博弈, 将给出三组 Nash 平衡点存在的充分必要条件, 并给出多个 Nash 平衡点的存在性定理. 此外, 对两人零和博弈的鞍点和策略集无界的情况下的 Nash 平衡点也给出了存在性定理; 对 Cournot 博弈、公共地悲剧问题、轻微利他平衡点以及 Bayes 博弈平衡点的存在性, 都作了比较细致的论述, 主要参考了文献 [10], [41]~[43].

5.1　n 人非合作博弈 Nash 平衡点的存在性

设 $N=\{1,\cdots,n\}$ 是局中人的集合, $\forall i\in N$, 设 X_i 是局中人 i 的策略集, 它是 R^{k_i} 中的非空集合, $X=\prod_{i=1}^{n}X_i$, 当局中人 i 选择策略 $x_i\in X_i$ 时, $i=1,\cdots,n$, 局中人 i 得到的支付为 $f_i(x_1,\cdots,x_n)$.

$\forall i\in N$, 记 $\hat{i}=N\backslash\{i\}$, $X_{\hat{i}}=\prod_{j\neq i}X_j$, $f_i(x_1,\cdots,x_n)=f_i(x_i,x_{\hat{i}})$, 其中 $x_{\hat{i}}\in X_{\hat{i}}$. 如果存在 $x^*=(x_1^*,\cdots,x_n^*)\in X$, 使 $\forall i\in N$, 有

$$f_i\left(x_i^*,x_{\hat{i}}^*\right)=\max_{u_i\in X_i}f_i\left(u_i,x_{\hat{i}}^*\right),$$

则称 x^* 为此 n 人非合作博弈的 Nash 平衡点. 在平衡点处, 每个局中人都不能通过单独改变自己的策略而使自己获得更大的利益. 显然, n 人非合作有限博弈 (包括双矩阵博弈) 是其特例.

如果 $N=\{1,2\}$, $X_1=X$, $X_2=Y$, $f_1=f$, $f_2=-f$ (即 $f_1+f_2=0$), 此博弈即为第 3 讲中介绍的两人零和博弈 (包括矩阵博弈), 它也是 n 人非合作博弈的特例.

注 5.1.1　我们已多次强调, 在平衡点处, 每个局中人都不能通过单独改变自己的策略而使自己获得更大的利益, 这是正确的. 但是如果所有 (或部分) 局中人都改变自己的策略呢? 能使他们都获得更大的利益吗? 答案是可能的, 可见著名的囚徒难题 (或囚徒困境)[44].

以下给出三组 Nash 平衡点存在的充分必要条件, 并给出多个 Nash 平衡点的存在性定理.

$\forall i\in N$, 定义集值映射 $F_i:X_{\hat{i}}\to P_0(X_i)$ 如下: $\forall x_{\hat{i}}\in X_{\hat{i}}$,

$$F_i\left(x_{\hat{i}}\right)=\left\{w_i\in X_i:f_i\left(w_i,x_{\hat{i}}\right)=\max_{u_i\in X_i}f_i\left(u_i,x_{\hat{i}}\right)\right\},$$

$F_i(x_{\hat{i}})$ 是当除局中人 i 之外的其他 $n-1$ 个局中人选取策略 $x_{\hat{i}} \in X_{\hat{i}}$ 时, 局中人 i 的最佳回应.

$\forall x \in X$, 定义集值映射 $F: X \to P_0(X)$ 如下: $\forall x = (x_1, \cdots, x_n) \in X$,

$$F(x) = \prod_{i=1}^{n} F_i(x_{\hat{i}}),$$

集值映射 $F: X \to P_0(X)$ 称为此 n 人非合作博弈的最佳回应映射.

定理 5.1.1 $x^* \in X$ 是非合作博弈的 Nash 平衡点的充分必要条件为 $x^* \in X$ 是最佳回应映射 $F: X \to P_0(X)$ 的不动点.

证明 充分性. 设 $x^* = (x_1^*, \cdots, x_n^*) \in X$ 是最佳回应映射 F 的不动点, 即 $x^* \in F(x^*)$, 则 $\forall i \in N$, 有 $x_i^* \in F_i\left(x_{\hat{i}}^*\right)$, 从而有

$$f_i\left(x_i^*, x_{\hat{i}}^*\right) = \max_{u_i \in X_i} f_i\left(u_i, x_{\hat{i}}^*\right),$$

x_i^* 必是非合作博弈的 Nash 平衡点.

必要性. 设 $x^* = (x_1^*, \cdots, x_n^*) \in X$ 是非合作博弈的 Nash 平衡点, 则 $\forall i \in N$, 有

$$f_i\left(x_i^*, x_{\hat{i}}^*\right) = \max_{u_i \in X_i} f_i\left(u_i, x_{\hat{i}}^*\right),$$

故 $x_i^* \in F_i\left(x_{\hat{i}}^*\right)$, $x^* \in F(x^*)$, x^* 必是最佳回应映射 F 的不动点.

定理 5.1.2 $\forall i \in N$, 设 X_i 是 R^{k_i} 中的非空有界闭凸集, $X = \prod_{i=1}^{n} X_i$, $f_i: X \to R$ 连续, 且 $\forall x_{\hat{i}} \in X_{\hat{i}}$, $u_i \to f_i(u_i, x_{\hat{i}})$ 在 X_i 上是拟凹的, 则非合作博弈的 Nash 平衡点必存在.

证明 首先, $X = \prod_{i=1}^{n} X_i$ 必是 R^k 中的非空有界闭凸集, 其中 $k = k_1 + \cdots + k_n$. $\forall i \in N$, $\forall x_{\hat{i}} \in X_{\hat{i}}$,

$$F_i(x_{\hat{i}}) = \left\{ w_i \in X_i : f_i(w_i, x_{\hat{i}}) = \max_{u_i \in X_i} f_i(u_i, x_{\hat{i}}) \right\}.$$

因 f_i 连续, 当 $x_{\hat{i}}$ 固定时, $u_i \to f_i(u_i, x_{\hat{i}})$ 连续, 又 X_i 是 R^{k_i} 中的有界闭集, 故 $F_i(x_{\hat{i}}) \neq \varnothing$. 又 X_i 有界, $F_i(x_{\hat{i}})$ 必有界, 以下证明它是闭凸集.

记 $\max_{u_i \in X_i} f_i(u_i, x_{\hat{i}}) = c$, $\forall w_i^m \in F_i(x_{\hat{i}})$, $w_i^m \to w_i$, 则 $w_i^m \in X_i$, 因 X_i 是闭集, 故 $w_i \in X_i$, 又 $f_i(w_i^m, x_{\hat{i}}) = c$, 因 f_i 连续, 故 $f_i(w_i, x_{\hat{i}}) = c$, $w_i \in F_i(x_{\hat{i}})$, $F_i(x_{\hat{i}})$ 必是闭集. 又 $\forall w_i^1, w_i^2 \in F_i(x_{\hat{i}})$, $\forall \lambda \in (0,1)$, 因 $w_i^1, w_i^2 \in X_i$, X_i 是凸集, 故 $\lambda w_i^1 + (1-\lambda) w_i^2 \in X_i$, $f\left(\lambda w_i^1 + (1-\lambda) w_i^2, x_{\hat{i}}\right) \leqslant c$, 又 $f_i\left(w_i^1, x_{\hat{i}}\right) = f_i\left(w_i^2, x_{\hat{i}}\right) = c$, 当 $x_{\hat{i}}$ 固定时, $u_i \to f_i(u_i, x_{\hat{i}})$ 在 X_i 上是拟凹的, 故

$$f\left(\lambda w_i^1 + (1-\lambda) w_i^2, x_{\hat{i}}\right) \geqslant \min\left\{ f_i\left(w_i^1, x_{\hat{i}}\right), f_i\left(w_i^2, x_{\hat{i}}\right) \right\} = c,$$

故 $f\left(\lambda w_i^1+(1-\lambda)w_i^2,x_{\hat{i}}\right)=c$, $\lambda w_i^1+(1-\lambda)w_i^2\in F_i\left(x_{\hat{i}}\right)$, $F_i\left(x_{\hat{i}}\right)$ 必是凸集.

$\forall i\in N$, $F_i\left(x_{\hat{i}}\right)$ 是 R^{k_i} 中的非空有界闭凸集, 因 $F(x)=\prod_{i=1}^{n}F_i\left(x_{\hat{i}}\right)$, 它必是 R^k 中的非空有界闭凸集, 其中 $k=k_1+\cdots+k_n$.

$\forall i\in N$, 因 $f_i\left(u_i,x_{\hat{i}}\right)$ 连续, 而 X_i 是有界闭集, $\forall x_{\hat{i}}\in X_{\hat{i}}$, 由 $G_i\left(x_{\hat{i}}\right)=X_i$ 定义的集值映射必是连续的, 且 X_i 是有界闭集, 由极大值定理, 集值映射 $F_i:X_{\hat{i}}\to P_0\left(X_i\right)$ 必是上半连续的.

$\forall x\in X$, 因 $F(x)=\prod_{i=1}^{n}F_i\left(x_{\hat{i}}\right)$, 最佳回应映射 $F:X\to P_0(X)$ 在 X 上必是上半连续的.

这样, 由 Kakutani 不动点定理, 存在 $x^*\in X$, 使 $x^*\in F(x^*)$. 由定理 5.1.1, x^* 必是非合作博弈的 Nash 平衡点.

系 5.1.1 n 人非合作有限博弈必存在 Nash 平衡点.

证明 第 4 讲中已指出对于 n 人非合作有限博弈来说, $\forall i\in N$, 局中人 i 的策略集 X_i 是 R^{m_i} 中的非空有界闭凸集, 支付函数 $f_i\left(x_i,x_{\hat{i}}\right)$ 在 X 上连续, 且 $\forall x_{\hat{i}}\in X_{\hat{i}}$, $u_i\to f_i\left(u_i,x_{\hat{i}}\right)$ 在 X_i 上是凹的, 故由定理 5.1.2 即推得其 Nash 平衡点必存在.

以下应用 Fan-Browder 不动点定理再给出一个 Nash 平衡点的存在性定理, 见文献 [42]. 首先给出一个引理.

引理 5.1.1 设 X 和 Y 分别是 R^m 和 R^n 中的两个非空子集, 其中 X 是有界闭集, $f:X\times Y\to R$ 是上半连续的, 且 $\forall x\in X$, $y\to f(x,y)$ 是下半连续的, 则 $\varphi(y)=\max_{u\in X}\varphi(u,y)$ 在 Y 上必是连续的.

证明 首先, 由定理 2.2.6(2), $\varphi(y)$ 在 Y 上是上半连续的, 以下来证明它在 Y 上是下半连续的.

$\forall y\in Y$, 存在 $x\in X$, 使 $\varphi(y)=f(x,y)$. $\forall\varepsilon>0$, 固定 x, 因 $f(x,y)$ 在 y 是下半连续的, 存在 y 的开邻域 $O(y)$, 使 $\forall y'\in O(y)$, 有 $f(x,y')>f(x,y)-\varepsilon$, 于是

$$\varphi(y')\geqslant f(x,y')>f(x,y)-\varepsilon=\varphi(y)-\varepsilon,$$

$\varphi(y)$ 在 Y 上是下半连续的, 从而是连续的.

定理 5.1.3 $\forall i\in N$, 设 X_i 是 R^{m_i} 中的非空有界闭凸集, $X=\prod_{i=1}^{n}X_i$, $f_i:X\to R$ 在 X 上是上半连续的, $\forall x_i\in X_i$, $y_{\hat{i}}\to f_i\left(x_i,y_{\hat{i}}\right)$ 在 $X_{\hat{i}}$ 上是下半连续的, 且 $\forall x_{\hat{i}}\in X_{\hat{i}}$, $y_i\to f_i\left(y_i,x_{\hat{i}}\right)$ 在 X_i 上是拟凹的, 则非合作博弈的 Nash 平衡点必存在.

证明 由引理 5.1.1, $\forall i\in N$, $\max_{u_i\in X_i}f_i\left(u_i,x_{\hat{i}}\right)$ 在 $X_{\hat{i}}$ 上是连续的.

$\forall k=1,2,3,\cdots$, 定义集值映射 $W_k: X\to P_0(X)$ 如下:

$$W_k(x)=\prod_{i=1}^{n}\left\{y_i\in X_i: f_i(y_i,x_{\hat{i}})>\max_{u_i\in X_i} f_i(u_i,x_{\hat{i}})-\frac{1}{k}\right\},$$

易知 $W_k(x)\neq\varnothing$, 且 $W_k(x)$ 是 X 中的凸集.

$\forall y\in X$, $W_k^{-1}(y)=\bigcap_{i=1}^{n}\left\{x\in X: f_i(y_i,x_{\hat{i}})>\max_{u_i\in X_i} f_i(u_i,x_{\hat{i}})-\frac{1}{k}\right\}$, $\forall i\in N$, 因 $f_i(y_i,x_{\hat{i}})-\max_{u_i\in X_i} f_i(u_i,x_{\hat{i}})$ 对 $X_{\hat{i}}$ 是上半连续的, 故

$$\left\{x\in X: f_i(y_i,x_{\hat{i}})>\max_{u_i\in X_i} f_i(u_i,x_{\hat{i}})-\frac{1}{k}\right\}$$

是开集, 从而 $W_k^{-1}(y)$ 是开集.

由 Fan-Browder 不动点定理, 存在 $x^k\in X$, 使 $x^k\in W_k(x^k)$, 于是 $\forall i\in N$, 有

$$f_i(y_i,x_{\hat{i}})>\max_{u_i\in X_i} f_i(u_i,x_{\hat{i}})-\frac{1}{k},\quad k=1,2,3,\cdots.$$

因 X 是有界闭集, 不妨设 $x^k\to x^*\in X$, $\forall i\in N$, 因 f_i 在 X 上是上半连续的, 并再次注意到 $\max_{u_i\in X_i} f_i(u_i,x_{\hat{i}})$ 对 $x_{\hat{i}}$ 是连续的, 得

$$f_i\left(x_i^*,x_{\hat{i}}^*\right)\geqslant\overline{\lim_{k\to\infty}} f_i\left(x_i^k,x_{\hat{i}}^k\right)\geqslant\lim_{k\to\infty}\max_{u_i\in X_i} f_i\left(u_i,x_{\hat{i}}^k\right)=f_i\left(u_i,x_{\hat{i}}^*\right),$$

x^* 必是非合作博弈的 Nash 平衡点.

以下应用 Ky Fan 不等式来给出 Nash 平衡点存在的充分必要条件.

$\forall x=(x_1,\cdots,x_n)\in X$, $\forall y=(y_1,\cdots,y_n)\in X$, 定义

$$\varphi(x,y)=\sum_{i=1}^{n}\left[f_i(y_i,x_{\hat{i}})-f_i(x_i,x_{\hat{i}})\right],$$

$\varphi: X\times X\to R$ 在一些文献中称为 Nikaido-Isoda 函数, 因为它首先出现在文献 [45] 中.

定理 5.1.4 $x^*\in X$ 是非合作博弈 Nash 平衡点的充分必要条件为 $x^*\in X$ 是函数 φ 在 X 中的 Ky Fan 点.

证明 充分性. 设 $x^*=(x_1^*,\cdots,x_n^*)\in X$ 是函数 φ 在 X 中的 Ky Fan 点, 即 $\forall y=(y_1,\cdots,y_n)\in X$, 有

$$\varphi(x^*,y)=\sum_{i=1}^{n}\left[f_i\left(y_i,x_{\hat{i}}^*\right)-f_i\left(x_i^*,x_{\hat{i}}^*\right)\right]\leqslant 0.$$

$\forall i \in N$, $\forall u_i \in X_i$, 令 $\bar{y} = \left(u_i, x_{\hat{i}}^*\right)$, 则 $\bar{y} \in X$, 且

$$\varphi\left(x^*, \bar{y}\right) = f_i\left(u_i, x_{\hat{i}}^*\right) - f_i\left(x_i^*, x_{\hat{i}}^*\right) \leqslant 0,$$

因 $x_i^* \in X_i$, 得

$$f_i\left(x_i^*, x_{\hat{i}}^*\right) = \max_{u_i \in X_i} f_i\left(u_i, x_{\hat{i}}^*\right),$$

x^* 必是非合作博弈的 Nash 平衡点.

必要性. 设 $x^* = \left(x_1^*, \cdots, x_n^*\right) \in X$ 是非合作博弈的 Nash 平衡点, 即 $\forall i \in N$, $\forall y_i \in X_i$, 有 $f_i\left(x_i^*, x_{\hat{i}}^*\right) \geqslant f_i\left(y_i, x_{\hat{i}}^*\right)$, 故 $\forall y = \left(y_1, \cdots, y_n\right) \in X$, 有

$$\varphi\left(x^*, y\right) = \sum_{i=1}^{n}\left[f_i\left(y_i, x_{\hat{i}}^*\right) - f_i\left(x_i^*, x_{\hat{i}}^*\right)\right] \leqslant 0,$$

x^* 必是函数 φ 在 X 中的 Ky Fan 点.

定理 5.1.5　$\forall i \in N$, 设 X_i 是 R^{k_i} 中的非空有界闭凸集, $X = \prod_{i=1}^{n} X_i$, $f_i : X \to R$ 满足

(1) $\sum_{i=1}^{n} f_i$ 在 X 上是上半连续的;

(2) $\forall y_i \in X_i$, $x_{\hat{i}} \to f_i\left(y_i, x_{\hat{i}}\right)$ 在 $X_{\hat{i}}$ 上是下半连续的;

(3) $\forall x_{\hat{i}} \in X_{\hat{i}}$, $y_i \to f_i\left(y_i, x_{\hat{i}}\right)$ 在 X_i 上是凹的,

则非合作博弈的 Nash 平衡点必存在.

证明　$\forall x = \left(x_1, \cdots, x_n\right) \in X$, $\forall y = \left(y_1, \cdots, y_n\right) \in X$, 定义

$$\varphi(x, y) = \sum_{i=1}^{n}\left[f_i\left(y_i, x_{\hat{i}}\right) - f_i\left(x_i, x_{\hat{i}}\right)\right].$$

容易验证:

$\forall y \in X$, $x \to \varphi(x, y)$ 在 X 上是下半连续的;

$\forall x \in X$, $y \to \varphi(x, y)$ 在 X 上是凹的;

$\forall x \in X$, $\varphi(x, x) = 0$.

由 Ky Fan 不等式, 存在 $x^* \in X$, 使 x^* 是函数 φ 在 X 中的 Ky Fan 点. 再由定理 5.1.4, x^* 必是非合作博弈的 Nash 平衡点.

以下将应用变分不等式来给出 Nash 平衡点存在的第三组充分必要条件, 这需要两个引理.

引理 5.1.2　设 X 是 R^m 中的一个非空闭凸集, $f : X \to R$ 是一个连续可微的凸函数, 则 $\forall x, y \in X$, 有

$$f(y) \geqslant f(x) + \langle \nabla f(x), y - x \rangle,$$

其中 $\nabla f(x)=\left(\dfrac{\partial f(x)}{\partial x_1},\cdots,\dfrac{\partial f(x)}{\partial x_n}\right)$.

证明 $\forall\lambda\in(0,1)$, 因 X 是凸集, $x+\lambda(y-x)=\lambda y+(1-\lambda)x\in X$, 因 f 是凸函数, 故

$$f(x+\lambda(y-x))=f(\lambda y+(1-\lambda)x)\leqslant\lambda f(y)+(1-\lambda)f(x),$$

化简, 有

$$\frac{f(x+\lambda(y-x))-f(x)}{\lambda}\leqslant f(y)-f(x).$$

由中值定理, 有

$$\langle\nabla f(x+\theta_\lambda\lambda(y-x)),y-x\rangle\leqslant f(y)-f(x),$$

其中 $\theta_\lambda\in(0,1)$. 令 $\lambda\to0$, 因 f 是连续可微的, $\nabla f(x+\theta_\lambda\lambda(y-x))\to\nabla f(x)$, 得

$$f(y)\geqslant f(x)+\langle\nabla f(x),y-x\rangle.$$

引理 5.1.3 设 X 是 R^m 中的一个非空闭凸集, $f:X\to R$ 是一个连续可微的凸函数, $x^*\in X$, 则 $f(x^*)=\min\limits_{y\in X}f(y)$ 的充分必要条件是以下变分不等式成立: $\forall y\in X$, 有

$$\langle\nabla f(x^*),y-x^*\rangle\geqslant0.$$

证明 充分性. 因 f 是 X 上的连续可微凸函数, $x^*\in X$, 由引理 5.1.2, $\forall y\in X$, 有

$$f(y)\geqslant f(x^*)+\langle\nabla f(x^*),y-x^*\rangle\geqslant f(x^*),$$

即 $f(x^*)=\min\limits_{y\in X}f(y)$.

必要性. $\forall y\in X,\forall\lambda\in(0,1)$, 因 X 是凸集, $x^*+\lambda(y-x^*)=\lambda y+(1-\lambda)x^*\in X$, 由中值定理, 注意到 $f(x^*+\lambda(y-x^*))\geqslant f(x^*)$, 有

$$f(x^*+\lambda(y-x^*))-f(x^*)=\lambda\langle\nabla f(x^*+\theta_\lambda\lambda(y-x^*)),y-x^*\rangle\geqslant0,$$

其中 $\theta_\lambda\in(0,1)$. 因 $\lambda>0$, 有

$$\langle\nabla f(x^*+\theta_\lambda\lambda(y-x^*)),y-x^*\rangle\geqslant0.$$

令 $\lambda\to0$, 因 f 是连续可微的, 得 $\forall y\in X$, 有

$$\langle\nabla f(x^*),y-x^*\rangle\geqslant0.$$

与博弈论不同, 在最优化理论中一般对成本函数 (cost function) 求最小值, 而不是对支付函数 (payoff function) 求最大值. 我们也可以如此定义 Nash 平衡点: 求 $x^* = (x_1^*, \cdots, x_n^*) \in X$, 使 $\forall i \in N$, 有

$$f_i\left(x_i^*, x_{\hat{i}}^*\right) = \min_{u_i \in X_i} f_i\left(u_i, x_{\hat{i}}^*\right),$$

其中 $\forall i \in N$, 局中人 i 的成本函数是 $f_i : X \to R$.

定理 5.1.6 $\forall i \in N$, 设 X_i 是 R^{m_i} 中的一个非空闭凸集, $X = \prod_{i=1}^{n} X_i$, $f_i : X \to R$ 连续可微, 且 $\forall x_{\hat{i}} \in X_{\hat{i}}$, $u_i \to f_i(u_i, x_{\hat{i}})$ 在 X_i 上是凸的, 则 $x^* = (x_1^*, \cdots, x_n^*) \in X$ 是非合作博弈的 Nash 平衡点的充分必要条件为 $x^* \in X$ 是以下变分不等式的解, 即 $\forall y \in X$, 有

$$\langle F(x^*), y - x^* \rangle \geqslant 0,$$

其中 $F(x^*) = (\nabla_{x_1} f_1(x^*), \cdots, \nabla_{x_n} f_n(x^*)) \in R^m$, $m = \sum_{i=1}^{n} m_i$.

证明 充分性. $\forall i \in N$, $\forall y_i \in X_i$, 令 $\bar{y} = \left(y_i, x_{\hat{i}}^*\right)$, 则 $\bar{y} \in X$, 因

$$\langle \nabla_{x_i} f_i(x^*), y_i - x_i^* \rangle = \langle F(x^*), \bar{y} - x^* \rangle \geqslant 0,$$

由引理 5.1.3, 有

$$f_i\left(x_i^*, x_{\hat{i}}^*\right) = \min_{u_i \in X_i} f_i\left(u_i, x_{\hat{i}}^*\right),$$

即 $x^* \in X$ 是非合作博弈的 Nash 平衡点.

必要性. 设 $x^* = (x_1^*, \cdots, x_n^*) \in X$ 是非合作博弈的 Nash 平衡点, 即 $\forall i \in N$, 有 $f_i\left(x_i^*, x_{\hat{i}}^*\right) = \min\limits_{u_i \in X_i} f_i\left(u_i, x_{\hat{i}}^*\right)$. 由引理 5.1.3, $\forall y_i \in X_i$, 有

$$\langle \nabla_{x_i} f_i(x^*), y_i - x_i^* \rangle \geqslant 0,$$

从而 $\forall y = (y_1, \cdots, y_n) \in X$, 有

$$\langle F(x^*), y - x^* \rangle = \sum_{i=1}^{n} \langle \nabla_{x_i} f_i(x^*), y_i - x_i^* \rangle \geqslant 0.$$

5.2 两人零和博弈鞍点的存在性

由定理 5.1.2, 即可直接得到以下两人零和博弈鞍点的存在性定理.

定理 5.2.1 如果 X 和 Y 分别是 R^m 和 R^n 中的非空有界闭凸集, $f : X \times X \to R$ 连续, 且 $\forall y \in X$, $x \to f(x, y)$ 在 X 上是拟凹的, $\forall x \in X$, $y \to f(x, y)$ 在 Y 上是拟凸的, 则两人零和博弈的鞍点必存在.

证明 令 $f_1(x,y)=f(x,y)$, $f_2(x,y)=-f(x,y)$, 则定理 5.1.2 的假设条件全成立, 存在 $x^*\in X$, 存在 $y^*\in Y$, 使

$$f(x^*,y^*)=\max_{x\in X}f(x,y^*),$$

$$-f(x^*,y^*)=\max_{y\in Y}[-f(x^*,y)]=-\min_{y\in Y}f(x^*,y),$$

即 $f(x^*,y^*)=\min\limits_{y\in Y}f(x^*,y)$, 从而 $\forall x\in X$, $\forall y\in Y$, 有

$$f(x,y^*)\leqslant f(x^*,y^*)\leqslant f(x^*,y),$$

两人零和博弈的鞍点必存在.

定理 5.2.1 中 f 在 $X\times Y$ 中连续性条件可减弱而使鞍点存在性定理仍成立, 见文献 [46].

定理 5.2.2 (Sion) 设 X 和 Y 分别是 R^m 和 R^n 中的非空有界闭凸集, $f: X\times Y\to R$ 满足

(1) $\forall x\in X$, $y\to f(x,y)$ 在 Y 上是下半连续和拟凸的;

(2) $\forall y\in Y$, $x\to f(x,y)$ 在 X 上是上半连续和拟凹的,

则

$$\max_{x\in X}\min_{y\in Y}f(x,y)=\min_{y\in Y}\max_{x\in X}f(x,y).$$

证明 首先说明 $\max\limits_{x\in X}\min\limits_{y\in Y}f(x,y)$ 存在. 因 Y 是 R^n 中的有界闭集, $\forall x\in X$, $y\to f(x,y)$ 在 Y 上是下半连续的, 故 $\min\limits_{y\in Y}f(x,y)$ 存在. 以下说明 $x\to\min\limits_{y\in Y}f(x,y)$ 在 X 上是上半连续的, 再因 X 是 R^m 中的有界闭集, 从而 $\max\limits_{x\in X}\min\limits_{y\in Y}f(x,y)$ 存在. 事实上, $\forall c\in R$,

$$\left\{x\in X:\min_{y\in Y}f(x,y)\geqslant c\right\}=\bigcap_{y\in Y}\{x\in X:f(x,y)\geqslant c\},$$

$\forall y\in Y$, 因 $x\to f(x,y)$ 在 X 上是上半连续的, $\{x\in X:f(x,y)\geqslant c\}$ 必是 X 中的闭集, 故 $\left\{x\in X:\min\limits_{y\in Y}f(x,y)\geqslant c\right\}$ 是 X 中的闭集, $\min\limits_{y\in Y}f(x,y)$ 在 X 上必是上半连续的.

同样地, $\min\limits_{y\in Y}\max\limits_{x\in X}f(x,y)$ 也存在.

$\forall x\in X,\forall y\in Y$, 由

$$\min_{y\in Y}f(x,y)\leqslant f(x,y)\leqslant\max_{x\in X}f(x,y),$$

得

$$\max_{x\in X}\min_{y\in Y} f(x,y) \leqslant \min_{y\in Y}\max_{x\in X} f(x,y).$$

以下证明 $\max\limits_{x\in X}\min\limits_{y\in Y} f(x,y) < \min\limits_{y\in Y}\max\limits_{x\in X} f(x,y)$ 是不可能的. 用反证法, 如果结论不成立, 则存在 $r\in R$, 使

$$\max_{x\in X}\min_{y\in Y} f(x,y) < r < \min_{y\in Y}\max_{x\in X} f(x,y).$$

令 $C = X\times Y$, 这是 R^{m+n} 中的非空有界闭凸集.

$\forall x\in X$, 令 $F_1(x) = \{y\in Y: f(x,y) < r\}$, 则 $F_1(x)\neq\varnothing$, 且因 $\forall x\in X$, $y\to f(x,y)$ 在 Y 中是拟凸的, $F_1(x)$ 必是凸集.

$\forall y\in Y$, 令 $F_2(y) = \{x\in X: f(x,y) > r\}$, 则 $F_2(y)\neq\varnothing$, 且同上, $F_2(y)$ 必是凸集.

现在定义集值映射 $F: C\to P_0(C)$ 如下: $\forall u=(x,y)\in C$,

$$F(u) = F_2(y)\times F_1(x)\subset X\times Y = C,$$

$F(u)$ 必是非空凸集.

$\forall v=(x',y')\in C$,

$$\begin{aligned}
F^{-1}(v) &= \{(x,y)\in C: v=(x',y')\in F(u)=F_2(y)\times F_1(x)\}\\
&= \{(x,y)\in C: x'\in F_2(y), y'\in F_1(x)\}\\
&= \{(x,y)\in C: f(x',y) > r, f(x,y') < r\}\\
&= \{x\in X: f(x,y') < r\}\times\{y\in Y, f(x',y) > r\},
\end{aligned}$$

因 $\{x\in X: f(x,y')<r\}$ 和 $\{y\in Y, f(x',y)>r\}$ 都是开集, 从而 $F^{-1}(v)$ 必是开集.

由 Fan-Browder 不动点定理, 存在 $u^*=(x^*,y^*)\in C$, 使 $u^*\in F(u^*) = F_2(y^*)\times F_1(x^*)$. 由 $x^*\in F_2(y^*)$, 得 $f(x^*,y^*)>r$, 由 $y^*\in F_1(x^*)$, 得 $f(x^*,y^*)<r$, 矛盾.

记 $\max\limits_{x\in X}\min\limits_{y\in Y} f(x,y) = \min\limits_{y\in Y}\max\limits_{x\in X} f(x,y) = v$, 则存在 $x^*\in X$, 存在 $y^*\in Y$, 使

$$\min_{y\in Y} f(x^*,y) = v = \max_{x\in X} f(x,y^*).$$

$\forall x\in X, \forall y\in Y$, 有

$$f(x,y^*)\leqslant v\leqslant f(x^*,y),$$

在上式中令 $x=x^*$, $y=y^*$, 得 $v=f(x^*,y^*)$,

$$f(x,y^*)\leqslant f(x^*,y^*)\leqslant f(x^*,y),$$

两人零和博弈的鞍点必存在.

定理 5.2.3 设 X 和 Y 是两个凸集, $f: X \times Y \to R$ 满足 $\forall x \in X$, $y \to f(x,y)$ 是拟凸的, $\forall y \in Y$, $x \to f(x,y)$ 是拟凹的, 则 f 在 $X \times Y$ 的鞍点集全体 $S(f)$ 必是凸集.

证明 如果 $S(f) = \varnothing$, 则它是凸集. 以下假设 $S(f) \neq \varnothing$, $\forall (x,y) \in S(f)$, 由定理 3.2.1, 则 $f(x,y) = v$ (常数).

$\forall x \in X$, 定义 $D(x) = \{y \in Y : f(x,y) \leqslant v\}$, 因 $\forall x \in X$, $y \to f(x,y)$ 是拟凸的, 故 $D(x)$ 是凸集, 从而 $D = \bigcap\limits_{x \in X} D(x)$ 必是凸集.

$\forall y \in Y$, 定义 $C(y) = \{x \in X : f(x,y) \geqslant v\}$, 因 $\forall y \in Y$, $x \to f(x,y)$ 是拟凹的, 故 $C(y)$ 是凸集, 从而 $C = \bigcap\limits_{y \in Y} C(x)$ 必是凸集.

以下来证明 $S(f) = C \times D$, 从而 $S(f)$ 必是凸集.

$\forall (x_1, y_1) \in S(f)$, 则 $\forall (x,y) \in X \times Y$, 有

$$f(x, y_1) \leqslant v \leqslant f(x_1, y).$$

$\forall x \in X$, 由 $y_1 \in D(x)$, 得 $y_1 \in D$. $\forall y \in Y$, 由 $x_1 \in C(y)$, 得 $x_1 \in C$, 故 $(x_1, y_1) \in C \times D$.

反之, $\forall (x_2, y_2) \in C \times D$, 则 $\forall (x,y) \in X \times Y$, 有

$$f(x, y_2) \leqslant v \leqslant f(x_2, y).$$

在上式中, 令 $x = x_2$, $y = y_2$, 得 $f(x_2, y_2) = v$. $\forall (x,y) \in X \times Y$, 有

$$f(x, y_2) \leqslant f(x_2, y_2) \leqslant f(x_2, y),$$

$$(x_2, y_2) \in S(f).$$

设 X 和 Y 是两个集合, $f: X \times Y \to R$, $\varepsilon > 0$, 如果存在 $(x_\varepsilon, y_\varepsilon) \in X \times Y$, 使 $\forall (x,y) \in X \times Y$, 有

$$f(x, y_\varepsilon) - \varepsilon \leqslant f(x_\varepsilon, y_\varepsilon) \leqslant f(x_\varepsilon, y) + \varepsilon,$$

则称 $(x_\varepsilon, y_\varepsilon)$ 是 f 在 $X \times Y$ 中的 ε-鞍点.

定理 5.2.4 设 f 在 $X \times Y$ 上有界, 则 $\forall \varepsilon > 0$, f 在 $X \times Y$ 中的 ε-鞍点存在的充分必要条件是

$$\sup_{x \in X} \inf_{y \in Y} f(x,y) = \inf_{y \in Y} \sup_{x \in X} f(x,y).$$

证明 记 $v_1 = \sup\limits_{x \in X} \inf\limits_{y \in Y} f(x,y)$, $v_2 = \inf\limits_{y \in Y} \sup\limits_{x \in X} f(x,y)$.

必要性. 首先, 易证 $v_1 \leqslant v_2$. $\forall \varepsilon > 0$, 存在 $(x_\varepsilon, y_\varepsilon) \in X \times Y$, 使 $\forall (x, y) \in X \times Y$, 有

$$f(x, y_\varepsilon) - \varepsilon \leqslant f(x_\varepsilon, y_\varepsilon) \leqslant f(x_\varepsilon, y) + \varepsilon,$$

则

$$\begin{aligned}\inf_{y\in Y}\sup_{x\in X} f(x,y) - \varepsilon &\leqslant \sup_{x\in X} f(x, y_\varepsilon) - \varepsilon \leqslant f(x_\varepsilon, y_\varepsilon)\\ &\leqslant \inf_{y\in Y} f(x_\varepsilon, y) + \varepsilon \leqslant \sup_{x\in X}\inf_{y\in Y} f(x,y) + \varepsilon,\end{aligned}$$

即

$$v_2 \leqslant v_1 + 2\varepsilon.$$

因 ε 是任意的, 得 $v_2 \leqslant v_1$, 从而 $v_1 = v_2$.

充分性. 如果 $v_1 = v_2$, 记此值为 v, 则 $\forall \varepsilon > 0$, 存在 $(x_\varepsilon, y_\varepsilon) \in X \times Y$, 使

$$\inf_{y\in Y} f(x_\varepsilon, y) \geqslant v - \frac{\varepsilon}{2}, \quad \sup_{x\in X} f(x, y_\varepsilon) \leqslant v + \frac{\varepsilon}{2}.$$

$\forall y \in Y$, 有 $f(x_\varepsilon, y) \geqslant v - \frac{\varepsilon}{2}$, $\forall x \in X$, 有 $f(x, y_\varepsilon) \leqslant v + \frac{\varepsilon}{2}$. 故

$$v - \frac{\varepsilon}{2} \leqslant f(x_\varepsilon, y_\varepsilon) \leqslant v + \frac{\varepsilon}{2}.$$

这样, $\forall (x, y) \in X \times Y$, 有

$$f(x, y_\varepsilon) - \varepsilon \leqslant v - \frac{\varepsilon}{2} \leqslant f(x_\varepsilon, y_\varepsilon) \leqslant v + \frac{\varepsilon}{2} \leqslant f(x_\varepsilon, y) + \varepsilon,$$

f 在 $X \times Y$ 中的 ε-鞍点必存在.

注 5.2.1　关于 ε-鞍点和鞍点的深入研究还可见文献 [47].

5.3　Cournot 博弈

Cournot 的双寡头市场产量决策模型是 Cournot 在 1838 年提出的, 至今仍作为博弈论应用的重要范例. 以下考虑由 n 家企业组成的 Cournot 博弈, 见文献 [48].

设 $N = \{1, \cdots, n\}$ 是 $n\,(n \geqslant 2)$ 家企业的集合, 这 n 家企业生产同质的产品. $\forall i \in N$, 设第 i 家企业的产量为 q_i, 总产量为 $\sum\limits_{i=1}^{n} q_i$, 而价格 $p = a - b\sum\limits_{i=1}^{n} q_i$, 其中常数 $a > 0$ 理解为产品的最高价格, 常数 $b > 0$ 理解为每生产一个单位产品所导致的价格下跌, 这意味着总产量越高, 价格越低.

对每个企业来说, 每生产一个单位的成本都为 c, 当然要求 $c < a$.

$\forall i \in N$, 第 i 个企业的利润为

$$f_i(q_1, \cdots, q_n) = \left(a - b\sum_{j=1}^{n} q_j\right) q_i - cq_i,$$

每个企业都希望最大化自己的利润, 问题归结为一个 n 人非合作博弈问题: 求 $q_1^*, \cdots, q_n^*$, 使

$$f_i\left(q_i^*, q_{\hat{i}}^*\right) = \max_{q_i} f_i\left(q_i, q_{\hat{i}}^*\right).$$

$\forall i \in N$, 求偏导数, 有

$$\frac{\partial f_i}{\partial q_i} = a - b\sum_{j\neq i} q_j - 2bq_i - c = 0,$$

$$\frac{\partial^2 f_i}{\partial q_i^2} = -2b < 0.$$

求解以上方程组, 得

$$q_1^* = \cdots = q_n^* = \frac{a-c}{(n+1)\,b},$$

且确是最大值, Nash 平衡点为 $\left(\dfrac{a-c}{(n+1)\,b}, \cdots, \dfrac{a-c}{(n+1)\,b}\right)$.

此时每个企业的利润为

$$f_1(q_1^*, \cdots, q_n^*) = \cdots = f_n(q_1^*, \cdots, q_n^*) = \frac{(a-c)^2}{(n+1)^2\, b},$$

价格 $p = \dfrac{a+nc}{n+1}$.

如果只有一家企业生产, 即垄断, 设产量是 q, 利润为

$$f(q) = (a - bq)\, q - cq.$$

这家企业当然希望最大化自己的利润, 问题归结为一个最优化问题: 求 q^*, 使

$$f(q^*) = \max_{q} f(q).$$

求导数, 有

$$f'(q) = a - 2bq - c = 0,$$

$$f''(q) = -2 < 0.$$

解以上方程, 得

$$q^* = \frac{a-c}{2b},$$

且确是最大值.

这家企业的利润

$$f(q^*) = \frac{(a-c)^2}{4b},$$

价格 $p = \dfrac{a+c}{2}$.

注意到当 n 家企业竞争时, 总产量为 $\dfrac{n(a-c)}{(n+1)b}$, 总利润为 $\dfrac{n(a-c)^2}{(n+1)^2 b}$, 而当一家企业垄断时, 产量 $\dfrac{a-c}{2b} < \dfrac{n(a-c)}{(n+1)b}$, 利润 $\dfrac{(a-c)^2}{4b} > \dfrac{n(a-c)^2}{(n+1)^2 b}$, 这是因为一家企业垄断时的价格 $\dfrac{a+c}{2}$ 大于竞争时的价格 $\dfrac{a+nc}{n+1}$.

由此, 消费者是反对垄断的. 又当 $n \to \infty$ 时, 竞争的价格 $\dfrac{a+nc}{n+1} \to c$, 这表明当生产企业越来越多时, 价格趋于生产成本, 消费者是欢迎竞争的.

当然, 生产企业可能勾结起来, 通过减少产量抬高价格来对付消费者, 但是, 因为此时得到的并非 Nash 平衡点, 每家企业都可以通过单独增加产量而使自己获得更高的利润, 因此他们就需要更深的串谋, 以保证获得高额利润.

5.4 公共地悲剧问题

公共地悲剧问题是由 Hardin 在 1968 年提出的[49], 至今仍作为博弈论应用的重要范例. 以下论述见文献 [48].

考虑一个有 $n\,(n \geqslant 2)$ 个农户的村庄, 村庄里有一片每个农户都可以自由放牧的公共场地. 设 $N = \{1, \cdots, n\}$ 是 n 个农户的集合. $\forall i \in N$, 农户 i 养羊只数为 q_i, 总养羊只数为 $\sum\limits_{i=1}^{n} q_i$, 而每只羊的产出为 $a\left(\bar{Q} - \sum\limits_{i=1}^{n} q_i\right)$, 其中常数 $a > 0$ 理解为每多养一只羊所导致的收入下跌, $\bar{Q}$ 是总养羊只数的上限, 这意味着总养羊只数越多, 每只羊的产出越下降.

对每个农户来说, 每养一只羊的成本都为 c, 当然要求 $c < a\bar{Q}$.

$\forall i \in N$, 农户 i 的利润为

$$f_i(q_1, \cdots, q_n) = a\left(\bar{Q} - \sum_{i=1}^{n} q_i\right) q_i - c q_i,$$

每家农户都希望最大化自己的利润, 问题归结为一个 n 人非合作博弈问题: 求 $q_1^*, \cdots, q_n^*$, 使 $\forall i \in N$, 有

$$f_i\left(q_i^*, q_{\hat{i}}^*\right) = \max_{q_i} f_i\left(q_i, q_{\hat{i}}^*\right),$$

$\forall i \in N$, 求偏导数, 有

$$\frac{\partial f_i}{\partial q_i} = a\bar{Q} - a\sum_{j\neq i} q_j - 2aq_i - c = 0,$$

$$\frac{\partial^2 f_i}{\partial q_i^2} = -2a < 0.$$

求解以上方程组, 得

$$q_1^* = \cdots = q_n^* = \frac{a\bar{Q} - c}{(n+1)\,a},$$

且确是最大值, Nash 平衡点为 $\left(\dfrac{a\bar{Q} - c}{(n+1)\,a}, \cdots, \dfrac{a\bar{Q} - c}{(n+1)\,a}\right)$.

此时每家农户的利润为

$$f_1\left(q_1^*, \cdots, q_n^*\right) = \cdots = f_n\left(q_1^*, \cdots, q_n^*\right) = \frac{\left(a\bar{Q} - c\right)^2}{(n+1)^2\,a}.$$

如果 n 家农户合作, 即他们的目标完全一致, 养羊总数为 q, 则总利润为

$$f(q) = a\left(\bar{Q} - q\right)q - cq.$$

求导数, 有

$$f'(q) = a\bar{Q} - 2aq - c = 0,$$

$$f''(q) = -2a < 0.$$

解以上方程, 得

$$q^* = \frac{a\bar{Q} - c}{2a},$$

且是最大值.

每家农户的养羊数为 $\dfrac{a\bar{Q} - c}{2na}$, 利润为 $\dfrac{\left(a\bar{Q} - c\right)^2}{4na}$.

显然, 有 $\dfrac{a\bar{Q} - c}{2na} < \dfrac{a\bar{Q} - c}{(n+1)\,a}$, 而 $\dfrac{\left(a\bar{Q} - c\right)^2}{4na} > \dfrac{\left(a\bar{Q} - c\right)^2}{(n+1)^2\,a}$.

这说明如果每家农户把养羊数减少到 $\dfrac{a\bar{Q} - c}{2na}$, 利润反而更大, 但是此时得到的并非 Nash 平衡点, 每家农户一般不愿这么干, 他们都希望通过单独增加养羊数而使自己获得更高的利润. 由此可见, 这个村庄的公共地被滥用了, 这是悲剧.

公共地悲剧可以通过私有化或政府强行管制的方法来解决, Ostrom 发现也可以通过当事人自治组织管理的方法来解决, 见文献 [50]. Ostrom 于 2009 年获得 Nobel 经济学奖, 她也是获得 Nobel 经济学奖的第一位女性.

5.5　策略集无界情况下 Nash 平衡点的存在性

在 5.1 节 Nash 平衡点的存在性定理中, 总假定 $\forall i \in N$, X_i 是 R^{k_i} 中的非空有界闭凸集, 以下将给出 X_i 无界情况下 Nash 平衡点的存在性定理. 为此首先给出一个 X 无界情况下 Ky Fan 点的存在性定理.

定理 5.5.1　设 X 是 R^k 中的一个非空无界闭凸集, $\varphi: X \times X \to R$ 满足

(1) $\forall y \in X$, $x \to \varphi(x,y)$ 在 X 上是下半连续的;

(2) $\forall x \in X$, $y \to \varphi(x,y)$ 在 X 上是拟凹的;

(3) $\forall x \in X$, $\varphi(x,x) \leqslant 0$;

(4) 对任何 X 中的序列 $\{x^m\}$, 其中 $\|x^m\| \to \infty$, 必存在正整数 m_0 及 $y \in X$, 使 $\|y\| \leqslant \|x^{m_0}\|$, 而 $\varphi(x^{m_0}, y) > 0$,

则存在 $x^* \in X$, 使 $\forall y \in X$, 有 $\varphi(x^*, y) \leqslant 0$.

证明　$\forall m = 1,2,3,\cdots$, 令 $C_m = \{x \in X: \|x\| \leqslant m\}$, 不妨设 $C_m \neq \varnothing$. 因 X 是闭凸集, 故 C_m 必是 X 中的有界闭凸集. 由 Ky Fan 不等式, 存在 $x^m \in X$, 使 $\forall y \in C_m$, 有 $\varphi(x^m, y) \leqslant 0$.

如果序列 $\{x^m\}$ 无界, 不妨设 $\|x^m\| \to \infty$(否则取子序列), 由 (4), 存在正整数 m_0 及 $y \in X$, 使 $\|y\| \leqslant \|x^{m_0}\|$, 而 $\varphi(x^{m_0}, y) > 0$, 这与 $\|y\| \leqslant \|x^{m_0}\| \leqslant m_0$, $y \in C_{m_0}$, $\varphi(x^{m_0}, y) \leqslant 0$ 矛盾, 故 $\{x^m\}$ 必有界, 存在正整数 M, 使 $\|x^m\| \leqslant M$. 因 C_M 是有界闭集, 不妨设 $x^m \to x^* \in C_M \subset X$. $\forall y \in X$, 存在正整数 K, 使 $y \in C_K$, 当 $m \geqslant K$ 时, 因 $C_K \subset C_m$, $y \in C_m$, 故 $\varphi(x^m, y) \leqslant 0$. 因 $\forall y \in X$, $x \to \varphi(x,y)$ 在 X 上是下半连续的, 而 $x^m \to x^*$, 得 $\varphi(x^*, y) \leqslant 0$.

定理 5.5.2　$\forall i \in N$, 设 X_i 是 R^{k_i} 中的非空闭凸集, $X = \prod_{i=1}^{n} X_i$, 局中人 i 的支付函数 $f_i: X \to R$ 满足

(1) $\sum_{i=1}^{n} f_i$ 在 X 上是上半连续的;

(2) $\forall y_i \in X_i$, $x_{\hat{i}} \to f_i(y_i, x_{\hat{i}})$ 在 $X_{\hat{i}}$ 上是下半连续的;

(3) $\forall x_{\hat{i}} \in X_{\hat{i}}$, $y_i \to f_i(y_i, x_{\hat{i}})$ 在 X_i 上是凹的;

(4) 对任何 X 中的序列 $\{x^m = (x_1^m, \cdots, x_n^m)\}$, 其中 $\|x^m\| = \sum_{i=1}^{n} \|x_i^m\|_i \to \infty$, 这里 $\|x_i^m\|_i$ 表示 x_i^m 在 R^{k_i} 中的范数, 必存在某 $i \in N$, 正整数 m_0 及 $y_i \in X_i$, 使 $\|y_i\|_i \leqslant \|x_i^{m_0}\|_i$, 而 $f_i\left(y_i, x_{\hat{i}}^{m_0}\right) - f_i\left(x_i^{m_0}, x_{\hat{i}}^{m_0}\right) > 0$,

则非合作博弈的 Nash 平衡点必存在.

证明　$\forall x = (x_1, \cdots, x_n) \in X$, $\forall y = (y_1, \cdots, y_n) \in X$, 定义

$$\varphi(x,y) = \sum_{i=1}^{n} [f_i(y_i, x_{\hat{i}}) - f_i(x_i, x_{\hat{i}})],$$

则容易验证:

$\forall y \in X, x \to \varphi(x,y)$ 在 X 上是下半连续的;

$\forall x \in X, y \to \varphi(x,y)$ 在 X 上是凹的;

$\forall x \in X, \varphi(x,x) = 0$.

对任意 X 中的序列 $\{x^m\}$, 其中 $\|x^m\| \to \infty$, 由 (4), 必存在某 $i \in N$, 正整数 m_0 及 $y_i \in X_i$, 使 $\|y_i\|_i \leqslant \|x_i^{m_0}\|_i$, 而 $f_i\left(y_i, x_{\hat{i}}^{m_0}\right) - f_i\left(x_i^{m_0}, x_{\hat{i}}^{m_0}\right) > 0$. 令 $\bar{y} = \left(y_i, x_{\hat{i}}^{m_0}\right) \in X$, 则 $\|\bar{y}\| \leqslant \|x^{m_0}\|$, 而

$$\varphi(x^{m_0}, \bar{y}) = f_i\left(y_i, x_{\hat{i}}^{m_0}\right) - f_i\left(x_i^{m_0}, x_{\hat{i}}^{m_0}\right) > 0.$$

这样, 由定理 5.5.1, 存在 $x^* \in X$, 使 $\forall y \in X$, 有 $\varphi(x^*, y) \leqslant 0$. 再由定理 5.1.3, x^* 必是非合作博弈的 Nash 平衡点.

注 5.5.1 关于策略集无界情况下 Nash 平衡点的存在性研究, 还可见文献 [51]~[53], 其中文献 [53] 还对 X 无界情况下变分不等式解的存在性定理[54] 给出了简单又直接的证明, 未应用拓扑度和例外簇等概念. 文献 [55] 应用类似的技巧证明了广义变分不等式解的存在性定理.

5.6 轻微利他平衡点的存在性

前面我们多次提及局中人的利益, 总用他所获得的支付来表示, 每个局中人都有自己独立的价值体系, 不必要求都是自私的, 他追求利益的最大化, 即支付的最大化.

本节将研究 n 人非合作博弈轻微利他平衡点的存在性, 见文献 [56] 和 [57].

设 $N = \{1, \cdots, n\}$ 是局中人的集合, $\forall i \in N$, X_i 是局中人 i 的策略集, $X = \prod_{i=1}^n X_i$, $f_i : X \to R$ 是局中人 i 的原支付函数. $\forall \varepsilon > 0, \forall i \in N, \forall x \in X$, 定义

$$f_{i\varepsilon}(x) = f_i(x) + \varepsilon \sum_{j \in N \setminus \{i\}} f_j(x),$$

它依赖于 ε 的博弈中局中人 i 的新支付函数, 除了自身利益 $f_i(x)$ 之外, 他还对其他 $n-1$ 个局中人的利益都有所考虑, 即利他的, 当然是轻微的, 因为 ε 一般较小. 如果依赖于 ε 的博弈有平衡点 $x(\varepsilon) \in X$, 且存在 $\varepsilon_k \to 0$, 使 $x(\varepsilon_k) \to x^*$, 则称 x^* 为原博弈的轻微利他平衡点.

定理 5.6.1 $\forall i \in N$, 设 X_i 是 R^{m_i} 中的非空有界闭凸集, $X = \prod_{i=1}^n X_i$, $f_i : X \to R$ 连续, 且 $\forall j \in N, \forall x_{\hat{i}} \in X_{\hat{i}}, u_i \to f_j(u_i, x_{\hat{i}})$ 在 X_i 上是凹的, 则原博弈的轻微利他平衡点必存在.

证明　$\forall i\in N, \forall\varepsilon>0$, 因 $f_{i\varepsilon}: X\to R$ 连续, 且 $\forall x_{\hat{i}}\in X_{\hat{i}}$, $u_i\to f_{i\varepsilon}(u_i,x_{\hat{i}})$ 在 X_i 上是凹的, 由定理 5.1.2, 存在 $x_\varepsilon=(x_{1\varepsilon},\cdots,x_{n\varepsilon})\in X$, 使 $\forall i\in N$, 有

$$f_{i\varepsilon}\left(x_{i\varepsilon},x_{\hat{i}\varepsilon}\right)=\max_{u_i\in X_i} f_{i\varepsilon}\left(u_i,x_{\hat{i}\varepsilon}\right).$$

因 X 是 R^m 中的有界闭集, 其中 $m=m_1+\cdots+m_n$, 存在 $\varepsilon_k\to 0$, 使 $x(\varepsilon_k)\to x^*\in X$, 以下证明 $x^*=(x_1^*,\cdots,x_n^*)\in X$ 是原博弈的 Nash 平衡点.

$\forall i\in N, \forall u_i\in X_i$, 有

$$f_{i\varepsilon_k}\left(x_{i\varepsilon_k},x_{\hat{i}\varepsilon_k}\right)\geqslant f_{i\varepsilon_k}\left(u_i,x_{\hat{i}\varepsilon_k}\right),$$

即

$$\begin{aligned}&f_i\left(x_{i\varepsilon_k},x_{\hat{i}\varepsilon_k}\right)+\varepsilon_k\sum_{j\in N\setminus\{i\}} f_j\left(x_{i\varepsilon_k},x_{\hat{i}\varepsilon_k}\right)\\ \geqslant\ & f_i\left(u_i,x_{\hat{i}\varepsilon_k}\right)+\varepsilon_k\sum_{j\in N\setminus\{i\}} f_j\left(u_i,x_{\hat{i}\varepsilon_k}\right).\end{aligned}$$

因 $\forall i\in N$, f_i 在 X 上连续, 且 $\varepsilon_k\to 0$, $x(\varepsilon_k)\to x^*$, 得 $\forall u_i\in X_i$, 有

$$f_i\left(x_i^*,x_{\hat{i}}^*\right)\geqslant f_i\left(u_i,x_{\hat{i}}^*\right),$$

x^* 必是原博弈的 Nash 平衡点, 原博弈的轻微利他平衡点必存在.

设 $N=\{1,\cdots,n\}$ 是局中人的集合, $\forall i\in N$, X_i 是局中人 i 的策略集, $X=\prod_{i=1}^n X_i$, $f_i: X\to R$ 是局中人 i 的原支付函数. $\forall\varepsilon>0, \forall i\in N, \forall x\in X$, 定义

$$g_{i\varepsilon}(x)=f_i(x)+\varepsilon\sum_{j\in N\setminus\{i\}}\alpha_{ij}f_j(x),$$

其中 $\sum_{j\in N\setminus\{i\}}\alpha_{ij}=1$, $\alpha_{ij}\geqslant 0$. $g_{i\varepsilon}(x)$ 是依赖于 ε 的博弈中局中人 i 的新支付函数, 除了自身利益 $f_i(x)$ 之外, 他还对其他 $n-1$ 个局中人的利益都有程度不同的考虑, 是利他的, 当然是轻微的, 因为 ε 一般较小. 记 $\alpha^i=(\alpha_{ij})_{j\neq i}$, $\alpha=(\alpha^1,\cdots,\alpha^n)$. 如果依赖于 ε 的博弈有平衡点 $x(\varepsilon)\in X$, 且存在 $\varepsilon_k\to 0$, 使 $x(\varepsilon_k)\to x^*$, 则称 x^* 为原博弈关于权 α 的轻微利他平衡点.

与定理 5.6.1 类似, 可以容易地证明以下定理.

定理 5.6.2　$\forall i\in N$, 设 X_i 是 R^{m_i} 中的非空有界闭凸集, $X=\prod_{i=1}^n X_i$, $f_i: X\to R$ 连续, 且 $\forall j\in N$, $\forall x_{\hat{i}}\in X_{\hat{i}}$, $u_i\to f_j(u_i,x_{\hat{i}})$ 在 X_i 上是凹的, 则原博弈关于权 α 的轻微利他平衡点必存在.

5.7 Bayes 博弈

以下模型是由 Harsanyi 提出的, 见文献 [58].

设 $N=\{1,\cdots,n\}$ 是局中人的集合, $\forall i\in N$, 局中人 i 的策略集是 X_i, 类型集是 T_i (假定 T_i 是有限集), 支付函数是 $u_i: X\times T\to R$, 其中 $X=\prod\limits_{i=1}^{n}X_i$, $T=\prod\limits_{i=1}^{n}T_i$. $p:T\to[0,1]$ 是所有类型组合 $t=(t_1,\cdots,t_n)$ 的概率分布, 它是所有局中人的共同知识.

$\forall i\in N$, 局中人 i 知道自己的真实类型 $t_i\in T_i$, 而不确切知道其他 $n-1$ 个局中人的真实类型, 信息是不完全的, 是不对称的, 但是他可以由以下 Bayes 公式来确定其他 $n-1$ 个局中人类型为 $t_{\hat{i}}$ 的概率:

$$p_i\left(\frac{t_{\hat{i}}}{t_i}\right)=\frac{p\left(t_i,t_{\hat{i}}\right)}{\sum\limits_{t_{\hat{i}}\in T_{\hat{i}}}p\left(t_i,t_{\hat{i}}\right)}.$$

因此, 局中人 i 的期望支付函数为

$$f_i\left(x_i,x_{\hat{i}}\right)=\sum_{t_{\hat{i}}\in T_{\hat{i}}}p_i\left(\frac{t_{\hat{i}}}{t_i}\right)u_i\left(x_i,x_{\hat{i}},t_i,t_{\hat{i}}\right),$$

其中 $x_i\in X_i$ 和 $x_{\hat{i}}\in X_{\hat{i}}$ 分别是局中人 i 和其他 $n-1$ 个局中人选择的策略.

如果存在 $x^*=(x_1^*,\cdots,x_n^*)\in X$, 使 $\forall i\in N$, 有

$$f_i\left(x_i^*,x_{\hat{i}}^*\right)=\max_{w_i\in X_i}f_i\left(w_i,x_{\hat{i}}^*\right),$$

则称 x^* 是此 Bayes 博弈的平衡点.

因为平衡点 x^* 依赖于每个局中人的真实类型 $t_1,\cdots,t_n$, 所以有些文献也将平衡点记为 $\left(x_1^*\left(t_1\right),\cdots,x_n^*\left(t_n\right)\right)\in X$.

定理 5.7.1 $\forall i\in N$, 设 X_i 是 R^{k_i} 中的有界闭凸集, $u_i: X\times T\to R$ 连续, 且 $\forall t\in T$, $\forall x_{\hat{i}}\in X_{\hat{i}}$, $w_i\to u_i\left(w_i,x_{\hat{i}},t\right)$ 在 X_i 上是凹的, 则 Bayes 博弈的平衡点必存在.

证明 $\forall i\in N$, 显然 $f_i: X\to R$ 连续, $\forall t_{\hat{i}}\in T_{\hat{i}}$, 因 $p_i\left(\dfrac{t_{\hat{i}}}{t_i}\right)\geqslant 0$, 且 $\forall x_{\hat{i}}\in X_{\hat{i}}$, $w_i\to u_i\left(w_i,x_{\hat{i}},t\right)$ 在 X_i 上是凹的, 故 $\forall x_{\hat{i}}\in X_{\hat{i}}$, $w_i\to f_i\left(w_i,x_{\hat{i}}\right)$ 在 X_i 上是凹的. 由定理 4.1.2, Bayes 博弈的 Nash 平衡点必存在.

注 5.7.1 关于 Bayes 博弈或不完全信息博弈, 国际著名的博弈论学者 Kreps 和 Robinstein 在为 Kuhn 编著的《博弈论经典》一书[59] 的评论中指出: "从现代经

济应用的观点来看, Harsanyi 关于不完全信息博弈的定义, 可能是 Nash 平衡后唯一的最重要的创新." Harsanyi 的工作为信息经济学的发展奠定了基础.

注 5.7.2 Harsanyi 的工作是机制设计理论的基础, 而机制设计理论又为拍卖的设计提供了一种原则性的方法, 在美国和英国分别进行的电信频道拍卖都给政府带来了巨大的经济收益, 见文献 [60].

第6讲　广义博弈

本讲介绍广义博弈 (或约束博弈), 将给出三组平衡点存在的充分必要条件, 并给出多个平衡点的存在性定理, 主要参考了文献 [10] 和 [41].

6.1　广义博弈平衡点的三组充分必要条件

设 $N=\{1,\cdots,n\}$ 是局中人的集合, $\forall i\in N$, 设 X_i 是局中人 i 的策略集, 它是 R^{k_i} 中的非空集合, $X=\prod_{i=1}^{n}X_i$, $f_i:X\to R$ 是局中人 i 的支付函数, $G_i:X_{\hat{i}}\to P_0(X_i)$ 是局中人 i 的可行策略映射 (它表明当除局中人 i 以外的其他 $n-1$ 个局中人选取策略 $x_{\hat{i}}\in X_{\hat{i}}$ 时, 局中人 i 就有所约束, 只能在 $G_i(x_{\hat{i}})\subset X_i$ 中选取自己的策略).

如果存在 $x^*=(x_1^*,\cdots,x_n^*)\in X$, 使 $\forall i\in N$, 有 $x_i^*\in G_i\left(x_{\hat{i}}^*\right)$, 且

$$f_i\left(x_i^*,x_{\hat{i}}^*\right)=\max_{u_i\in G_i\left(x_{\hat{i}}^*\right)}f_i\left(u_i,x_{\hat{i}}^*\right),$$

则称 x^* 是此广义博弈 (或约束博弈) 的平衡点.

平衡点 x^* 的意义很清楚: $\forall i\in N$, $x_i^*\in G_i\left(x_{\hat{i}}^*\right)$ 表明当除局中人 i 外的其他 $n-1$ 个局中人选取策略 $x_{\hat{i}}^*\in X_{\hat{i}}$ 时, x_i^* 是局中人 i 的可行策略, 而 $f_i\left(x_i^*,x_{\hat{i}}^*\right)=\max\limits_{u_i\in G_i\left(x_{\hat{i}}^*\right)}f_i\left(u_i,x_{\hat{i}}^*\right)$ 表明 x_i^* 是局中人 i 的所有可行策略 $u_i\in G_i\left(x_{\hat{i}}^*\right)$ 中使其支付函数达到最大值的可行策略.

如果 $\forall i\in N$, $\forall x_{\hat{i}}\in X_{\hat{i}}$, 有 $G_i(x_{\hat{i}})=X_i$, 则广义博弈的平衡点即 n 人非合作博弈的 Nash 平衡点.

$\forall i\in N$, 定义集值映射 $F_i:X_{\hat{i}}\to P_0(X_i)$ 如下: $\forall x_{\hat{i}}\in X_{\hat{i}}$,

$$F_i(x_{\hat{i}})=\left\{w_i\in G_i(x_{\hat{i}}):f_i(w_i,x_{\hat{i}})=\max_{u_i\in G_i(x_{\hat{i}})}f_i(u_i,x_{\hat{i}})\right\},$$

$F_i(x_{\hat{i}})$ 是当除局中人 i 外的其他 $n-1$ 个局中人选取策略 $x_{\hat{i}}\in X_{\hat{i}}$ 时, 局中人 i 的最佳可行回应.

$\forall x \in X$, 定义集值映射 $F: X \to P_0(X)$ 如下: $\forall x=(x_1,\cdots,x_n)\in X$,

$$F(x)=\prod_{i=1}^{n} F_i(x_{\hat{i}}),$$

集值映射 $F: X \to P_0(X)$ 称为此广义博弈的最佳可行回应映射.

定理 6.1.1　$x^* \in X$ 是广义博弈的平衡点的充分必要条件为 $x^* \in X$ 是最佳可行回应映射 $F: X \to P_0(X)$ 的不动点.

证明　充分性. 设 $x^*=(x_1^*,\cdots,x_n^*)\in X$ 是最佳可行回应映射的不动点, 即 $x^*\in F(x^*)$, 则 $\forall i\in N$, 有 $x_i^*\in F_i\left(x_{\hat{i}}^*\right)$, 且

$$f_i\left(x_i^*,x_{\hat{i}}^*\right)=\max_{u_i\in G_i\left(x_{\hat{i}}^*\right)} f_i\left(u_i,x_{\hat{i}}^*\right),$$

x^* 必是广义博弈的平衡点.

必要性. 设 $x^*=(x_1^*,\cdots,x_n^*)\in X$ 是广义博弈的平衡点, 则 $\forall i\in N$, 有 $x_i^*\in G_i\left(x_{\hat{i}}^*\right)$, 且

$$f_i\left(x_i^*,x_{\hat{i}}^*\right)=\max_{u_i\in G_i\left(x_{\hat{i}}^*\right)} f_i\left(u_i,x_{\hat{i}}^*\right),$$

从而有 $x_i^*\in F_i\left(x_{\hat{i}}^*\right)$, $x^*\in F(x^*)$, x^* 必是最佳可行回应映射的不动点.

以下应用拟变分不等式给出广义博弈平衡点存在的充分必要条件.

$\forall x=(x_1,\cdots,x_n)\in X$, $\forall y=(y_1,\cdots,y_n)\in X$, 定义

$$\varphi(x,y)=\sum_{i=1}^{n}\left[f_i(y_i,x_{\hat{i}})-f_i(x_i,x_{\hat{i}})\right],$$

$$G(x)=\prod_{i=1}^{n} G_i(x_{\hat{i}}).$$

定理 6.1.2　$x^* \in X$ 是广义博弈的平衡点的充分必要条件为 $x^* \in X$ 是拟变分不等式的解, 即 $x^*\in G(x^*)$, 且 $\forall y\in G(x^*)$, 有 $\varphi(x^*,y)\leqslant 0$.

证明　充分性. 设 $x^*=(x_1^*,\cdots,x_n^*)\in X$ 是拟变分不等式的解, 由 $x^*\in G(x^*)$, 得 $\forall i\in N$, 有 $x_i^*\in G_i\left(x_{\hat{i}}^*\right)$. $\forall i\in N$, $\forall u_i\in G_i\left(x_{\hat{i}}^*\right)$, 令 $\bar{y}=\left(u_i,x_{\hat{i}}^*\right)$, 则 $\bar{y}\in G(x^*)$,

$$\varphi(x^*,\bar{y})=f_i\left(u_i,x_{\hat{i}}^*\right)-f_i\left(x_i^*,x_{\hat{i}}^*\right)\leqslant 0,$$

因 $x_i^*\in G_i\left(x_{\hat{i}}^*\right)$, 得 $f_i\left(x_i^*,x_{\hat{i}}^*\right)=\max\limits_{u_i\in G_i\left(x_{\hat{i}}^*\right)} f_i\left(u_i,x_{\hat{i}}^*\right)$, x^* 必是广义博弈的平衡点.

必要性. 设 $x^*=(x_1^*,\cdots,x_n^*)\in X$ 是广义博弈的平衡点, 即 $\forall i\in N$, 有 $x_i^*\in G_i\left(x_{\hat{i}}^*\right)$, 且 $\forall y_i\in G_i\left(x_{\hat{i}}^*\right)$, 有 $f_i\left(x_i^*,x_{\hat{i}}^*\right)\geqslant f_i\left(y_i,x_{\hat{i}}^*\right)$, 由此有 $x^*\in G(x^*)$, 且

$\forall y=(y_1,\cdots,y_n)\in G(x^*)$, 即 $\forall i\in N$, $y_i\in G_i\left(x^*_{\hat{i}}\right)$, 有

$$\varphi(x^*,y)=\sum_{i=1}^{n}\left[f_i\left(y_i,x^*_{\hat{i}}\right)-f_i\left(x^*_i,x^*_{\hat{i}}\right)\right]\leqslant 0,$$

x^* 必是拟变分不等式的解.

类似于第 5 讲中的定理 5.1.6, 可以给出以下定理 6.1.3. 注意到仍然是对成本函数求最小值, 而不是对支付函数求最大值, 广义博弈平衡点的定义是求 $x^*=(x^*_1,\cdots,x^*_n)\in X$, 使 $\forall i\in N$, 有 $x^*_i\in G_i\left(x^*_{\hat{i}}\right)$, 且

$$f_i\left(x^*_i,x^*_{\hat{i}}\right)=\min_{u_i\in G_i\left(x^*_{\hat{i}}\right)}f_i\left(u_i,x^*_{\hat{i}}\right).$$

定理 6.1.3 $\forall i\in N$, 设 X_i 是 R^{m_i} 中的一个非空闭凸集, $X=\prod_{i=1}^{n}X_i$, $f_i:X\to R$ 连续可微, 且 $\forall x_{\hat{i}}\in X_{\hat{i}}$, $u_i\to f_i(u_i,x_{\hat{i}})$ 在 X_i 上是凸的, 又集值映射 $G_i:X_{\hat{i}}\to P_0(X_i)$ 连续, 且 $\forall x_{\hat{i}}\in X_{\hat{i}}$, $G_i(x_{\hat{i}})$ 是 X_i 中的非空闭凸集, 则 $x^*=(x^*_1,\cdots,x^*_n)\in X$ 是广义博弈平衡点的充分必要条件为 x^* 是以下拟变分不等式的解, 即 $x^*\in G(x^*)$, 且 $\forall y\in G(x^*)$, 有

$$\langle F(x^*),y-x^*\rangle\geqslant 0,$$

其中 $G(x^*)=\prod_{i=1}^{n}G_i\left(x^*_{\hat{i}}\right)$, $F(x^*)=(\nabla_{x_1}f_1(x^*),\cdots,\nabla_{x_n}f_n(x^*))\in R^m$, $m=\sum_{i=1}^{n}m_i$.

6.2 几个广义博弈平衡点的存在性定理

定理 6.2.1 $\forall i\in N$, 设 X_i 是 R^{k_i} 中的非空有界闭凸集, $X=\prod_{i=1}^{n}X_i$, $f_i:X\to R$ 连续, 且 $\forall x_{\hat{i}}\in X_{\hat{i}}$, $u_i\to f_i(u_i,x_{\hat{i}})$ 在 X_i 上是拟凹的, 又集值映射 $G_i:X_{\hat{i}}\to P_0(X_i)$ 连续, 且 $\forall x_{\hat{i}}\in X_{\hat{i}}$, $G_i(x_{\hat{i}})$ 是 X_i 中的非空闭凸集, 则广义博弈的平衡点必存在.

证明 首先, $X=\prod_{i=1}^{n}X_i$ 必是 R^k 中的非空有界闭凸集, 其中 $k=k_1+\cdots+k_n$. $\forall i\in N$, $\forall x_{\hat{i}}\in X_{\hat{i}}$,

$$F_i(x_{\hat{i}})=\left\{w_i\in G_i(x_{\hat{i}}):f_i(w_i,x_{\hat{i}})=\max_{u_i\in G_i\left(x_{\hat{i}}\right)}f_i(u_i,x_{\hat{i}})\right\}.$$

同定理 5.1.2 中的证明, 易知 $\forall i\in N$, $F_i(x_{\hat{i}})$ 必是 R^{k_i} 中的非空有界闭凸集, 从而 $F(x)$ 必是 R^k 中的非空有界闭凸集, 其中 $k=k_1+\cdots+k_n$.

再同定理 5.1.2 中的证明, 由极大值定理, 集值映射 $F_i : X_{\hat{i}} \to P_0(X_{\hat{i}})$ 必是上半连续的, 从而最佳可行回应映射 $F : X \to P_0(X)$ 在 X 上必是上半连续的.

这样, 由 Kakutani 不动点定理, 存在 $x^* \in X$, 使 $x^* \in F(x^*)$. 再由定理 6.1.1, x^* 必是广义博弈的平衡点.

显然, 定理 5.1.2 是定理 6.2.1 的特例, 其中 $\forall i \in N$, 集值映射 G_i 满足 $\forall x_{\hat{i}} \in X_{\hat{i}}$, $G_i(x_{\hat{i}}) = X_i$.

定理 6.2.2 $\forall i \in N$, 设 X_i 是 R^{k_i} 中的非空有界闭凸集, $X = \prod_{i=1}^{n} X_i$, $\forall i \in N$, 集值映射 $G_i : X_{\hat{i}} \to P_0(X_i)$ 连续, 且 $\forall x_{\hat{i}} \in X_{\hat{i}}$, $G_i(x_{\hat{i}})$ 是 X_i 中的非空闭凸集, 又 $f_i : X \to R$ 满足

(1) $f_i(y_i, x_{\hat{i}}) - f_i(x_i, x_{\hat{i}})$ 在 $X \times X$ 上是下半连续的;

(2) $\forall x_{\hat{i}} \in X_{\hat{i}}$, $y_i \to f_i(y_i, x_{\hat{i}})$ 在 X 上是凹的,

则广义博弈的平衡点必存在.

证明 $\forall x = (x_1, \cdots, x_n) \in X$, $\forall y = (y_1, \cdots, y_n) \in X$, 定义

$$\varphi(x, y) = \sum_{i=1}^{n} [f_i(y_i, x_{\hat{i}}) - f_i(x_i, x_{\hat{i}})],$$

$$G(x) = \prod_{i=1}^{n} G_i(x_{\hat{i}}).$$

容易验证集值映射 $G : X \to P_0(X)$ 连续, 且 $\forall x \in X$, $G(x)$ 是 X 中的非空闭凸集, $\varphi : X \times X \to R$ 下半连续, 且满足

(1) $\forall x \in X$, $y \to \varphi(x, y)$ 在 X 上是凹的;

(2) $\forall x \in X$, $\varphi(x, x) = 0$.

由拟变分不等式解的存在性定理, 存在 $x^* \in X$, 使 $x^* \in G(x^*)$, 且 $\forall y \in G(x^*)$, 有

$$\varphi(x^*, y) = \sum_{i=1}^{n} \left[f_i\left(y_i, x_{\hat{i}}^*\right) - f_i\left(x_i^*, x_{\hat{i}}^*\right)\right] \leqslant 0.$$

再由定理 6.1.2, x^* 必是广义博弈的平衡点.

注 6.2.1 近些年来, 关于非合作博弈和广义博弈平衡点的计算研究较为活跃, 可见文献 [61] 和 [62], 其中广义博弈平衡点的计算往往困难些, 这主要在于约束条件如何处理, 往往要针对实际问题的结构特点给予特殊处理.

第 7 讲　数理经济学中的一般均衡定理

本讲将介绍数理经济学中的一般均衡定理, 在阐述 Walras 一般经济均衡思想后, 重点论证均衡的存在性和 Pareto 最优性, 主要参考文献 [10], [63]~[65].

7.1　Walras 的一般经济均衡思想

1776 年, Adam Smith 出版了《国富论》一书, 提出了以下 "看不见的手" 的著名论断:

"每个人都在力图应用他的资本, 来使其生产品能得到最大的价值, 一般地说, 他并不企图增进公共福利, 也不知道他所增进的公共福利为多少. 他所追求的仅仅是他个人的安乐, 仅仅是他个人的利益. 在这样做时, 有一只看不见的手引导他去促进一种目标, 而这种目标绝不是他所追求的东西. 由于追求自己的利益, 他经常促进了社会利益, 其效果要比他真正想促进社会利益时所得到的效果为大."

什么是 "看不见的手"? 什么是 "公共福利"? Adam Smith 并没有给出明确的含义. 1874 年, Walras 将 "看不见的手" 解释为 "价格体系", 而将 "公共福利" 解释为 "供需平衡".

设市场上有 l 种商品, 价格分别为 $p_1, p_2, \cdots, p_l$, 当然有 $p_i > 0, i = 1, \cdots, l$. 每种商品供需都应当平衡, 这就得到了 l 个方程:

$$\begin{cases} f_1(p_1, \cdots, p_l) = 0, \\ \qquad \cdots\cdots \\ f_{l-1}(p_1, \cdots, p_l) = 0, \\ f_l(p_1, \cdots, p_l) = 0. \end{cases}$$

$p_1, \cdots, p_{l-1}, p_l$ 不是独立的, 设 $p_1 + \cdots + p_{l-1} + p_l = 1$, 将 $p_l = 1 - (p_1 + \cdots + p_{l-1})$ 代入以上方程组的 $l-1$ 个方程, 得

$$\begin{cases} f_1(p_1, \cdots, p_{l-1}, 1 - (p_1 + \cdots + p_{l-1})) = 0, \\ \qquad \cdots\cdots \\ f_{l-1}(p_1, \cdots, p_{l-1}, 1 - (p_1 + \cdots + p_{l-1})) = 0. \end{cases}$$

以上方程组有 $l-1$ 个变量, $l-1$ 个方程, 设存在解 $p_1^*,\cdots,p_{l-1}^*$, 即有

$$\begin{cases} f_1\left(p_1^*,\cdots,p_{l-1}^*,p_l^*\right)=0, \\ \qquad\cdots\cdots \\ f_{l-1}\left(p_1^*,\cdots,p_{l-1}^*,p_l^*\right)=0, \end{cases}$$

其中 $p_l^*=1-\left(p_1^*+\cdots+p_{l-1}^*\right)$.

Walras 认为, 所谓 "Walras 律" 应成立, 即

$$p_1^*f_1\left(p_1^*,\cdots,p_{l-1}^*,p_l^*\right)+\cdots+p_{l-1}^*f_{l-1}\left(p_1^*,\cdots,p_{l-1}^*,p_l^*\right)+p_l^*f_l\left(p_1^*,\cdots,p_{l-1}^*,p_l^*\right)=0,$$

化简, 有

$$p_l^*f_l\left(p_1^*,\cdots,p_{l-1}^*,p_l^*\right)=0,$$

因 $p_l^*>0$, 有 $f_l\left(p_1^*,\cdots,p_{l-1}^*,p_l^*\right)=0$, 最后得

$$\begin{cases} f_1\left(p_1^*,\cdots,p_{l-1}^*,p_l^*\right)=0, \\ \qquad\cdots\cdots \\ f_{l-1}\left(p_1^*,\cdots,p_{l-1}^*,p_l^*\right)=0, \\ f_l\left(p_1^*,\cdots,p_{l-1}^*,p_l^*\right)=0. \end{cases}$$

$p_1^*,\cdots,p_{l-1}^*,p_l^*$ 就是市场上的均衡价格.

这就是 Walras 的思想, 当然其论证是不严格的: 首先, $l-1$ 个变量 $l-1$ 个方程是否有解? 其次, 即使有解, 能否保证 $p_1^*>0,\cdots,p_{l-1}^*>0$? 最后, 能否保证 $p_l^*=1-\left(p_1^*+\cdots+p_{l-1}^*\right)>0$?

之后经过多位学者的努力, 将这一思想发扬光大, 现简要叙述如下:

设市场上有 l 种商品, 价格体系 $p=(p_1,\cdots,p_l)$, 其中 p_i 表示第 i 种商品的价格, 可以假定 $p_i\geqslant 0, i=1,\cdots,l$, 且 $\sum\limits_{i=1}^{l}p_i=1$.

社会的需求当然依赖于 p, 记为 $D(p)=(D_1(p),\cdots,D_l(p))$, 其中 $D_i(p)$ 表示对第 i 种商品的需求, $i=1,\cdots,l$.

社会的供给当然也依赖于 p, 记为 $S(p)=(S_1(p),\cdots,S_l(p))$, 其中 $S_i(p)$ 表示第 i 种商品的供给, $i=1,\cdots,l$.

$\forall p\in P$, 记 $f(p)=D(p)-S(p)$, 称 $f:P\to R^l$ 为超需映射, 其中 $P=\left\{p=(p_1,\cdots,p_l):p_i\geqslant 0,i=1,\cdots,l,\sum\limits_{i=1}^{l}p_i=1\right\}$ 称为价格单纯形.

价格是由市场决定的, 是由供求关系来决定的.

R^l 中的内积 $\langle p, D(p)\rangle = \sum\limits_{i=1}^{l} p_i D_i(p)$ 表示支出, 而 $\langle p, S(p)\rangle = \sum\limits_{i=1}^{l} p_i S_i(p)$ 表示收入. Walras 认为, 收支应平衡, 即 $\forall p \in P$, 有

$$\langle p, D(p)\rangle = \langle p, S(p)\rangle,$$

以上公式称为 Walras 律.

Walras 律也可以表示为 $\forall p \in P$,

$$\langle p, f(p)\rangle = 0.$$

此外, 如果 $\forall p \in P$,

$$\langle p, f(p)\rangle \leqslant 0,$$

则以上公式称为弱 Walras 律, 此时 $\langle p, D(p)\rangle \leqslant \langle p, S(p)\rangle$, 支出小于等于收入.

以下是一般经济均衡定理, 见文献 [1] 和 [66].

定理 7.1.1 如果超需映射 $f: P \to R^l$ 是连续的, Walras 律成立, 即 $\forall p \in P$, 有 $\langle p, f(p)\rangle = 0$, 则存在 $p^* \in P$, 使 $f(p^*) \leqslant \mathbf{0}$ (表示向量 $f(p^*)$ 的每一个分量都小于等于 0, 即每种商品的需求都小于等于供给), 而当 $p_i^* > 0$(即第 i 种商品不是免费商品) 时, 必有 $f_i(p^*) = 0$(付费商品的需求必然等于供给).

注 7.1.1 文献 [66] 是史树中先生的著作, 他为在中国宣传和普及博弈论与数理经济学作出了突出的贡献. 同时还有王则柯先生, 也作出了突出的贡献, 见文献 [67].

Walras 开创性地提出了关于一般经济均衡的思想, 但是他并没有给出以上定理的准确表述, 更没有给出其严格的证明.

1944 年, 博弈论诞生了, von Neumann 等出版了《博弈论与经济行为》一书. 1950 年和 1951 年, Nash 提出了 n 人非合作有限博弈模型, 并应用 Kakutani 不动点定理和 Brouwer 不动点定理证明了平衡点的存在性定理. 这样, 他们就为数学在经济学中的应用提供了集合论、泛函分析和拓扑学等新工具.

正是在 von Neumann 和 Nash 工作的鼓舞下, 1952 年 Debreu 首先应用不动点定理证明了广义博弈平衡点的存在性定理. 1954 年, 他又与 Arrow 合作应用广义博弈平衡点的存在性定理证明了一般经济均衡的存在性定理, 他们也因此分别在 1983 年和 1972 年获得 Nobel 经济学奖.

7.2 自由配置均衡价格的存在性

定理 7.1.1 中的 $p^* \in P$ 称为自由配置均衡价格.

定理 7.1.1 的证明

$\forall p=(p_1,\cdots,p_l)\in P$, 定义

$$h(p)=(h_1(p),\cdots,h_l(p)),$$

其中 $\forall i=1,\cdots,l$,

$$h_i(p)=\frac{p_i+\max\{0,f_i(p)\}}{1+\sum\limits_{i=1}^{l}\max\{0,f_i(p)\}}.$$

容易验证: $\forall i=1,\cdots,l$, $h_i(p)\geqslant 0$, $\sum\limits_{i=1}^{l}h_i(p)=1$, 故 $h(p)\in P$. 又因超需映射 $f:P\to R^l$ 连续, 故映射 $h:P\to P$ 连续. 因 P 是 R^l 中的一个有界闭凸集. 由 Brouwer 不动点定理, 存在 $p^*=(p_1^*,\cdots,p_l^*)\in P$, 使 $h(p^*)=p^*$, 即 $\forall i=1,\cdots,l$, 有

$$p_i^*=\frac{p_i^*+\max\{0,f_i(p^*)\}}{1+\sum\limits_{i=1}^{l}\max\{0,f_i(p^*)\}}.$$

化简, 得 $\forall i=1,\cdots,l$, 有

$$p_i^*\sum_{i=1}^{l}\max\{0,f_i(p^*)\}=\max\{0,f_i(p^*)\},$$

两边乘以 $f_i(p^*)$, 对 i 求和, 并注意到 $\sum\limits_{i=1}^{l}p_i^*f_i(p^*)=\langle p^*,f(p^*)\rangle=0$, 得

$$\sum_{i=1}^{l}f_i(p^*)\max\{0,f_i(p^*)\}=0.$$

记 $I(p^*)=\{i:f_i(p^*)>0\}$, 如果 $I(p^*)\neq\varnothing$, 则 $\forall i\in I(p^*)$, 有 $f_i(p^*)\max\{0,f_i(p^*)\}>0$, 而 $\forall i\notin I(p^*)$, 有 $f_i(p^*)\max\{0,f_i(p^*)\}=0$,

$$\sum_{i=1}^{l}f_i(p^*)\max\{0,f_i(p^*)\}=\sum_{i\in I(p^*)}f_i(p^*)\max\{0,f_i(p^*)\}>0,$$

矛盾, 故 $I(p^*)=\varnothing$, 即 $\forall i=1,\cdots,l$, 有 $f_i(p^*)\leqslant 0$, $f(p^*)\leqslant\mathbf{0}$.

$\forall i=1,\cdots,l$, 因 $p_i^*\geqslant 0$, 而 $f_i(p^*)\leqslant 0$, 故 $p_i^*f_i(p^*)\leqslant 0$. 又 $\sum\limits_{i=1}^{l}p_i^*f_i(p^*)=0$, 故 $\forall i=1,\cdots,l$, 有 $p_i^*f_i(p^*)=0$. 如果 $p_i^*>0$, 则必有 $f_i(p^*)=0$.

注 7.2.1　从以上证明可以看出, 由弱 Walras 律成立即可推出存在 $p^*\in P$, 使 $f(p^*)\leqslant\mathbf{0}$. 但是要得到后一结论, 即从 $p_i^*>0$ 推出 $f_i(p^*)=0$, 则要求 Walras 律成立.

注 7.2.2 可以用变分不等式解的存在性定理来证明定理 7.1.1.

因 $f: P \to R^l$ 连续, 故 $-f: P \to R^l$ 连续, 由变分不等式解的存在性定理, 存在 $p^* \in P$, 使 $\forall q \in P$, 有

$$\langle -f(p^*), q-p^* \rangle \geqslant 0,$$

即

$$\langle f(p^*), q-p^* \rangle \leqslant 0.$$

因弱 Warlas 律成立, 故 $\forall q \in P$, 有

$$\langle f(p^*), q \rangle \leqslant \langle f(p^*), p^* \rangle \leqslant 0.$$

以下来证明 $f(p^*) \leqslant \mathbf{0}$: 用反证法, 如结论不成立, 则存在某 i, 使 $f_i(p^*) > 0$. 令 $\bar{q} = (0,\cdots,1,\cdots,0)$(第 i 个坐标为 1, 其余都为 0), 则 $\bar{q} \in P$, 而 $\langle \bar{q}, f(p^*) \rangle = f_i(p^*) > 0$, 矛盾.

注 7.2.3 可以用 Ky Fan 不等式来证明定理 7.1.1, 且其中 $f = (f_1,\cdots,f_l): P \to R^l$ 连续 (即 $\forall i = 1,\cdots,l$, $f_i: P \to R$ 连续) 的假设条件可减弱为 $\forall i = 1,\cdots,l$, $f_i: P \to R$ 下半连续.

$\forall p \in P$, $\quad \forall q = (q_1,\cdots,q_l) \in P$, 定义

$$\phi(p,q) = \langle q, f(p) \rangle = \sum_{i=1}^{l} q_i f_i(p).$$

容易验证:

$\forall q \in P, p \to \varphi(p,q)$ 在 P 上是下半连续的;

$\forall p \in P, q \to \varphi(p,q)$ 在 P 上是凹的;

$\forall p \in P, \varphi(p,q) = \langle p, f(p) \rangle \leqslant 0$(弱 Warlas 律成立).

由 Ky Fan 不等式, 存在 $p^* \in P$, 使 $\forall q \in P$, 有

$$\varphi(p^*, q) = \langle q, f(p^*) \rangle \leqslant 0.$$

同以上注 7.2.2 的证明, 此时必有 $f(p^*) \leqslant \mathbf{0}$.

注 7.2.4 还可以用 KKM 引理来证明定理 7.1.1(假设条件与注 7.2.3 中的相同). 注意到 $P = \mathrm{co}\{e_i : i = 1,\cdots,l\}$, 其中 $e_i = (0,\cdots,1,\cdots,0)$ (第 i 个坐标为 1, 其余都为 0).

$\forall i = 1,\cdots,l$, 定义 $F_i = \{p \in P : f_i(p) \leqslant 0\}$, 因 $f_i: P \to R$ 下半连续, 故 F_i 是闭集. 以下来证明对任意 $\{i_1,\cdots,i_k\} \subset \{1,\cdots,l\}$, 有

$$\mathrm{co}\{e_{i_1},\cdots,e_{i_k}\} \subset \bigcup_{j=1}^{k} F_{i_j}.$$

用反证法, 如果以上结论不成立, 则存在 $\bar{p}=\sum_{j=1}^{k}\lambda_{i_j}e_{i_j}\in P$, 其中 $\lambda_{i_j}\geqslant 0$, $j=1,\cdots,k$, $\sum_{j=1}^{k}\lambda_{i_j}=1$, 而 $\bar{p}\notin\bigcup_{j=1}^{k}F_{i_j}$, 即 $f_{i_j}(\bar{p})>0, j=1,\cdots,k$. 此时必有

$$\langle\bar{p},f(\bar{p})\rangle=\sum_{j=1}^{k}\lambda_{i_j}f_{i_j}(\bar{p})>0,$$

矛盾. 这样, 由 KKM 引理, 必有 $\bigcap_{i=1}^{l}F_i\neq\varnothing$. 取 $p^*\in\bigcap_{i=1}^{l}F_i$, 则 $\forall i=1,\cdots,l$, $p^*\in F_i$, $f_i(p^*)\leqslant 0$, 从而有 $f(p^*)\leqslant\mathbf{0}$.

应用定理 7.1.1, 也可以直接证明 Brouwer 不动点定理, 见文献 [68], 这说明定理 7.1.1 是一个非常深刻的结果, 因为它与著名的 Brouwer 不动点定理是等价的.

在给出这个证明之前, 首先要介绍一些有关同胚的概念和结果.

设 X 和 Y 分别是 R^m 和 R^n 中的两个非空子集, 映射 $f:X\to Y$, 如果对任意 $x_1\neq x_2$ 时必有 $f(x_1)\neq f(x_2)$, 则称 $f:X\to Y$ 是一一的; 如果 $\forall y\in Y$, 存在 $x\in X$, 使 $f(x)=y$, 则称映射 f 是满的; 如果 $f:X\to Y$ 是一一的、连续的满映射, 且其逆映射 $f^{-1}:Y\to X$ 也是连续的, 则称 X 和 Y 是同胚的.

以下结果可见文献 [69]: 设 C 是 R^n 中的非空有界闭凸集, 则存在正整数 $m\leqslant n$, 使 C 与 R^m 中的单位球 $B_m=\{x\in R^m:\|x\|\leqslant 1\}$ 是同胚的.

如果对任何从 X 到 X 的连续映射都有不动点, Y 和 X 同胚, 则任何从 Y 到 Y 的连续映射 f 都有不动点. 证明是简单的: 因为 Y 和 X 同胚, 则存在一一的、连续的满映射 $g:Y\to X$, 且其逆映射 $g^{-1}:X\to Y$ 也连续. $\forall x\in X$, 定义复合映射 $h(x)=gfg^{-1}(x)$, 则 $h(x)\in X$, 且 $h:X\to X$ 连续. 存在 $x^*\in X$, 使 $h(x^*)=gfg^{-1}(x^*)=x^*$, $fg^{-1}(x^*)=g^{-1}(x^*)$, 令 $y^*=g^{-1}(x^*)\in Y$, 则 $f(y^*)=y^*$.

Brouwer 不动点定理的证明

由以上论述, 只需对一类有界闭凸集 P 来证明 Brouwer 不动点定理就够了, 这里 $P=\left\{p=(p_1,\cdots,p_l):p_i\geqslant 0,i=1,\cdots,l,\sum_{i=1}^{l}p_i=1\right\}$ 是价格单纯形, $l=1,2,3,\cdots$.

设 $f:P\to P$ 连续, $\forall p\in P$, 定义

$$g(p)=f(p)-\frac{\langle p,f(p)\rangle}{\langle p,p\rangle}p.$$

首先, 因 $p\in P$, 故 $\langle p,p\rangle>0$, 因 $f:P\to P$ 连续, 故 $g:P\to R^l$ 连续.

$\forall p\in P$, 易知 $\langle p,g(p)\rangle=0$(Walras 律成立).

由定理 7.1.1, 存在 $p^*=(p_1^*,\cdots,p_l^*)\in P$, 使

$$g(p^*)=f(p^*)-\frac{\langle p^*,f(p^*)\rangle}{\langle p^*,p^*\rangle}p^*\leqslant \mathbf{0}.$$

令 $I(p^*)=\{i:p_i^*>0\}$, 则 $I(p^*)\neq\varnothing$, 记 $f(p^*)=(f_1(p^*),\cdots,f_l(p^*)), g(p^*)=(g_1(p^*),\cdots,g_l(p^*))$.

$\forall i\notin I(p^*)$, 即 $p_i^*=0$, 由

$$0\leqslant f_i(p^*)\leqslant\frac{\langle p^*,f(p^*)\rangle}{\langle p^*,p^*\rangle}p_i^*=0,$$

得 $f_i(p^*)=0$,

$$\langle p^*,g(p^*)\rangle=\sum_{i\in I(p^*)}p_i^*g_i(p^*)=0.$$

$\forall i\in I(p^*)$, 因 $g_i(p^*)\leqslant 0, p_i^*g_i(p^*)\leqslant 0$, 故必有 $p_i^*g_i(p^*)=0, g_i(p^*)=0$, 从而有 $f_i(p^*)=\dfrac{\langle p^*,f(p^*)\rangle}{\langle p^*,p^*\rangle}p_i^*$.

对所有 i 求和 (注意到上式对 $i\notin I(p^*)$ 也成立, 因为此时 $p_i^*=0$, $f_i(p^*)=0$), 有

$$1=\sum_{i=1}^{l}f_i(p^*)=\frac{\langle p^*,f(p^*)\rangle}{\langle p^*,p^*\rangle}\sum_{i=1}^{l}p_i^*=\frac{\langle p^*,f(p^*)\rangle}{\langle p^*,p^*\rangle},$$

从而有 $f_i(p^*)=p_i^*$, $i=1,\cdots,l$, $f(p^*)=p^*$.

在以下的研究中, 将考虑超需映射是集值映射的情况.

$\forall p=(p_1,\cdots,p_l)\in P$, 市场对 l 种商品的需求和供给分别记为 $D(p)$ 和 $S(p)$, 与 7.1 节 $D(p)\in R^l$ 和 $S(p)\in R^l$ 不同的是, 这里 $D(p)$ 和 $S(p)$ 分别是 R^l 中的两个非空子集.

$\forall p\in P$, 记 $\zeta(p)=D(p)-S(p), \zeta:P\to P_0(R^l)$ 是一个超需集值映射, 而 $\forall i=1,\cdots,l,\zeta_i:P\to P_0(R)$ 是市场对第 i 种商品的超需集值映射. 如果存在 $p^*\in P$, 存在 $z^*\in\zeta(p^*)$, 而 $z^*\leqslant\mathbf{0}$, 则称 p^* 为自由配置均衡价格.

为了给出自由配置均衡价格的存在性定理, 我们需要一个引理, 这在 7.3 节中也有应用.

引理 7.2.1 设 X 是 R^m 中的一个非空有界闭凸集, Y 是 R^n 中的一个非空闭凸集, $T:X\to P_0(Y)$ 是一个上半连续的集值映射, 且 $\forall x\in X$, $T(x)$ 是非空有界闭凸集. $f:X\times Y\to R$ 连续, $\forall y\in X$, $x\to f(x,y)$ 在 X 上是拟凹的, $\forall x\in X$, $\forall y\in T(x)$, 有 $f(x,y)=0$. 则存在 $x^*\in X$, 存在 $y^*\in T(x^*)$, 使 $\forall x\in X$, 有 $f(x,y^*)\leqslant 0$.

证明 首先, 由引理 2.2.5, $F(X) \subset Y$ 是 R^n 中的有界闭集, 再由定理 1.2.1, $Z = \mathrm{co}T(X) \subset Y$ 必是 R^n 中的有界闭凸集.

$\forall y \in Z$, 定义集值映射

$$S(y) = \left\{ x \in X : f(x, y) = \max_{u \in X} f(u, y) \right\},$$

易知 $S(y)$ 是非空有界闭凸集, 且由极大值定理, 集值映射 S 在 Z 上是上半连续的.

$X \times Z$ 是 R^{m+n} 中的非空有界闭凸集, $\forall (x, y) \in X \times Z$, 定义集值映射

$$F(x, y) = S(y) \times T(x),$$

易知 $F(x, y) \subset X \times Z$, $F(x, y)$ 是 $X \times Z$ 中的非空闭凸集, 且集值映射 F 在 $X \times Z$ 上是上半连续的. 由 Kakutani 不动点定理, 存在 $(x^*, y^*) \in X \times Z$, 使 $(x^*, y^*) \in F(x^*, y^*)$, 于是 $x^* \in S(y^*)$, $y^* \in T(x^*)$. 因 $x^* \in S(y^*)$, 得 $\max_{x \in X} f(x, y^*) = f(x^*, y^*)$. 因 $y^* \in T(x^*)$, 而 $\max_{x \in X} f(x, y^*) = f(x^*, y^*) \leqslant 0$, 得 $\forall x \in X$, 有 $f(x, y^*) \leqslant 0$.

以下定理为数理经济学中著名的 Gale-Nikaido-Debreu 引理, 见文献 [70]~[72].

定理 7.2.1 设超需集值映射 $\zeta : P \to P_0(R^l)$ 在 P 上是上半连续的, $\forall p \in P$, $\zeta(p)$ 是 R^l 中的非空有界闭凸集, 且满足弱 Walras 律: $\forall p \in P$, $\forall z \in \zeta(p)$, 有 $\langle p, z \rangle \leqslant 0$, 则自由配置均衡价格必存在, 即存在 $p^* \in P$, $z^* \in \zeta(p^*)$, 而 $z^* \leqslant \mathbf{0}$.

证明 在引理 7.2.1 中令 $X = P$, $Y = R^l$, $\forall p \in P$, $\forall z \in R^l$, 定义 $f(p, z) = \langle p, z \rangle$, 则 $f : P \times Y \to R$ 连续, $\forall z \in R^l$, $p \to \langle p, z \rangle$ 在 P 上是凹的, $\forall p \in P$, $\forall z \in \zeta(p)$, 有 $\langle p, z \rangle \leqslant 0$, 引理 7.2.1 的假设条件全都成立.

由引理 7.2.1, 存在 $p^* \in P$, $z^* \in \zeta(p^*)$, 使 $\forall p \in P$, 有 $\langle p, z^* \rangle \leqslant 0$.

以下来证明 $z^* \leqslant \mathbf{0}$. 用反证法, 设 $z^* \leqslant \mathbf{0}$ 不成立, 则存在某 i_0, 使 $z^*_{i_0} > 0$. 令 $\bar{p} = (\bar{p}_1, \cdots, \bar{p}_l)$, 其中 $\bar{p}_{i_0} = 1$, 当 $i \neq i_0$ 时, $\bar{p}_{i_0} = 0$, 则 $\bar{p} \in P$, 而 $\langle \bar{p}, z^* \rangle = z^*_{i_0} > 0$, 矛盾.

注 7.2.5 在一些文献中, 弱 Walras 律更可减弱为 $\forall p \in P$, 存在 $z \in \zeta(p)$, 使 $\langle p, z \rangle \leqslant 0$. 可以证明此时定理 7.2.1 仍然是成立的. $\forall p \in P$, 定义集值映射

$$\zeta_1(p) = \zeta(p) \cap \left\{ z \in R^l : \langle p, z \rangle \leqslant 0 \right\}.$$

易知 $\zeta_1(p)$ 是 R^l 中的非空有界闭凸集, 以下来证明集值映射 ζ_1 在 P 上是上半连续的. 因 $\zeta_1(P) \subset \zeta(P)$, 而由引理 2.2.5, $\zeta(P)$ 是 R^l 中的有界闭集. 由定理 2.2.1, 要证明集值映射 ζ_1 在 P 上是上半连续的, 这只需证明集值映射 ζ_1 是闭的. $\forall p_k \to p$, $\forall z_k \in \zeta_1(p_k)$, $z_k \to z$, 因 $z_k \in \zeta_1(p_k)$, 故 $z_k \in \zeta(p_k)$, 且 $\langle p_k, z_k \rangle \leqslant 0$, $k = 1, 2, 3, \cdots$. 因集值映射 ζ 在 P 上是上半连续的, 且 $\forall p \in P$, $\zeta(p)$ 是闭集, 由引

理 2.2.2, 集值映射 ζ 必是闭的, 故有 $z \in \zeta(p)$. 又由 $\langle p_k, z_k \rangle \leqslant 0$, 令 $k \to \infty$, 必有 $\langle p, z \rangle \leqslant 0$, $z \in \zeta_1(p)$.

这样, $\forall p \in P$, $\forall z \in \zeta_1(p)$, 必有 $\langle p, z \rangle \leqslant 0$. 同样由引理 7.2.1, 存在 $p^* \in P$, 存在 $z^* \in \zeta_1(p^*) \subset \zeta(p^*)$, 使 $\forall p \in P$, 有 $\langle p, z^* \rangle \leqslant 0$. 以下同定理 7.2.1 中的证明, 此时必有 $z^* \leqslant \mathbf{0}$.

注 7.2.6 可以应用广义变分不等式解的存在性定理来证明定理 7.2.1.

$\forall p \in P$, 定义 $F(p) = -\zeta(p)$, 因 $\zeta: P \to P_0(R^l)$ 上半连续, 故 $F: P \to P_0(R^l)$ 上半连续, 且 $\forall p \in P, F(p)$ 是 R^l 中的非空有界闭凸集. 由广义变分不等式解的存在性定理, 存在 $p^* \in P$, $u^* \in F(p^*) = -\zeta(p^*)$, 使 $\forall p \in P$, 有

$$\langle u^*, p - p^* \rangle \geqslant 0,$$

令 $z^* = -u^*$, 则 $z^* \in \zeta(p^*)$, $\langle z^*, p - p^* \rangle \leqslant 0$,

$$\langle p, z^* \rangle \leqslant \langle p^*, z^* \rangle \leqslant 0 \quad (\text{弱 Walras 律}).$$

同注 7.2.2 中的证明, 此时必有 $z^* \leqslant \mathbf{0}$.

注 7.2.7 可以应用 Ky Fan 不等式来证明定理 7.2.1.

$\forall p \in P, \forall q \in P$, 定义

$$\varphi(p, q) = \min_{z \in \zeta(p)} \langle q, z \rangle .$$

$\forall q \in P$, 由定理 2.2.6(2), $p \to \varphi(p, q)$ 在 P 上是下半连续的;

$\forall p \in P, \forall q_1, q_2 \in P, \forall \lambda \in (0,1)$, 由

$$\begin{aligned}\varphi(p, \lambda q_1 + (1-\lambda) q_2) &= \min_{z \in \zeta(p)} \langle \lambda q_1 + (1-\lambda) q_2, z \rangle \\ &= \min_{z \in \zeta(p)} [\lambda \langle q_1, z \rangle + (1-\lambda) \langle q_2, z \rangle] \\ &\geqslant \lambda \min_{z \in \zeta(p)} \langle q_1, z \rangle + (1-\lambda) \min_{z \in \zeta(p)} \langle q_2, z \rangle \\ &\geqslant \lambda \varphi(p, q_1) + (1-\lambda) \varphi(p, q_2),\end{aligned}$$

得 $q \to \varphi(p, q)$ 在 P 上是凹的;

$$\forall p \in P, \quad \varphi(p, p) = \min_{z \in \zeta(p)} \langle q, z \rangle \leqslant 0 \quad (\text{弱 Walras 律}).$$

由 Ky Fan 不等式, 存在 $p^* \in P$, 使 $\forall q \in P$, 有

$$\varphi(p^*, q) = \min_{z \in \zeta(p^*)} \langle q, z \rangle \leqslant 0.$$

以下用反证法, 如果 $\forall z \in \zeta(p^*)$, $z \leqslant \mathbf{0}$ 不成立, 即 $\zeta(p^*) \cap \left(-R_+^l\right) = \varnothing$, 由凸集分离定理, 存在 $\bar{q} \in R^l$, $\bar{q} \neq \mathbf{0}$, 使

$$\inf_{z \in \zeta(p^*)} \langle \bar{q}, z \rangle > \sup_{z \in -R_+^l} \langle \bar{q}, z \rangle .$$

由此必有 $\bar{q} \in R_+^l$, 否则必有 $\sup\limits_{z \in -R_+^l} \langle \bar{q}, z \rangle = \infty$, 而由 $\bar{q} \in R_+^l$, 必有 $\sup\limits_{z \in -R_+^l} \langle \bar{q}, z \rangle = 0$. 令 $q' = \dfrac{\bar{q}}{\sum\limits_{i=1}^{l} \bar{q}_i}$, 则 $q' \in P$, $\varphi(p^*, q') = \inf\limits_{z \in \zeta(p^*)} \langle q', z \rangle = \dfrac{1}{\sum\limits_{i=1}^{l} \bar{q}_i} \inf\limits_{z \in \zeta(p^*)} \langle \bar{q}, z \rangle > 0$, 矛盾, 由此必有 $z^* \in \zeta(p^*)$, 使 $z^* \leqslant \mathbf{0}$.

之前我们曾用自由配置均衡价格的存在性定理 (定理 7.1.1) 直接证明了 Brouwer 不动点定理, 在这一节的最后, 我们将用 Gale-Nikaido-Debreu 引理来直接证明 Kakutani 不动点定理.

设 $P = \left\{ p = (p_1, \cdots, p_l) : p_i \geqslant 0, i = 1, \cdots, l, \sum\limits_{i=1}^{l} p_i = 1 \right\}$, 集值映射 $F : P \to P_0(P)$ 满足 $\forall p \in P$, F 在 p 是上半连续的, 且 $F(p)$ 是 P 中的非空闭凸集, 要证明存在 $p^* \in P$, 使 $p^* \in F(p^*)$.

$\forall p \in P$, 定义集值映射 $G : P \to P_0\left(R^l\right)$ 如下:

$$G(p) = \bigcup_{z \in F(p)} \left[z - \frac{\langle p, z \rangle}{\langle p, p \rangle} p \right].$$

(1) 以下证明$G(p)$ 是闭集. $\forall y_m \in G(p)$, $y_m \to y$, 则存在 $z_m \in F(p)$, 使 $y_m = z_m - \dfrac{\langle p, z_m \rangle}{\langle p, p \rangle} p$. 因 $F(p)$ 是有界闭集, 不妨设 $z_m \to z \in F(p)$, 则 $\langle p, z_m \rangle \to \langle p, z \rangle$,

$$y = z - \frac{\langle p, z \rangle}{\langle p, p \rangle} p \in G(p),$$

$G(p)$ 必是闭集.

(2) 以下证明$G(p)$ 是凸集. $\forall y_1, y_2 \in G(p)$, $\forall \lambda \in (0,1)$, 则存在 $z_1, z_2 \in F(p)$, 使 $y_1 = z_1 - \dfrac{\langle p, z_1 \rangle}{\langle p, p \rangle} p$, $y_2 = z_2 - \dfrac{\langle p, z_2 \rangle}{\langle p, p \rangle} p$. 因 $F(p)$ 是凸集, 有 $\lambda z_1 + (1-\lambda) z_2 \in F(p)$, 且

$$\lambda y_1 + (1-\lambda) y_2 = \lambda z_1 + (1-\lambda) z_2 - \frac{\langle p, \lambda z_1 + (1-\lambda) z_2 \rangle}{\langle p, p \rangle} p \in G(p),$$

$G(p)$ 必是凸集.

(3) 以下证明集值映射 G 在 $p \in P$ 是上半连续的. $\forall y \in G(p)$,

$$\|y\| \leqslant \|z\| + \frac{|\langle p, z \rangle|}{\|p\|^2} \|p\|$$

$$\leqslant \|z\| + \frac{\|p\| \|z\|}{\|p\|^2} \|p\|$$
$$= 2\|z\| \leqslant 2M,$$

其中 $M = \sup\limits_{z \in F(p)} \|z\| < \infty$, 这说明 $G(P)$ 是有界的.

由定理 2.2.1, 要证明集值映射 G 在 P 上是上半连续的, 只需要证明集值映射 G 是闭的, 即要证明 $\forall p_m \to p$, $\forall y_m \in G(p_m)$, $y_m \to y$, 则 $y \in G(p)$. 事实上, 由 $y_m \in G(p_m)$, 则存在 $z_m \in F(p_m)$, 使 $y_m = z_m - \dfrac{\langle p_m, z_m \rangle}{\langle p_m, p_m \rangle} p_m$. 因 $z_m \in P$, P 是有界闭集, 不妨设 $z_m \to z \in P$. 因集值映射 F 在 z 是上半连续的, 由引理 2.2.2, 有 $z \in F(p)$,

$$y = z - \frac{\langle p, z \rangle}{\langle p, p \rangle} p \in G(p).$$

$\forall p \in P$, $\forall y \in G(p)$, 易知 $\langle p, y \rangle = 0$.

由 Gale-Nikaido-Debreu 引理, 存在 $p^* \in P$, 存在 $y^* \in G(p^*)$, 而 $y^* \leqslant \mathbf{0}$. 因 $y^* \in G(p^*)$, 存在 $z^* \in F(p^*) \subset P$, 使

$$y^* = z^* - \frac{\langle p^*, z^* \rangle}{\langle p^*, p^* \rangle} p^* \leqslant \mathbf{0}.$$

令 $I(p^*) = \{i : p_i^* > 0\}$, 则 $I(p^*) \neq \varnothing$.

$\forall i \notin I(p^*)$, 由 $0 \leqslant z_i^* \leqslant \dfrac{\langle p^*, z^* \rangle}{\langle p^*, p^* \rangle} p_i^* = 0$, 得 $z_i^* = 0$.

$\forall i \in I(p^*)$, 因 $p_i^* > 0, y_i^* \leqslant 0$, 有 $p_i^* y_i^* \leqslant 0$, 由 $\langle p^*, y^* \rangle = \sum\limits_{i \in I(p^*)} p_i^* y_i^* = 0$, 得 $\forall i \in I(p^*)$, 有

$$p_i^* y_i^* = 0, \quad y_i^* = 0, \quad z_i^* = \frac{\langle p^*, z^* \rangle}{\langle p^*, p^* \rangle} p_i^*.$$

注意到此式对 $i \notin I(p^*)$ 也成立, 对所有 i 求和, 得

$$1 = \sum_{i=1}^{l} z_i^* = \frac{\langle p^*, z^* \rangle}{\langle p^*, p^* \rangle} \sum_{i=1}^{l} p_i^* = \frac{\langle p^*, z^* \rangle}{\langle p^*, p^* \rangle},$$

于是 $\forall i = 1, \cdots, l$, 有 $z_i^* = p_i^*$, $z^* = p^*$, 最后得 $p^* \in F(p^*)$.

7.3 均衡价格的存在性

$\forall l = 1, 2, 3, \cdots$, 价格单纯性 $P = \left\{ p = (p_1, \cdots, p_l) : p_i \geqslant 0, i = 1, \cdots, l, \sum\limits_{i=1}^{l} p_i = 1 \right\}$ 的内部是 $S = \left\{ p = (p_1, \cdots, p_l) : p_i > 0, i = 1, \cdots, l, \sum\limits_{i=1}^{l} p_i = 1 \right\}$, 其边界 $P \backslash S$

满足至少存在一个 i, 使 $p_i = 0$. 当第 i 种商品的价格趋于 0 时, 其需求一定趋于 ∞, 这就是边界条件的实质, 当然其表现形式是多种多样的.

以下均衡价格的存在性定理见文献 [10], [73], [74].

定理 7.3.1　设超需集值映射 $\zeta : S \to P_0(R^l)$ 在 S 上是上半连续的, 且 $\forall p \in S$, $\zeta(p)$ 是 R^l 中的非空有界闭凸集. 弱 Walras 律成立: $\forall p \in S, \forall z \in \zeta(p)$, 有 $\langle p, z\rangle = 0$. 边界条件成立: 对 S 中任意的序列 $\{p_k\}$, $p_k \to P\backslash S$, 对 R' 中任意的序列 $\{z_k\}$, 其中 $z_k \in \zeta(p_k)$, 存在 $\bar{p} \in S$, 使对无限多个 k, 有 $\langle \bar{p}, z_k\rangle > 0$. 则均衡价格必存在, 即存在 $p^* \in S$, 使 $\mathbf{0} \in \zeta(p^*)$.

证明　$\forall k = 1, 2, 3, \cdots$, 定义 $C_k = \mathrm{co}\left\{p \in S : d(p, P\backslash S) \geqslant \dfrac{1}{k}\right\}$, 则存在正整数 k_0, 使 $\forall k \geqslant k_0$, 有 $C_k \neq \varnothing$, 易知 C_k 是 S 中的有界闭凸集, 且 $C_{k_0} \subset C_{k_0+1} \subset C_{k_0+2} \subset \cdots$, $S = \bigcup\limits_{k=k_0}^{\infty} C_k$.

由引理 7.2.1, $\forall k \geqslant k_0$, 存在 $p_k \in C_k$, $z_k \in \zeta(p_k)$, 使 $\forall p \in C_k$, 有 $\langle p, z_k\rangle \leqslant 0$. 由 $\{p_k\} \subset P$, 而 P 是 R^l 中的有界闭集, 不妨设 $p_k \to p^* \in P$.

如果 $p^* \in P\backslash S$, 由边界条件, 存在 $\bar{p} \in S$, 并存在无限多个 z_k, 使 $\langle \bar{p}, z_k\rangle > 0$. 因 $S = \bigcup\limits_{k=k_0}^{\infty} C_k$, 存在正整数 $k_1 \geqslant k_0$, 使 $\bar{p} \in C_{k_1}$, 于是 $\forall k \geqslant k_1$, 有 $\bar{p} \in C_k$, $\langle \bar{p}, z_k\rangle \leqslant 0$, 这与存在无限多个 z_k, 使 $\langle \bar{p}, z_k\rangle > 0$ 矛盾.

这样, $p^* \in S$. 因集值映射 ζ 在 p^* 上半连续, $p_k \to p^*$, 且 $\zeta(p^*)$ 是 R^l 中的有界闭集, 由定理 2.2.4, $\{z_k\}$ 必有子序列, 不妨设为 $\{z_k\}$, 使 $z_k \to z^* \in \zeta(p^*)$. $\forall p \in S$, 存在正整数 $k_2 \geqslant k_0$, 使 $\forall k \geqslant k_2$, 有 $p \in C_k$, 故 $\langle p, z_k\rangle \leqslant 0$. 令 $k \to \infty$, 得 $\langle p, z^*\rangle \leqslant 0$.

记 $z^* = (z_1^*, \cdots, z_l^*)$, 如果存在某 i, 使 $z_i^* > 0$, 选取 $1 > a > 0$ 且充分接近 1, 使

$$\frac{1-a}{l-1}\sum_{j\neq i} z_j^* + a z_i^* > 0.$$

令 $\bar{p}_i = a$, $\bar{p}_j = \dfrac{1-a}{l-1}(j \neq i)$, 则 $\bar{p} = (\bar{p}_1, \cdots, \bar{p}_l) \in S$, 但 $\langle \bar{p}, z^*\rangle = a z_i^* + \dfrac{1-a}{l-1}\sum\limits_{j\neq i} z_j^* > 0$, 矛盾. 因此 $z_i^* \leqslant 0$, $i = 1, \cdots, l$. 因 $p^* \in S$, $p_i^* > 0$, 故 $p_i^* z_i^* \leqslant 0$, $i = 1, \cdots, l$. 由 $\langle p^*, z^*\rangle = \sum\limits_{i=1}^{l} p_i^* z_i^* = 0$, 得 $p_i^* z_i^* = 0$, 再由 $p_i^* > 0$, 得 $z_i^* = 0$, $i = 1, \cdots, l$, $z^* = \mathbf{0}$, $\mathbf{0} \in \zeta(p^*)$.

由定理 7.3.1 即推得以下定理 7.3.2.

定理 7.3.2　设超需映射 $f : S \to R^l$ 在 S 上是连续的, Walras 律成立: $\forall p \in S$, 有 $\langle p, f(p)\rangle = 0$. 边界条件成立: 对 S 中任意的序列 $\{p_k\}$, $p_k \to P\backslash S$, 存在 $\bar{p} \in S$, 使对无限多个 k, 有 $\langle \bar{p}, f(p_k)\rangle > 0$. 则存在 $p^* \in S$, 使 $f(p^*) = \mathbf{0}$.

证明 注意到将超需映射 $f: S \to R^l$ 作为集值映射, 因 f 在 S 上连续, 则其在 S 上必是上半连续的, 于是结论由定理 7.3.1 即推得.

以下再来简单介绍 Arrow-Debreu 模型, 见文献 [10] 和 [63].

设市场上有 l 种商品、m 个消费者和 n 个生产者.

$\forall i=1,\cdots,m, X_i$ 是消费者 i 的消费集, 它是 R^l 的一个子集, 消费者的行为准则是由定义在 X_i 上的偏序关系 $\preceq_i$ 来决定的, 他将在支付能力允许的条件下, 选取偏好最优的消费 (在一定假设条件下, $\forall i=1,\cdots,l$, 这种偏序关系可以用效用函数来表示, 即 $\forall x_i, x_i' \in X_i$, $x_i \preceq_i x_i'$ 当且仅当 $u_i(x_i) \leqslant u_i(x_i')$).

消费者 i 的支付能力由两部分组成: 一部分是他掌握的商品的价值, 设他对商品的初始持有为 $e_i \in R^l$; 另一部分是生产者分给他的利润, 设生产者 j 分给消费者 i 的利润份额为 θ_{ij}, 这里 $\theta_{ij} \geqslant 0$, $\sum\limits_{i=1}^{m} \theta_{ij}=1$, $i=1,\cdots,m$, $j=1,\cdots,n$. 设生产者 j 的利润为 r_j, 价格体系 $p \in P$, 则消费者 i 的消费 $x_i \in X_i$ 必须满足预算约束

$$\langle p, x_i\rangle \leqslant \langle p, e_i\rangle + \sum_{j=1}^{n} \theta_{ij} r_j, \quad i=1,\cdots,m.$$

$\forall j=1,\cdots,n, Y_j$ 是生产者 j 的生产集, 它是 R^l 的一个子集, 生产者 j 的行为准则是使其利润为最大.

$\left\{x_i^* \in X_i, i=1,\cdots,m; y_j^* \in Y_j, j=1,\cdots,n; p^* \in P\right\}$ 称为经济 E 的均衡, 如果

(1) $\forall i=1,\cdots,m$, $\forall x_i \in X_i$, 由

$$\langle p^*, x_i\rangle \leqslant \langle p^*, e_i\rangle + \sum_{j=1}^{n} \theta_{ij} \left\langle p^*, y_j^*\right\rangle$$

可推出 $x_i \preceq_i x_i^*$.

(2) $\forall j=1,\cdots,n$, $\left\langle p^*, y_j^*\right\rangle = \max\limits_{y_j \in Y_j} \langle p^*, y_j\rangle$.

(3) $\sum\limits_{i=1}^{m} x_i^* - \sum\limits_{j=1}^{n} y_j^* - \sum\limits_{i=1}^{m} e_i = \mathbf{0}$.

以上 (1)(2)(3) 的经济意义是非常清楚的.

(1) 说明 x_i^* 是消费者 i 满足预算约束的最优消费, $i=1,\cdots,m$.

(2) 说明 y_j^* 是生产者 j 使其利润最大的生产, $j=1,\cdots,n$.

(3) 说明供需达到平衡, 市场出清.

$\forall p \in P, \forall j=1,\cdots,n$, 设 $y_j(p)$ 为生产者 j 利润最大的集合; 记 $\pi_j(p) = \max\limits_{y_j \in Y_j} \langle p, y_j\rangle$; $\forall i=1,\cdots,m$, 设 $\xi_i'(p)$ 是消费者 i 在他的预算集 $\beta_i'(p) = \Big\{x \in X_i: \langle p, x\rangle \leqslant \langle p, e_i\rangle + \sum\limits_{j=1}^{n} \theta_{ij} \pi_j(p)\Big\}$ 中最优消费的集合.

记超需集值映射

$$\zeta(p)=\sum_{i=1}^{m}\xi_i'(p)-\sum_{j=1}^{n}y_j(p)-\sum_{i=1}^{m}e_i.$$

在一定假设条件下, 可以证明: $\forall i=1,\cdots,m$, 集值映射 $\xi_i':P\to P_0(R^l)$ 在 P 上是上半连续的, 且 $\forall p\in P$, $\xi_i'(p)$ 是非空有界闭凸集; $\forall j=1,\cdots,n$, 集值映射 $y_j:P\to P_0(R^l)$ 在 P 上是上半连续的, 且 $\forall p\in P$, $y_j(p)$ 是非空有界闭凸集.

这样, 集值映射 $\zeta:P\to P_0(R^l)$ 在 P 上必是上半连续的, 且 $\forall p\in P$, $\zeta(p)$ 必是 R^l 中的非空有界闭凸集.

$\forall p\in P$, $\forall z\in\zeta(p)$, 则存在 $x_i\in\xi_i'(p), i=1,\cdots,m$, 存在 $y_j\in y_j(p), j=1,\cdots,n$, 使 $z=\sum\limits_{i=1}^{m}x_i-\sum\limits_{j=1}^{n}y_j-\sum\limits_{i=1}^{m}e_i$, 且 $\forall i=1,\cdots,m$, 有

$$\langle p,x_i\rangle\leqslant\langle p,e_i\rangle+\sum_{j=1}^{n}\theta_{ij}\langle p,y_j\rangle.$$

注意到 $\forall j=1,\cdots,n$, $\sum\limits_{i=1}^{m}\theta_{ij}=1$,

$$\begin{aligned}\langle p,z\rangle&=\left\langle p,\sum_{i=1}^{m}x_i-\sum_{j=1}^{n}y_j-\sum_{i=1}^{m}e_i\right\rangle\\&=\sum_{i=1}^{m}\langle p,x_i\rangle-\sum_{j=1}^{n}\langle p,y_j\rangle-\sum_{i=1}^{m}\langle p,e_i\rangle\\&\leqslant\sum_{i=1}^{m}\langle p,e_i\rangle+\sum_{i=1}^{m}\sum_{j=1}^{n}\theta_{ij}\langle p,y_j\rangle-\sum_{j=1}^{n}\langle p,y_j\rangle-\sum_{i=1}^{m}\langle p,e_i\rangle\\&=\sum_{j=1}^{n}\sum_{i=1}^{m}\theta_{ij}\langle p,y_j\rangle-\sum_{j=1}^{n}\langle p,y_j\rangle=0,\end{aligned}$$

这表明弱 Walras 律成立, 由定理 7.2.1, 存在 $p^*\in P$, 存在 $z^*\in\zeta(p^*)$, 而 $z^*\leqslant\mathbf{0}$. 又可以在一定假设条件下证明边界条件成立, 于是由定理 7.3.1, 存在 $p^*\in S\subset P$, 使 $\mathbf{0}\in\zeta(p^*)$.

因 $\mathbf{0}\in\zeta(p^*)$, 则存在 $x_i^*\in\xi_i'(p^*)$, $i=1,\cdots,m$, 存在 $y_j^*\in y_j(p^*)$, $j=1,\cdots,n$, 使

$$\sum_{i=1}^{m}x_i^*-\sum_{j=1}^{n}y_j^*-\sum_{i=1}^{m}e_i=\mathbf{0}.$$

因 $x_i^*\in\xi_i'(p^*)$, x_i^* 就是消费者 i 满足预算约束的最优消费, $i=1,\cdots,m$.

因 $y_j^*\in y_j(p^*)$, y_j^* 就是生产者 j 使其利润最大的生产, $j=1,\cdots,n$.

7.4 Gale-Nikaido-Debreu 引理的一些推广

因为 Gale-Nikaido-Debreu 引理是一个深刻的结果, 并且在数理经济学中有重要的应用, 因此就有种种推广, 以下一些结果见文献 [75].

首先介绍 R^l 中凸锥及其极锥的概念, 这里的符号与之前有所不同.

$P \subset R^l$, 如果 P 是闭凸集, 且 $\forall p \in P$, $\forall \lambda \geqslant 0$, 有 $\lambda p \in P$, 则称 P 是 R^l 中顶点为 $\mathbf{0}$ 的闭凸锥.

P 的极锥 $P^0 = \{z \in R^l : \langle p, z\rangle \leqslant 0, \forall p \in P\}$, 易知它是 R^l 中的闭凸集.

定理 7.4.1 设 P 是 R^l 中顶点为 $\mathbf{0}$ 的闭凸锥, $B = \{p \in R^l : \|p\| \leqslant 1\}$, $S = \{p \in R^l : \|p\| = 1\}$, 集值映射 $\zeta : B \cap P \to P_0(R^l)$ 是上半连续的, 且 $\forall p \in B \cap P$, $\zeta(p)$ 是非空有界闭凸集, 又 $\forall p \in S \cap P$, 存在 $z \in \zeta(p)$, 使 $\langle p, z\rangle \leqslant 0$. 则存在 $p^* \in B \cap P$, 使 $\zeta(p^*) \cap P^0 \neq \varnothing$.

证明 用反证法, 如果结论不成立, 则 $\forall p \in B \cap P$, 有 $\zeta(p) \cap P^0 = \varnothing$. 因 $\zeta(p)$ 和 P^0 都是 R^l 中的闭凸集, 且 $\zeta(p)$ 是有界的, 由凸集分离定理, 存在 $q \in B$ 和 $\alpha \in R$, 使

$$\sup_{z \in P^0} \langle q, z\rangle \leqslant \alpha < \inf_{z \in \zeta(p)} \langle q, z\rangle .$$

如果存在 $z_1 \in P^0$, 使 $\langle q, z_1\rangle > 0$, 因 P^0 是锥, $\forall \lambda \geqslant 0$, 有 $\lambda z_1 \in P$. 此时 $\langle q, \lambda z_1\rangle \to \infty$ $(\lambda \to \infty)$, 矛盾, 故 $\forall z \in P^0$, 有 $\langle q, z\rangle \leqslant 0, q \in (P^0)^0 = P^0$. 又因 $\mathbf{0} \in P^0$, 故 $\sup\limits_{z \in P^0} \langle q, z\rangle = 0$, 从而有 $\alpha \geqslant 0$.

因集值映射 ζ 是上半连续的, 且 $\zeta(p)$ 是非空有界闭集, 故 $p \to \inf\limits_{z \in \zeta(p)} \langle q, z\rangle$ 是下半连续的, 且 $V(q) = \left\{p \in B \cap P : \inf\limits_{z \in \zeta(p)} \langle q, z\rangle > 0\right\}$ 是开集.

因 $B \cap P = \bigcup\limits_{q \in B \cap P} V(q)$, 而 $B \cap P$ 是有界闭集, 由有限开覆盖定理, 存在 $\{q_1, \cdots, q_n\} \subset B \cap P$, 使 $B \cap P = \bigcup\limits_{i=1}^{n} V(q_i)$.

设 $\{\beta_i : i = 1, \cdots, n\}$ 是从属于以上开覆盖的连续单位分划. $\forall p \in B \cap P$, 定义

$$f(p) = \sum_{i=1}^{n} \beta_i(p) q_i.$$

因 $q_i \in B \cap P$, $i = 1, \cdots, n$, 而 $B \cap P$ 是凸集, 故 $f(p) \in B \cap P$, 且 f 是连续的. 令 $I(p) = \{i : \beta_i(p) > 0\}$, 则 $I(p) \neq \varnothing$. $\forall z \in \zeta(p)$, $\forall i \in I(p)$, 因 $\beta_i(p) > 0$, 则 $p \in V(q_i)$, $\langle q_i, z\rangle > 0$, $\langle f(p), z\rangle > 0$, 从而必有 $f(p) \neq \mathbf{0}$. $\forall p \in B \cap P$, 定义

$$g(p) = \frac{f(p)}{\|f(p)\|} \in S \cap P \subset B \cap P.$$

显然 g 连续, 由 Brouwer 不动点定理, 存在 $\bar{p} \in B \cap P$, 使

$$\bar{p} = g(\bar{p}) \in S \cap P.$$

因 $I(\bar{p}) \neq \varnothing$, $\forall i \in I(\bar{p})$, $\beta_i(\bar{p}) > 0$, $\inf\limits_{z \in \zeta(\bar{p})} \langle q_i, z \rangle > 0$, 则

$$\begin{aligned}
\inf_{z \in \zeta(\bar{p})} \langle \bar{p}, z \rangle &= \inf_{z \in \zeta(\bar{p})} \langle g(\bar{p}), z \rangle = \frac{1}{\|f(\bar{p})\|} \inf_{z \in \zeta(\bar{p})} \langle f(\bar{p}), z \rangle \\
&= \frac{1}{\|f(\bar{p})\|} \inf_{z \in \zeta(\bar{p})} \sum_{i \in I(\bar{p})} \beta_i(\bar{p}) \langle q_i, z \rangle \\
&\geqslant \frac{1}{\|f(\bar{p})\|} \sum_{i \in I(\bar{p})} \beta_i(\bar{p}) \inf_{z \in \zeta(\bar{p})} \langle q_i, z \rangle > 0.
\end{aligned}$$

因 $\bar{p} \in S \cap P$, 存在 $z \in \zeta(\bar{p})$, 使 $\langle \bar{p}, z \rangle \leqslant 0$, 与 $\inf\limits_{z \in \zeta(\bar{p})} \langle \bar{p}, z \rangle > 0$ 矛盾.

定理 7.4.2 设集值映射 $\zeta : B \cap R^l_+ \to P_0(R^l)$ 是上半连续的, $\forall p \in S \cap R^l_+$, 存在 $z \in \zeta(p)$, 使 $\langle p, z \rangle \leqslant 0$. 则存在 $p^* \in B \cap R^l_+$, 使 $\zeta(p^*) \cap (-R^l_+) \neq \varnothing$.

证明 在定理 7.4.1 中令 $P = R^l_+$, 这是 R^l 中顶点为 $\mathbf{0}$ 的闭凸锥, 此时极锥 $P^0 = -R^l_+$, 于是由定理 7.4.1 即推得定理 7.4.2 成立. 注意到因 $\zeta(p^*) \cap (-R^l_+) \neq \varnothing$, 取 $z^* \in \zeta(p^*) \cap (-R^l_+)$, 则 $z^* \in \zeta(p^*)$, 且 $z^* \leqslant \mathbf{0}$.

定理 7.4.3 设集值映射 $\zeta : B \to P_0(R^l)$ 是上半连续的, $\forall p \in S$, $\zeta(p)$ 是非空有界闭凸集, 且满足 $\forall p \in S$, 存在 $z \in \zeta(p)$, 使 $\langle p, z \rangle \leqslant 0$, 则存在 $p^* \in B$, 使 $\mathbf{0} \in \zeta(p^*)$.

证明 在定理 7.4.1 中令 $P = R^l$, 这是 R^l 中顶点为 $\mathbf{0}$ 的闭凸锥, 此时极锥 $P^0 = \{0\}$, 于是由定理 7.4.1 即推得定理 7.4.3 成立.

注 7.4.1 定理 7.4.1 中假设条件 $\forall p \in S$, $\zeta(p)$ 是非空有界闭凸集可以减弱为 $\forall p \in S$, $\zeta(p)$ 是非空闭凸集, 证明如下:

用反证法. 如果结论不成立, 则 $\forall p \in B$, $\mathbf{0} \notin \zeta(p)$. 由凸集分离定理, 存在 $q \in R^l$, 使 $\inf\limits_{z \in \zeta(p)} \langle q, z \rangle > 0$. 因 $q \neq \mathbf{0}$, 不妨设 $q \in B$.

$\forall q \in B$, 令 $V(q) = \left\{ p \in B : \inf\limits_{z \in \zeta(p)} \langle q, z \rangle > 0 \right\}$, 以下来证明 $V(q)$ 是开集, 这只需证明 $p \to \inf\limits_{z \in \zeta(p)} \langle q, z \rangle$ 是下半连续的. $\forall p \in B, \forall \varepsilon > 0, \forall z \in \zeta(p)$, 存在 z 的开邻域 $O(z)$, 使 $\forall z' \in O(z)$, 有 $\langle q, z' \rangle > \langle q, z \rangle - \varepsilon$. 令 $O = \bigcup\limits_{z \in \zeta(p)} O(z)$, 这是包含 $\zeta(p)$ 的开集, 因集值映射 ζ 在 p 是上半连续的, 存在 p 在 B 中的开邻域 $U(p)$, 使 $\forall p' \in U(p)$, 有 $O \supset \zeta(p')$, $\forall z' \in \zeta(p')$, 则存在 $z \in \zeta(p)$, 使 $z' \in O(z)$, 此时 $\langle q, z' \rangle > \langle q, z \rangle - \varepsilon$, 从而有 $\inf\limits_{z \in \zeta(p')} \langle q, z' \rangle \geqslant \inf\limits_{z \in \zeta(p)} \langle q, z \rangle - \varepsilon$, $p \to \inf\limits_{z \in \zeta(p)} \langle q, z \rangle$ 必是下半连续的.

以下可沿用定理 7.4.1 的证明, 因 $B = \bigcup\limits_{q\in B} V(q)$, 而 B 是有界闭集, 存在 $q_1,\cdots,q_n \in B$, 使 $B = \bigcup\limits_{i=1}^{n} V(q_i)$, 等等, 必引出矛盾.

注 7.4.2 由定理 7.4.3 可以简单地推得 Kakutani 不动点定理. 7.2 节中曾经指出这只需要对 R^l 中一类有界闭凸集 $B = \{p \in R^l : \|p\| \leqslant 1\}$, $l = 1,2,3,\cdots$ 来证明 Kakutani 不动点定理就够了.

设集值映射 $\varphi : B \to P_0(B)$ 是上半连续的, 且 $\forall p \in B$, $\varphi(p)$ 是 B 中的非空有界闭凸集, 要证明存在 $p^* \in B$, 使 $p^* \in \varphi(p^*)$.

$\forall p \in B$, 定义集值映射 $\zeta(p) = \varphi(p) - p$, 易知 $\zeta(p)$ 必是 R^l 中的非空有界闭凸集, 且集值映射 ζ 是上半连续的.

$\forall p \in S = \{p \in R^l : \|p\| = 1\}$, $\forall z \in \zeta(p)$, 则 $z = y - p$, 其中 $y \in \varphi(p) \subset B$. 由 Cauchy 不等式,

$$\begin{aligned}\langle p, z\rangle &= \langle p, y\rangle - \|p\|^2 = \langle p, y\rangle - 1 \\ &\leqslant \|p\|\,\|y\| - 1 = \|y\| - 1 \leqslant 0.\end{aligned}$$

由定理 7.4.3, 存在 $p^* \in B$, 使 $\mathbf{0} \in \zeta(p^*) = \varphi(p^*) - p^*$, 即 $p^* \in \varphi(p^*)$.

7.5 福利经济学第一定理

经济是否有效率, 要看在这个经济中资源是否得到了有效利用, 而资源配置是否有效率则由 Pareto 准则决定: 无论是消费者或生产者, 谁都不能在不损害别人利益的基础上而使自己获得更大的利益.

可以证明 Arrow-Debreu 模型的均衡状态是 Pareto 最优的, 它实现了资源的有效配置. 这一结果称为福利经济学第一定理.

证明 用反证法. 设 $(x_1^*,\cdots,x_m^*;y_1^*,\cdots,y_n^*)$ 不是 Pareto 有效的, 则存在可行配置 $(x_1',\cdots,x_m';y_1',\cdots,y_n')$, 使其中至少一个成员能在不损害别人利益的基础上使自己获得更大的利益.

$\forall j = 1,\cdots,n$, 因 $\langle p^*, y_j^*\rangle = \max\limits_{y_j\in Y_j} \langle p^*, y_j\rangle$, 故 $\langle p^*, y_j^*\rangle = \langle p^*, y_j'\rangle$.

$\forall i = 1,\cdots,m$, 有 $x_i' \succeq_i x_i^*$, 且存在某 k, 使 $x_k' \succ_k x_k^*$. 因

$$\begin{aligned}\langle p^*, x_k'\rangle &\leqslant \langle p^*, e_k\rangle + \sum_{j=1}^{n} \theta_{kj}\langle p^*, y_j'\rangle \\ &= \langle p^*, e_k\rangle + \sum_{j=1}^{n} \theta_{kj}\langle p^*, y_j^*\rangle,\end{aligned}$$

必有 $x'_k \preceq_k x^*_k$, 矛盾.

福利经济学第一定理是一个非常重要的结论, 它是 Adam Smith“看不见的手促进了社会利益”这一经济学原理的数学表述, 也是使“市场在资源配置中起决定性作用”这一重大决策的理论根据. 当然, 世界是复杂的, 是非线性的, 信息是不完全的, 是非对称的, 决策者是不完美的, 他们有时会过分自信, 是不那么理性的, 市场也可能出错, 也可能失灵, 适当的政府干预是必要的, 也是正当的, 因此, “要更好发挥政府作用”这一重大决策是完全正确的.

1984 年, 著名数学家 Smale(1966 年 Fields 奖获得者, 对数理经济学也有重要贡献) 曾在一篇短文[76] 中评价 Arrow-Debreu 的一般经济均衡理论:

“这并不意味着均衡理论就是社会的模式. 首先, 它假设没有垄断, 但是在一个分散化的经济系统中, 垄断总是要产生的. 其次还有不公平. Arrow 和 Debreu 证明了, 当处于均衡位置时, 没有人可以不损害别人而使自己更加受益. 然而, 理论本身并未排除产品的不公平分配. 因此, 政府对分散化的价格体系的有力调控, 仍然需要.”

“特别重要的是, 在 Arrow-Debreu 的理论中, 时间的进程没有得到充分的考虑 …… 再一个有关的弱点是, 他们的模式对经济主体人的行为理性化提出了不切实际的要求. 要知道, 即使配备了最新式的计算机, 消费者和生产者也不可能作出该模式所要求的高度理性的决策.”

“尽管后面还有许多诱人的挑战, 现在毕竟有了一个良好的框架, 这就是两个世纪以来经济学家们奠定下来的基础 ……”

这一评价是非常到位, 非常深刻的. 尽管一般经济均衡理论过于理想, 存在种种弱点, 经历种种挑战, 但是这一框架依旧巍然屹立, 至少还要再延续很长很长的一段时间.

第 8 讲　Nash 平衡点存在性定理的一些应用

这一讲将给出 Nash 平衡点存在性定理的一些应用, 我们将用 Nash 平衡点的存在性定理直接证明 Brouwer 不动点定理、Walras 平衡点的存在性定理、变分不等式解的存在性定理、KKM 引理、Kakutani 不动点定理、Gale-Nikaido-Debreu 引理、广义变分不等式解的存在性定理和 von Neumann 引理, 见文献 [77]~[79].

以下定理 A 即为第 5 讲中的定理 5.1.2.

定理 A　设 $N=\{1,\cdots,n\}$ 是局中人的集合, $\forall i\in N$, X_i 是局中人 i 的策略集, 它是 R^{n_i} 中的非空有界闭凸集, $X=\prod\limits_{i=1}^{n}X_i$, $f_i:X\to R$ 是局中人 i 的支付函数, 它连续且 $\forall x_{\hat{i}}\in X_{\hat{i}}$, $u_i\to f_i\left(u_i,x_{\hat{i}}\right)$ 在 X_i 上是拟凹的. 则此 n 人非合作博弈的 Nash 平衡点必存在, 即存在 $x^*=\left(x_1^*,\cdots,x_n^*\right)\in X$, 使 $\forall i\in N$, 有

$$f_i\left(x_i^*,x_{\hat{i}}^*\right)=\max_{u_i\in X_i}f_i\left(u_i,x_{\hat{i}}^*\right).$$

此外, 我们还需要以下 Berge 极大值定理的逆定理, 见文献 [1], [80], [81].

定理 B　设 X 和 Y 分别是 R^m 和 R^n 中的非空凸集, 集值映射 $F:X\to P_0(Y)$ 在 X 上是上半连续的, 且 $\forall x\in X$, $F(x)$ 是 Y 中的非空有界闭凸集, 则存在连续函数 $f:X\times Y\to R$, 使 $\forall x\in X$, $y\to f(x,y)$ 在 Y 上是拟凹的, 且

$$F(x)=\left\{y\in Y:f(x,y)=\max_{y'\in Y}f\left(x,y'\right)\right\}.$$

8.1　Nash 平衡点的存在性定理与不动点定理

8.1.1　定理 A $\Rightarrow$Brouwer 不动点定理

设 X 是 R^n 中的非空有界闭凸集, $\varphi:X\to X$ 连续, $\forall x\in X,\forall y\in X$, 定义

$$f(x,y)=-\|x-y\|,$$

$$g(x,y)=-\|y-\varphi(x)\|.$$

显然, $f,g:X\times X\to R$ 连续, 且

$$\forall y\in X,x\to f(x,y)\text{在}X\text{上是凹的},$$

$$\forall x\in X,y\to g(x,y)\text{在}X\text{上是凹的}.$$

由定理 A, 存在 $x^* \in X$(注意到 $\varphi(x^*) \in X$), 存在 $y^* \in Y$, 使

$$-\|x^* - y^*\| = \max_{x \in X} [-\|x - y^*\|] = -\min_{x \in X} \|x - y^*\| = 0,$$
$$-\|y^* - \varphi(x^*)\| = \max_{y \in X} [-\|y - \varphi(x^*)\|] = -\min_{y \in X} \|y - \varphi(x^*)\| = 0.$$

这样, $x^* = y^*$, $y^* = \varphi(x^*)$, 最后有 $\varphi(x^*) = x^*$, Brouwer 不动点定理成立.

注 8.1.1 以上结果表明 Nash 平衡点的存在性定理是一个非常深刻的结果, 因为它与著名的 Brouwer 不动点定理是等价的.

8.1.2 定理 A⇒Kakutani 不动点定理

设 X 是 R^n 中的非空有界闭凸集, $F: X \to P_0(X)$ 在 X 上是上半连续的, 且 $\forall x \in X$, $F(x)$ 是 X 中的非空有界闭凸集, 则存在 $x^* \in X$, 使 $x^* \in F(x^*)$.

证明 定义 $f_1, f_2: X \times X \to R$ 如下: $\forall x \in X$, $\forall y \in X$,

$$f_1(x, y) = -\|x - y\|.$$

由定理 B, 存在 $f_2: X \times X \to R$ 连续, $\forall x \in X$, $y \to f_2(x, y)$ 在 X 上是拟凹的, 且

$$F(x) = \left\{ y \in X : f_2(x, y) = \max_{y' \in X} f_2(x, y') \right\}.$$

由定理 A, 存在 $x^* \in X$, $y^* \in X$, 使

$$f_1(x^*, y^*) = -\|x^* - y^*\| = \max_{x \in X} [-\|x - y^*\|] = -\min_{x \in X} \|x - y^*\| = 0,$$
$$f_2(x^*, y^*) = \max_{y \in X} f(x^*, y).$$

这样, $x^* = y^*$, $y^* \in F(x^*)$, 从而有 $x^* \in F(x^*)$.

注 8.1.2 本来以为这两个结果的证明会相当困难, 试过几次竟发现是出人意料的简单, 这种方法还可以有不少应用, 见以下两节.

8.2 Nash 平衡点的存在性定理与数理经济学中平衡点的存在性定理

8.2.1 定理 A⇒Walras 平衡点的存在性定理

设 $\varphi: P \to R^l$ 连续, 且满足弱 Walras 律, 即 $\forall p \in P$, $\langle p, \varphi(p) \rangle \leqslant 0$. 则存在 $p^* \in P$, 使 $\varphi(p^*) \leqslant \mathbf{0}$. 这就是自由配置平衡价格的存在性定理.

$\forall p \in P$, $\forall q \in P$, 定义

$$f(p, q) = -\|p - q\|,$$

$$g(p,q)=\langle q,\varphi(p)\rangle.$$

容易验证: $f,g:P\times P\to R$ 连续, $\forall q\in P$, $p\to f(p,q)$ 在 P 上是凹的, $\forall p\in P$, $q\to g(p,q)$ 在 P 上是凹的.

由定理 A, 存在 $p^*\in P$, 存在 $q^*\in P$, 使

$$-\|p^*-q^*\|=\max_{p\in P}[-\|p-q^*\|]=-\min_{p\in P}\|p-q^*\|,$$

$$\langle q^*,\varphi(p^*)\rangle=\max_{q\in P}\langle q,\varphi(p^*)\rangle.$$

将 $p^*=q^*$ 代入上式, 因弱 Walras 律成立, 得

$$\max_{q\in P}\langle q,\varphi(p^*)\rangle=\langle p^*,\varphi(p^*)\rangle\leqslant 0,$$

从而 $\forall q\in P$, 有

$$\langle q,\varphi(p^*)\rangle\leqslant 0.$$

记 $\varphi(p^*)=(\varphi_1(p^*),\cdots,\varphi_l(p^*))\in R^l$, 如果存在 i_0, 使 $\varphi_{i_0}(p^*)>0$, 则令 $\bar q=(\bar q_1,\cdots,\bar q_l)$, 其中 $\bar q_{i_0}=1$, $\bar q_i=0(i\neq i_0)$, 则 $\bar q\in P$, 而 $\langle\bar q,\varphi(p^*)\rangle=\varphi_{i_0}(p^*)>0$, 矛盾, 故 $\varphi(p^*)\leqslant\mathbf{0}$.

8.2.2 定理 A⇒Gale-Nikaido-Debreu 引理

设 $P=\left\{p=(p_1,\cdots,p_l):p_i\geqslant 0,i=1,\cdots,l,\sum\limits_{i=1}^{l}p_i=1\right\}$, 集值超需映射 $\zeta:P\to P_0(R^l)$ 是上半连续的, $\forall p\in P$, $\zeta(p)$ 是 R^l 中的非空有界闭凸集, 且满足弱 Walras 律: $\forall p\in P$, $\forall z\in\zeta(p)$, 有 $\langle p,z\rangle\leqslant 0$. 则存在 $p^*\in P$, $z^*\in\zeta(p^*)$, 使 $z^*\leqslant\mathbf{0}$.

证明 首先, 令 $Z=\mathrm{co}\zeta(P)$, 则 Z 必是 R^l 中的有界闭凸集.

定义 $f_1:P\times Z\to R$ 如下: $\forall p\in P$, $\forall z\in Z$,

$$f_1(p,z)=\langle p,z\rangle.$$

由定理 B, 存在 $f_2:P\times Z\to R$ 连续, $\forall p\in P$, $z\to f_2(p,z)$ 在 Z 上是拟凹的, 且

$$\zeta(p)=\left\{z\in Z:f_2(p,z)=\max_{z'\in Z}f_2(p,z')\right\}.$$

由定理 A, 存在 $p^*\in P$, $z^*\in Z$, 使

$$f_1(p^*,z^*)=\langle p^*,z^*\rangle=\max_{p\in P}\langle p,z^*\rangle,$$

$$f_2(p^*,z^*)=\max_{z\in Z}f_2(p^*,z).$$

这样, $z^*\in\zeta(p^*)$, $\max\limits_{p\in P}\langle p,z^*\rangle=\langle p^*,z^*\rangle\leqslant 0$, 故 $\forall p\in P$, 有 $\langle p,z^*\rangle\leqslant 0$, 同定理 7.3.1 中的证明, 必有 $z^*\leqslant\mathbf{0}$.

8.3　Nash 平衡点的存在性定理与其他一些存在性定理

8.3.1　定理 A⇒ 变分不等式解的存在性定理

设 X 是 R^n 中的非空有界闭凸集, $\varphi: X \to X$ 连续, 则存在 $x^* \in X$, 使 $\forall y \in X$, 有 $\langle \varphi(x^*), y - x^* \rangle \geqslant 0$.

证明　$\forall x \in X, \forall y \in X$, 定义

$$f(x,y) = -\|x-y\|,$$

$$g(x,y) = \langle \varphi(x), x-y \rangle.$$

容易验证: $f, g: X \times X \to R$ 连续, $\forall y \in X$, $x \to f(x,y)$ 在 X 上是凹的, $\forall x \in X$, $y \to g(x,y)$ 在 X 上是凹的.

由定理 A, 存在 $x^* \in X$, 存在 $y^* \in Y$, 使

$$-\|x^* - y^*\| = \max_{x \in X}[-\|x - y^*\|] = -\min_{x \in X}\|x - y^*\| = 0,$$

$$\langle \varphi(x^*), x^* - y^* \rangle = \max_{y \in X}\langle \varphi(x^*), x^* - y \rangle.$$

将 $x^* = y^*$ 代入上式, 得

$$\max_{y \in X}\langle \varphi(x^*), x^* - y \rangle = 0,$$

于是 $\forall y \in X$, 有

$$\langle \varphi(x^*), x^* - y \rangle \leqslant 0,$$

最后得 $\forall y \in X$, 有

$$\langle \varphi(x^*), y - x^* \rangle \geqslant 0.$$

8.3.2　定理 A⇒ 广义变分不等式解的存在性定理

设 X 是 R^n 中的非空有界闭凸集, $F: X \to P_0(R^n)$ 上半连续, 且 $\forall x \in X$, $F(x)$ 是 R^n 中的非空有界闭凸集. 则广义变分不等式的解必存在, 即存在 $x^* \in X$, $u^* \in F(x^*)$, 使 $\forall y \in X$, 有 $\langle u^*, y - x^* \rangle \geqslant 0$.

证明　令 $U = \mathrm{co}F(X)$, 则 U 是 R^n 中的非空有界闭凸集. 由定理 B, 存在 $f_1: X \times U \to R$ 连续, $\forall x \in X$, $u \to f_1(x,u)$ 是拟凹的, 且

$$F(x) = \left\{ u \in U : f_1(x,u) = \max_{u' \in U} f_1(x,u') \right\}.$$

$\forall x \in X, \forall y \in X$, 定义

$$f_2(x,y) = -\|x-y\|.$$

$\forall x \in X, \forall y \in X, \forall u \in U$, 定义

$$f_3(x,y,u) = \langle u, x-y \rangle .$$

由定理 A, 存在 $u^* \in U$, $x^* \in X$, $y^* \in X$, 使

$$f_1(x^*,u^*) = \max_{u\in U} f_1(x^*,u),$$

$$f_2(x^*,y^*) = -\|x^*-y^*\| = \max_{x\in X}[-\|x-y^*\|] = -\min_{x\in X}\|x-y^*\| = 0,$$

$$f_3(x^*,y^*,u^*) = \langle u^*, x^*-y^* \rangle = \max_{y\in X}\langle u^*, x^*-y \rangle .$$

这样, $u^* \in F(x^*)$, $x^* = y^*$,

$$\max_{y\in X}\langle u^*, x^*-y \rangle = \langle u^*, x^*-y^* \rangle = 0,$$

从而 $\forall y \in X$, 必有 $\langle u^*, y-x^* \rangle \geqslant 0$.

8.3.3 定理 A⇒KKM 引理

设$v^0, v^1, \cdots, v^n \in R^n$, 其中 $v^1-v^0, \cdots, v^n-v^0$ 线性无关, 单纯形 $\sigma = \mathrm{co}(v^0, v^1, \cdots, v^n)$. 由引理 2.3.1, $\forall x \in \sigma$, 即 $x = \sum\limits_{i=0}^{n} x_i v^i$, 其中 $x_i \geqslant 0$, $i=0,1,\cdots,n$, 且 $\sum\limits_{i=0}^{n} x_i = 1$, x 的重心坐标 $x_0, x_1, \cdots, x_n$ 是唯一确定的.

设 $F_0, F_1, \cdots, F_n$ 是 σ 中的 $n+1$ 个闭集, 如果对任意 $i_0, \cdots, i_k (k=0,1,\cdots,n)$, 有

$$\mathrm{co}\left(v^{i_0}, \cdots, v^{i_k}\right) \subset \bigcup_{m=0}^{k} F_{i_m},$$

KKM 引理断言此时必有 $\bigcap\limits_{i=0}^{n} F_i \neq \varnothing$.

显然, σ 是 R^n 中的有界闭凸集. $\forall x = (x_0, x_1, \cdots, x_n) \in \sigma, \forall y = (y_0, y_1, \cdots, y_n) \in \sigma$, 定义

$$f(x,y) = -\|x-y\|,$$

$$g(x,y) = \sum_{i=0}^{n} y_i d(x, F_i).$$

容易验证, $f, g : \sigma \times \sigma \to R$ 连续, $\forall y \in \sigma$, $x \to f(x,y)$ 在 σ 上是凹的, $\forall x \in \sigma$, $y \to g(x,y)$ 在 σ 上是凹的.

由定理 A, 存在 $x^*=(x_0^*,x_1^*,\cdots,x_n^*)\in\sigma$, 存在 $y^*=(y_0^*,y_1^*,\cdots,y_n^*)\in\sigma$, 使

$$-\|x^*-y^*\|=\max_{x\in\sigma}[-\|x-y^*\|]=-\min_{x\in\sigma}\|x-y^*\|=0,$$

$$\sum_{i=0}^n y_i^* d(x^*,F_i)=\max_{y\in\sigma}\sum_{i=0}^n y_i d(x^*,F_i)=\max_{i=0,1,\cdots,n} d(x^*,F_i).$$

将 $x^*=y^*$ 代入上式, 得

$$\sum_{i=0}^n x_i^* d(x^*,F_i)=\max_{i=0,1,\cdots,n} d(x^*,F_i).$$

令 $I(x^*)=\{i:x_i^*>0\}$, 则 $I(x^*)\neq\varnothing$,

$$\sum_{i\in I(x^*)} x_i^* d(x^*,F_i)=\sum_{i=0}^n x_i^* d(x^*,F_i)=\max_{i=0,1,\cdots,n} d(x^*,F_i).$$

$\forall i\in I(x^*)$, 此时必有 $d(x^*,F_i)=\max\limits_{i=0,1,\cdots,n} d(x^*,F_i)$.

因 $x^*\in\operatorname{co}\{v^i:i\in I(x^*)\}\subset\bigcup\limits_{i\in I(x^*)}F_i$, 存在 $i_0\in I(x^*)$, 使 $x^*\in F_{i_0}$, 故 $d(x^*,F_{i_0})=0$, $\max\limits_{i=0,1,\cdots,n} d(x^*,F_i)=0$. $\forall i=0,1,\cdots,n$, $d(x^*,F_i)=0$, 因 F_i 是闭集, 有 $x^*\in F_i$, $\bigcap\limits_{i=0}^n F_i\neq\varnothing$.

8.3.4 定理 A⇒von Neumann 引理

设 X 和 Y 分别是 R^m 和 R^n 中的非空有界闭凸集, E,F 是 $X\times Y$ 中的两个非空闭集,

$\forall x\in X,\{y\in Y:(x,y)\in E\}$ 是非空凸集,

$\forall y\in Y,\{x\in X:(x,y)\in F\}$ 是非空凸集,

则 $E\cap F\neq\varnothing$.

证明 $\forall x\in X,\forall y\in Y$, 定义

$$F_1(y)=\{x\in X:(x,y)\in F\},$$

$$F_2(x)=\{y\in Y:(x,y)\in E\}.$$

易知 $F_1(y)$ 是非空有界闭凸集, 且集值映射 $F_1:Y\to P_0(X)$ 是闭的, 从而是上半连续的, 由定理 B, 存在 $f_1:X\times Y\to R$ 连续, $\forall y\in Y$, $x\to f_1(x,y)$ 在 X 上是拟凹的, 且

$$F_1(y)=\left\{x\in X:f_1(x,y)=\max_{x'\in X}f_1(x',y)\right\}.$$

同样地, 存在 $f_2 : X \times Y \to R$ 连续, $\forall x \in X$, $y \to f_2(x,y)$ 在 Y 上是拟凹的, 且

$$F_2(x) = \left\{ y \in Y : f_2(x,y) = \max_{y' \in X} f_2(x,y') \right\}.$$

由定理 A, 存在 $x^* \in X$, $y^* \in Y$, 使

$$f_1(x^*, y^*) = \max_{x \in X} f_1(x, y^*),$$

$$f_2(x^*, y^*) = \max_{y \in Y} f_2(x^*, y).$$

这样, $x^* \in F_1(y^*)$, $y^* \in F_2(x^*)$, 从而有 $(x^*, y^*) \in F$, $(x^*, y^*) \in E$, $E \cap F \neq \varnothing$.

第9讲 主从博弈

这一讲介绍主从博弈, 将对 1 个领导者 n 个非合作跟随者和 2 个领导者 n 个非合作跟随者的主从博弈给出平衡点的存在性定理, 主要参考了文献 [1], [10], [82], [83].

9.1 1 个领导者 n 个非合作跟随者的主从博弈平衡点的存在性

考虑 1 个领导者和 n 个非合作跟随者的博弈.

设有一个领导者, 其策略集是 X, 记 $I=\{1,\cdots,n\}$ 是跟随者的集合, $\forall i\in I$, 跟随者 i 的策略集是 Y_i, 记 $Y=\prod\limits_{i=1}^{n}Y_i$. 领导者的支付函数是 $f:X\times Y\to R$, $\forall i\in I$, 跟随者 i 的支付函数是 $\mathrm{g}_i:X\times Y\to R$.

当领导者选取策略 $x\in X$ 时, n 人非合作的跟随者展开竞争, 设平衡点存在, 即存在 $\bar{y}=(\bar{y}_1,\cdots,\bar{y}_n)\in Y$, 使 $\forall i\in I$, 有

$$\mathrm{g}_i\left(x,\bar{y}_i,\bar{y}_{\hat{i}}\right)=\max_{u_i\in Y_i}\mathrm{g}_i\left(x,u_i,\bar{y}_{\hat{i}}\right),$$

其中 $\hat{i}=I\backslash\{i\}$.

平衡点一般不是唯一的, 所有平衡点的集合依赖于 x, 记为 $N(x)$, 由 $x\to N(x)$ 就定义了一个集值映射 $N:X\to P_0(Y)$.

既然是领导者, 他就要实现其最大的利益, 因为 $N(x)$ 一般不是单点集, 所以他首先要求 $\max\limits_{y\in N(x)}f(x,y)$, 记 $v(x)=\max\limits_{y\in N(x)}f(x,y)$, 然后他要求 $\max\limits_{x\in X}v(x)$.

因此, 主从博弈平衡点 $(x^*,y^*)\in X\times Y$ 应满足 $v(x^*)=\max\limits_{x\in X}v(x),y^*\in N(x^*)$ 且 $\forall y\in N(x^*)$, 有 $f(x^*,y^*)\geqslant f(x^*,y)$.

定理 9.1.1 设 X 是 R^m 中的有界闭集, $\forall i\in I$, Y_i 是 R^{k_i} 中的有界闭凸集, $f:X\times Y\to R$ 上半连续, $\forall i\in I$, $\mathrm{g}_i:X\times Y\to R$ 连续, 且 $\forall x\in X$, $\forall y_{\hat{i}}\in Y_{\hat{i}}$, $u_i\to \mathrm{g}_i(x,u_i,y_{\hat{i}})$ 在 Y_i 上是凹的, 则主从博弈的平衡点必存在.

证明 $\forall x\in X$, 由定理 5.1.2, $N(x)\neq\varnothing$. 因 Y 是 R^k 中的有界闭集, 其中 $k=k_1+\cdots+k_n$, 要证明集值映射 $N:X\to P_0(Y)$ 是上半连续的, 只需证明 N 是闭的: $\forall x_k\in X$, $\forall y_k\in N(x_k)$, $k=1,2,3,\cdots$, $y_k\to y$, 因 $y_k\in N(x_k)$, 则 $\forall i\in I$, $\forall u_i\in Y_i$, 必有

$$\mathrm{g}_i\left(x_k,y_{ik},y_{\hat{i}k}\right)\geqslant \mathrm{g}_i\left(x_k,u_i,y_{\hat{i}k}\right).$$

因 g_i 连续, 取极限, $\forall u_i \in X_i$, 必有

$$g_i(x, y_i, y_{\hat{i}}) \geqslant g_i(x, u_i, y_{\hat{i}}),$$

即 $y \in N(x)$. 再因集值映射 N 是闭的, $N(x) \subset Y$ 必是有界闭集.

由定理 2.2.6(2), $v(x) = \max\limits_{y \in N(x)} f(x, y)$ 必是上半连续的. 又因 X 是 R^m 中的有界闭集, 存在 $x^* \in X$, 使

$$v(x^*) = \max_{x \in X} v(x).$$

取 $y^* \in N(x^*)$, 使 $f(x^*, y^*) = v(x^*)$, 则 $\forall y \in N(x^*)$, 有 $f(x^*, y^*) \geqslant f(x^*, y)$, (x^*, y^*) 必是主从博弈的平衡点.

9.2　2 个领导者 n 个非合作跟随者的主从博弈平衡点的存在性

该模型由文献 [82] 引进. 设有 2 个领导者和 n 个非合作的跟随者, X_1 和 X_2 分别是领导者 1 和领导者 2 的策略集, $\Phi_1(x_1, x_2, y)$ 和 $\Phi_2(x_1, x_2, y)$ 分别是领导者 1 和领导者 2 的目标函数 (再次注意, 这里都是对目标函数求极小值, 而不是极大值), 其中 $x_1 \in X_1$, $x_2 \in X_2$, $y = (y^1, \cdots, y^n)$ 是 n 个跟随者的策略. $\forall i = 1, \cdots, n$, $f_i(x_1, x_2, y)$ 和 $K_i\left(x_1, x_2, y^{\hat{i}}\right)$ 分别表示跟随者 i 的目标函数和可行策略映射, 而 y^i 是以下最优化问题的解:

$$\min_{u^i \in K_i\left(x_1, x_2, y^{\hat{i}}\right)} f_i\left(x_1, x_2, y^{\hat{i}}, u^i\right),$$

这样的 $y = (y^1, \cdots, y^n)$ 当然依赖于 (x_1, x_2), 所有这样的 y 的集合记为 $G(x_1, x_2)$, 这是一个集值映射.

按照文献 [82] 的定义, $(x_1^*, x_2^*) \in X_1 \times X_2$ 称为这个主从博弈的平衡点, 如果存在 (y_1^*, y_2^*), 使 (x_1^*, y_1^*) 是以下领导者 1 问题的最优解

$$\min_{x_1 \in X_1, y_1 \in G\left(x_1, x_2^*\right)} \Phi_1(x_1, x_2^*, y_1)$$

且 (x_2^*, y_2^*) 是以下领导者 2 问题的最优解

$$\min_{x_2 \in X_2, y_2 \in G\left(x_1^*, x_2\right)} \Phi_2(x_1^*, x_2, y_2).$$

在给出平衡点存在性定理之前, 还需要给出集值映射 F 的凸性概念. 设 X 是 R^m 中的非空凸集, 集值映射 $F: X \to P_0(R^k)$, 如果 $\forall x_1, x_2 \in X$, $\forall \lambda \in (0, 1)$, 有

$$\lambda F(x_1) + (1 - \lambda) F(x_2) \subset F(\lambda x_1 + (1 - \lambda) x_2),$$

则称集值映射 F 是凸的.

以下主从博弈平衡点存在性定理由文献 [83] 给出.

定理 9.2.1　设 X_1, X_2 和 Y 分别是 R^{n_1}, R^{n_2} 和 R^{n_3} 中的非空有界闭凸集, $\Phi_1, \Phi_2 : X_1 \times X_2 \times Y \to R$ 连续, 且满足:

$\forall x_2 \in X_2, (x_1, y_1) \to \Phi_1(x_1, x_2, y_1)$ 是拟凸的,

$\forall x_1 \in X_1, (x_2, y_2) \to \Phi_2(x_1, x_2, y_2)$ 是拟凸的,

又集值映射 $G : X_1 \times X_2 \to P_0(Y)$ 是连续的, $\forall x_1 \in X_1$, $\forall x_2 \in X_2$, $G(x_1, x_2)$ 是非空有界闭凸集, 且满足

$\forall x_2 \in X_2$, 由 $u \to G(u, x_2)$ 定义的集值映射是凸的;

$\forall x_1 \in X_1$, 由 $v \to G(x_1, v)$ 定义的集值映射是凸的.

则存在 $(x_1^*, x_2^*, y_1^*, y_2^*) \in X_1 \times X_2 \times Y \times Y$, 使

$$\Phi_1(x_1^*, x_2^*, y_1^*) = \min_{x_1 \in X_1, y_1 \in G\left(x_1, x_2^*\right)} \Phi_1(x_1, x_2^*, y_1),$$

$$\Phi_2(x_1^*, x_2^*, y_2^*) = \min_{x_2 \in X_2, y_2 \in G\left(x_1^*, x_2\right)} \Phi_1(x_1^*, x_2, y_2).$$

证明　定义集值映射 $F_1 : X_2 \times Y \to P_0(X_1 \times Y)$: $\forall x_2 \in X_2$, $\forall y_2 \in Y$,

$$F_1(x_2, y_2) = \left\{ x_1 \in X_1, y_1 \in G(x_1, x_2) \middle| \Phi_1(x_1, x_2, y_1) = \min_{u_1 \in X_1, v_1 \in G(u_1, x_2)} \Phi_1(u_1, x_2, v_1) \right\},$$

(事实上 F_1 并不依赖于 y_2.) 和集值映射 $F_2 : X_1 \times Y \to P_0(X_2 \times Y)$: $\forall x_1 \in X_1$, $\forall y_1 \in Y$,

$$F_2(x_1, y_1) = \left\{ x_2 \in X_2, y_2 \in G(x_1, x_2) \middle| \Phi_2(x_1, x_2, y_2) = \min_{u_2 \in X_2, v_2 \in G(x_1, u_2)} \Phi_2(x_1, u_2, v_2) \right\}$$

(事实上, F_2 并不依赖于 y_1).

因 X_1 是有界闭集, 集值映射 G 连续且 $\forall x_1 \in X_1$, $\forall x_2 \in X_2$, $G(x_1, x_2)$ 是有界闭集, 故 $G(x_1, x_2) = \{G(u_1, x_2) : u_1 \in X_1\}$ 必是有界闭集, 因 Φ_1 是连续的, 故 $F_1(x_2, y_2) \neq \varnothing$, 且易证 $F_1(x_2, y_2)$ 是闭的, 从而必是有界闭集.

$\forall (x_1, y_1), (x_1', y_1') \in F_1(x_2, y_2)$, 则 $x_1 \in X_1, y_1 \in G(x_2, x_2), x_1' \in X_1, y_1' \in G(x_1', x_2)$ 且

$$\Phi_1(x_1, x_2, y_1) = \min_{u_1 \in X_1, v_1 \in G(u_1, x_2)} \Phi_1(u_1, x_2, v_1),$$

$$\Phi_1(x_1', x_2, y_1') = \min_{u_1 \in X_1, v_1 \in G(u_1, x_2)} \Phi_1(u_1, x_2, v_1).$$

于是 $\forall u_1 \in X_1$, $\forall v_1 \in G(u_1, x_2)$, 有

$$\Phi_1(x_1, x_2, y_1) = \Phi_1(x_1', x_2, y_1') \leqslant \Phi_1(u_1, x_2, v_1).$$

$\forall \lambda \in (0,1)$, 因 X_1 是凸集, 有 $\lambda x_1 + (1-\lambda) x_1' \in X_1$. $\forall x_2 \in X_2$, 由假设条件, 有

$$\lambda y_1 + (1-\lambda) y_1' \in \lambda G(x_1, x_2) + (1-\lambda) G(x_1', x_2) \subset G(\lambda x_1 + (1-\lambda) x_1', x_2)$$

且

$$\begin{aligned}&\Phi(\lambda x_1 + (1-\lambda) x_1', x_2, \lambda y_1 + (1-\lambda) y_1')\\ \leqslant &\max\{\Phi_1(x_1, x_2, y_1), \Phi_1(x_1', x_2, y_1')\} \leqslant \Phi_1(u_1, x_2, v_1),\end{aligned}$$

因此

$$\Phi_1(\lambda x_1 + (1-\lambda) x_1', x_2, \lambda y_1 + (1-\lambda) y_1') = \min_{u_1 \in X_1, v_1 \in G(u_1, x_2)} \Phi_1(u_1, x_2, v_1),$$

$F_1(x_2, y_2)$ 必是凸集.

以下再来证明集值映射 $H(x_2) = \{(u_1, v_1) \in X_1 \times Y : u_1 \in X_1, v_1 \in G(u_1, x_2)\}$ 是连续的.

$\forall x_2^n \in X_2, n = 1, 2, 3, \cdots, x_2^n \to x_2, \forall (u_1^n, v_1^n) \in H(x_2^n), (u_1^n, v_1^n) \to (u_1, v_1) \in X_1 \times Y$, 因 G 是上半连续的, $G(u_1, x_2)$ 是有界闭集, $u_1^n \to u_1, v_1^n \in G(u_1^n, x_2), v_1^n \to v_1$, 必有 $v_1 \in G(u_1, v_2)$, 从而有 $(u_1, v_1) \in H(x_2)$, 这表明集值映射 H 的图是闭的, 因 $X_1 \times Y$ 是有界闭集, 故集值映射 H 必是上半连续的.

另一方面, $\forall x_2^n \in X_2$, $n = 1, 2, 3, \cdots$, $x_2^n \to x_2$, $\forall (u_1, v_1) \in H(x_2)$, 则 $u_1 \in X_1$, $v_1 \in G(u_1, v_1)$, 因集值映射 G 是下半连续的, 存在 $v_1^n \in G(u_1, x_2^n)$, 使 $v_1^n \to v_1$, 这表明 $(u_1, v_1^n) \in H(x_2^n)$ 且 $(u_1, v_1^n) \to (u_1, v_1)$, 故集值映射 H 是下半连续的, 从而是连续的.

这样, 我们证明了集值映射 H 连续, $H(x_2)$ 是有界闭集. 由极大值定理, 集值映射 F_1 是上半连续的, 且 $\forall (x_2, y_2) \in X_2 \times Y$, $F_1(x_2, y_2)$ 是非空有界闭凸集.

同样地, 集值映射 F_2 是上半连续的, 且 $\forall (x_1, y_1) \in X_1 \times Y$, $F_2(x_1, y_1)$ 必是非空有界闭凸集.

$\forall (x_1, y_1, x_2, y_2) \in X_1 \times Y \times X_2 \times Y$, 定义集值映射

$$F(x_1, y_1, x_2, y_2) = F_1(x_2, y_2) \times F_2(x_1, y_1) \subset X_1 \times Y \times X_2 \times Y.$$

因 $X_1 \times Y \times X_2 \times Y$ 是 R^k 中的有界闭凸集, 其中 $k = m_1 + m_3 + m_2 + m_3 = m_1 + m_2 + 2m_3$, 集值映射 F 是上半连续的, 且 $\forall (x_1, y_1, x_2, y_2) \in X_1 \times Y \times X_2 \times Y$,

$F(x_1,y_1,x_2,y_2)$ 是 $X_1\times Y\times X_2\times Y$ 中的非空有界闭凸集, 由 Kakutani 不动点定理, 存在 $(x_1^*,y_1^*,x_2^*,y_2^*)\in X_1\times Y\times X_2\times Y$, 使

$$(x_1^*,y_1^*,x_2^*,y_2^*)\in F(x_1^*,y_1^*,x_2^*,y_2^*)=F_1(x_2^*,y_2^*)\times F_2(x_1^*,y_1^*).$$

由 $(x_1^*,y_1^*)\in F_1(x_2^*,y_2^*)$, 则

$$\Phi_1(x_1^*,x_2^*,y_1^*)=\min_{x_1\in X,y_1\in G(x_1,x_2^*)}\Phi_1(x_1,x_2^*,y_1).$$

由 $(x_2^*,y_2^*)\in F_2(x_1^*,y_1^*)$, 则

$$\Phi_2(x_1^*,x_2^*,y_2^*)=\min_{x_2\in X,y_2\in G(x_1^*,x_2)}\Phi_2(x_1^*,x_2,y_2).$$

第 10 讲　多目标博弈

本讲首先给出向量值函数关于 R_+^k 连续性和 R_+^k 凸性的一系列引理, 然后给出向量值 Ky Fan 不等式解的存在性定理, 最后应用它证明了多目标博弈弱 Pareto-Nash 平衡点的存在性定理, 主要参考了文献 [10], [41], [84], [85].

10.1　向量值函数关于 R_+^k 的连续性

记 $R_+^k = \{(x_1,\cdots,x_k)\in R^k : x_i \geqslant 0, i=1,\cdots,k\}$, $\mathrm{int}R_+^k = \{(x_1,\cdots,x_k)\in R^k : x_i > 0, i=1,\cdots,k\}$. 易知以下各式成立:

$$R_+^k + R_+^k = R_+^k,$$

$$R_+^k + \mathrm{int}R_+^k = \mathrm{int}R_+^k,$$

$$\mathrm{int}R_+^k + \mathrm{int}R_+^k = \mathrm{int}R_+^k,$$

$$\lambda R_+^k = R_+^k \quad (\lambda > 0),$$

$$\lambda \mathrm{int}R_+^k = \mathrm{int}R_+^k \quad (\lambda > 0).$$

设 X 是 R^n 中的一个非空子集, $f: X \to R^k$ 是一个向量值函数, $x \in X$, 如果对 R^k 中 $\mathbf{0}$ 的任何开邻域 V, 存在 x 在 X 中的开邻域 $O(x)$, 使 $\forall x' \in O(x)$, 有

$$f(x') \in f(x) + V - R_+^k \quad (\text{或} f(x') \in f(x) + V + R_+^k),$$

则称 f 在 x 是 R_+^k 上半连续的 (或 R_+^k 下半连续的). 如果 $\forall x \in X$, 向量值函数 f 在 x 是 R_+^k 上半连续的 (或 R_+^k 下半连续的), 则称 f 在 X 上是 R_+^k 上半连续的 (或 R_+^k 下半连续的).

引理 10.1.1　设 V 是 R^k 中 $\mathbf{0}$ 的任何开邻域, 则

(1) 存在 R^k 中 $\mathbf{0}$ 的开邻域 W, 使 $W = -W$, 且 $W \subset V$;

(2) 存在 R^k 中两个 $\mathbf{0}$ 的开邻域 V_1 和 V_2, 使 $V_1 + V_2 \subset V$.

证明　(1) 因 V 是 R^k 中 $\mathbf{0}$ 的开邻域, 存在 $\delta > 0$, 使 $O(0,\delta) \subset V$. 记 $W = O(0,\delta)$, 则 $W = -W$, 且 $W \subset V$.

(2) 同上, 令 $V_1 = V_2 = O\left(0, \dfrac{\delta}{2}\right)$, 则 V_1 和 V_2 是两个 $\mathbf{0}$ 的开邻域, 且 $V_1 + V_2 \subset V$.

引理 10.1.2 如果向量值函数 $f: X \to R^k$ 在 x 是 R_+^k 上半连续的, 则 $-f$ 在 x 是 R_+^k 下半连续的.

证明 对 R_+^k 中 $\mathbf{0}$ 的任何开邻域 V, 由引理 10.1.1(1), 存在 R_+^k 中 $\mathbf{0}$ 的开邻域 W, 使 $W = -W$ 且 $W \subset V$. 因 f 在 x 是 R_+^k 上半连续的, 存在 x 在 X 中的开邻域 $O(x)$, 使 $\forall x' \in O(x)$, 有 $f(x') \in f(x) + W - R_+^k$, 于是

$$-f(x') \in -f(x) - W + R_+^k = -f(x) + W + R_+^k \subset -f(x) + V + R_+^k,$$

这表明向量值函数 $-f$ 在 x 是 R_+^k 下半连续的.

引理 10.1.3 设向量值函数 $f, g: X \to R^k$ 在 $x \in X$ 是 R_+^k 上半连续的 (或 R_+^k 下半连续的), 则

(1) $f + g$ 在 x 是 R_+^k 上半连续的 (或 R_+^k 下半连续的);

(2) $\forall \lambda > 0$, λf 在 x 是 R_+^k 上半连续的 (或 R_+^k 下半连续的).

证明 (1) 对 R^k 中 $\mathbf{0}$ 的任何开邻域 V, 由引理 10.1.1(2), 存在 R^k 中两个 $\mathbf{0}$ 的开邻域 V_1 和 V_2, 使 $V_1 + V_2 \subset V$. 因 $f, g: X \to R^k$ 在 x 是 R_+^k 上半连续的, 存在 x 在 X 中的开邻域 $O(x)$, 使 $\forall x' \in O(x)$, 有

$$f(x') \in f(x) + V_1 - R_+^k,$$

$$g(x') \in g(x) + V_2 - R_+^k.$$

故

$$f(x') + g(x') \in f(x) + g(x) + V_1 + V_2 - R_+^k - R_+^k \subset f(x) + g(x) + V - R_+^k,$$

向量值函数 $f + g$ 在 x 必是 R_+^k 上半连续的.

(2) 对 R^k 中 $\mathbf{0}$ 的任何开邻域 V, 存在 R^k 中 $\mathbf{0}$ 的开邻域 U, 使 $\lambda U \subset V$. 因 f 在 x 是 R_+^k 上半连续的, 存在 x 在 X 中的开邻域 $O(x)$, 使 $\forall x' \in O(x)$, 有

$$f(x') \in f(x) + U + R_+^k,$$

故

$$\lambda f(x') \in \lambda f(x) + \lambda U + \lambda R_+^k \subset \lambda f(x) + V + R_+^k,$$

向量值函数 λf 在 x 必是 R_+^k 上半连续的.

引理 10.1.4 设 X 是 R^n 中的一个非空子集, 向量值函数 $f: X \to R^k$ 在 X 上是 R_+^k 下半连续的, 则 $G = \left\{x \in X : f(x) \in \mathrm{int} R_+^k\right\}$ 必是 X 中的开集.

证明 如果 $G = \varnothing$, 则它必是开集. 以下假定 $G \neq \varnothing$. $\forall x \in G$, 则 $f(x) \in \mathrm{int} R_+^k$, 存在 R^k 中 $\mathbf{0}$ 的开邻域 V, 使 $f(x) + V \subset \mathrm{int} R_+^k$. 因 f 在 x 是 R_+^k 下半连续的, 存在 x 在 X 中的开邻域 $O(x)$, 使 $\forall x' \in O(x)$, 有

$$f(x') \in f(x) + V + R_+^k \subset \mathrm{int} R_+^k + R_+^k = \mathrm{int} R_+^k,$$

$x'\in G, O(x)\subset G, x$ 必是 G 的内点, G 必是开集.

注 10.1.1 如果向量值函数 $f: X\to R^k$ 在 X 上是 R_+^k 下半连续的, 由引理 10.1.4, 则 $F=\{x\in X: f(x)\notin \mathrm{int}R_+^k\}$ 必是 X 中的闭集.

引理 10.1.5 设 X 是 R^n 中的非空子集, 向量值函数 $f=(f_1,\cdots,f_k): X\to R^k$, 其中函数 $f_j: X\to R, j=1,\cdots,k$, 则

(1) 向量值函数 f 在 X 上是 R_+^k 上半连续的当且仅当函数 f_j 在 X 上是上半连续的, $j=1,\cdots,k$;

(2) 向量值函数 f 在 X 上是 R_+^k 下半连续的当且仅当函数 f_j 在 X 上是下半连续的, $j=1,\cdots,k$.

证明 只证 (1).

必要性. $\forall x\in X, \forall\varepsilon>0$, 令 $V=((-\varepsilon,\varepsilon),\cdots,(-\varepsilon,\varepsilon))$(共 k 个开区间), 这是 R^k 中 $\mathbf{0}$ 的开邻域, 因 f 在 x 是 R_+^k 上半连续的, 存在 x 在 X 中的开邻域 $O(x)$, 使 $\forall x'\in O(x)$, 有

$$f(x')\in f(x)+V-R_+^k=((-\infty,f_1(x)+\varepsilon),\cdots,(-\infty,f_k(x)+\varepsilon)),$$

即 $\forall j=1,\cdots,k, \forall x'\in O(x)$, 有 $f_j(x')<f_j(x)+\varepsilon$, f_j 在 x 是上半连续的.

充分性. $\forall x\in X$, 对 R^k 中 $\mathbf{0}$ 的任意开邻域 V, 存在 $\varepsilon>0$, 使 $((-\varepsilon,\varepsilon),\cdots,(-\varepsilon,\varepsilon))\in V$. $\forall j=1,\cdots,k$, 因 f_j 在 x 是上半连续的, 存在 x 在 X 中的开邻域 $O(x)$, 使 $\forall x'\in O(x)$, 有 $f_j(x')<f_j(x)+\varepsilon$. 这样,

$$\begin{aligned}f(x')&\in((-\infty,f_1(x)+\varepsilon),\cdots,(-\infty,f_k(x)+\varepsilon))\\&=f(x)+((-\varepsilon,\varepsilon),\cdots,(-\varepsilon,\varepsilon))-R_+^k\subset f(x)+V-R_+^k,\end{aligned}$$

f 在 x 是 R_+^k 上半连续的.

10.2 向量值函数关于 R_+^k 的凸性

设 X 是 R^n 中的非空凸集, $f: X\to R^k$ 是一个向量值函数, 如果 $\forall x_1,x_2\in X$, $\forall\lambda\in(0,1)$, 有

$$\lambda f(x_1)+(1-\lambda)f(x_2)-f(\lambda x_1+(1-\lambda)x_2)\in R_+^k,$$

则称向量值函数 f 在 X 上是 R_+^k 凸的.

如果 $-f$ 在 X 上是 R_+^k 凸的, 则称向量值函数 f 在 X 上是 R_+^k 凹的, 此时 $\forall x_1,x_2\in X, \forall\lambda\in(0,1)$, 有

$$f(\lambda x_1+(1-\lambda)x_2)-[\lambda f(x_1)+(1-\lambda)f(x_2)]\in R_+^k.$$

如果 $\forall x_1,x_2\in X,\forall\lambda\in(0,1),\forall y\in R^k$, 由 $f(x_1)\in y-R_+^k$ (或 $f(x_1)\in y+R_+^k$), $f(x_2)\in y-R_+^k$ (或 $f(x_2)\in y+R_+^k$), 可推得

$$f(\lambda x_1+(1-\lambda)x_2)\in y-R_+^k \quad (\text{或} f(\lambda x_1+(1-\lambda)x_2)\in y+R_+^k),$$

则称向量值函数 f 在 X 上是 R_+^k 拟凸的 (或 R_+^k 拟凹的).

引理 10.2.1 如果向量值函数 f 在 X 上是 R_+^k 拟凸的, 则 $-f$ 在 X 上是 R_+^k 拟凹的.

证明 $\forall x_1,x_2\in X$, $\forall\lambda\in(0,1)$, $\forall y\in R^k$, 如果 $-f(x_1)\in y+R_+^k$, $-f(x_2)\in y+R_+^k$, 则 $f(x_1)\in -y-R_+^k$, $f(x_2)\in -y-R_+^k$. 因 f 在 X 上是 R_+^k 拟凸的, $-y\in R^k$, 则 $f(\lambda x_1+(1-\lambda)x_2)\in -y-R_+^k$, 从而有 $-f(\lambda x_1+(1-\lambda)x_2)\in y+R_+^k$, 向量值函数 $-f$ 在 X 上是 R_+^k 拟凹的.

引理 10.2.2 如果向量值函数 f 在 X 上是 R_+^k 凸的 (或 R_+^k 凹的), 则 f 在 X 上必是 R_+^k 拟凸的 (或 R_+^k 拟凹的).

证明 $\forall x_1,x_2\in X,\forall\lambda\in(0,1),\forall y\in R^k$, 如果 $f(x_1)\in y-R_+^k$, $f(x_2)\in y-R_+^k$, 则 $\lambda f(x_1)\in\lambda y-\lambda R_+^k=\lambda y-R_+^k$,

$$(1-\lambda)f(x_2)\in(1-\lambda)y-(1-\lambda)R_+^k=(1-\lambda)y-R_+^k,$$

从而有

$$\lambda f(x_1)+(1-\lambda)f(x_2)\in\lambda y-R_+^k+(1-\lambda)y-R_+^k=y-R_+^k.$$

因 f 在 X 上是 R_+^k 凸的, 得

$$f(\lambda x_1+(1-\lambda)x_2)\in\lambda f(x_1)+(1-\lambda)f(x_2)-R_+^k\subset y-R_+^k-R_+^k=y-R_+^k,$$

向量值函数 f 在 X 上必是 R_+^k 拟凸的.

引理 10.2.3 设向量值函数 $f,g:X\to R^k$ 在 X 上是 R_+^k 凸的 (或 R_+^k 凹的), 则

(1) $f+g$ 在 X 上是 R_+^k 凸的 (或 R_+^k 凹的);

(2) $\forall t>0$, tf 在 X 上是 R_+^k 凸的 (或 R_+^k 凹的).

证明 (1) $\forall x_1,x_2\in X,\forall\lambda\in(0,1)$, 因 f,g 在 X 上是 R_+^k 凸的, 有

$$\lambda f(x_1)+(1-\lambda)f(x_2)-f(\lambda x_1+(1-\lambda)x_2)\in R_+^k,$$

$$\lambda g(x_1)+(1-\lambda)g(x_2)-g(\lambda x_1+(1-\lambda)x_2)\in R_+^k,$$

故

$$\begin{aligned}&\lambda(f(x_1)+g(x_1))+(1-\lambda)(f(x_2)+g(x_2))\\&-[f(\lambda x_1+(1-\lambda)x_2)+g(\lambda x_1+(1-\lambda)x_2)]\\\in\ &R_+^k+R_+^k=R_+^k,\end{aligned}$$

向量值函数 $f+g$ 在 X 上必是 R_+^k 凸的.

(2) $\forall x_1, x_2 \in X, \forall \lambda \in (0,1)$, 因 f 在 X 上是 R_+^k 凸的, 有

$$\lambda f(x_1) + (1-\lambda) f(x_2) - f(\lambda x_1 + (1-\lambda) x_2) \in R_+^k,$$

因 $t>0$,

$$\lambda (tf(x_1)) + (1-\lambda)(tf(x_2)) - tf(\lambda x_1 + (1-\lambda) x_2) \in tR_+^k = R_+^k,$$

向量值函数 tf 在 X 上必是 R_+^k 凸的.

引理 10.2.4 如果 X 是 R^n 中的凸集, 向量值函数 $f: X \to R^k$ 在 X 上是 R_+^k 拟凹的, 则 $G = \{x \in X : f(x) \in \text{int}R_+^k\}$ 必是凸集.

证明 如果 $G = \varnothing$, 则它必是凸集. 以下假定 $G \neq \varnothing$. $\forall x_1, x_2 \in G$, 则 $x_1, x_2 \in X, f(x_1) \in \text{int}R_+^k, f(x_2) \in \text{int}R_+^k$. $\forall \lambda \in (0,1)$, 有 $\lambda x_1 + (1-\lambda) x_2 \in X$, 且存在 R^k 中 $\mathbf{0}$ 的开邻域 V, 使 $f(x_1)+V \subset \text{int}R_+^k, f(x_2)+V \subset \text{int}R_+^k$. 由引理 10.1.1(1), 不妨设 $V=-V$. 任取 $z \in \text{int}R_+^k$, 当 $t>0$ 充分小时, 必有 $tz \in \text{int}R_+^k$, 且 $tz \in V$. 注意到 $-tz \in V$. 令 $y=-tz$, 则 $f(x_1)+y \in \text{int}R_+^k \subset R_+^k, f(x_2)+y \in \text{int}R_+^k \subset R_+^k$. 因 f 在 X 上是 R_+^k 拟凹的, 有 $f(\lambda x_1 + (1-\lambda) x_2) + y \in R_+^k$. 这样

$$f(\lambda x_1 + (1-\lambda) x_2) \in -y + R_+^k = tz + R_+^k \subset \text{int}R_+^k + R_+^k = \text{int}R_+^k,$$

$\lambda x_1 + (1-\lambda) x_2 \in G, G$ 必是凸集.

引理 10.2.5 设 X 是 R^n 中的非空凸集, 向量值函数 $f=(f_1,\cdots,f_k): X \to R^k$, 其中函数 $f_j: X \to R, j=1,\cdots,k$, 则

(1) 向量值函数 f 在 X 上是 R_+^k 拟凸的当且仅当函数 f_j 在 X 上是拟凸的, $j=1,\cdots,k$;

(2) 向量值函数 f 在 X 上是 R_+^k 拟凹的当且仅当函数 f_j 在 X 上是拟凹的, $j=1,\cdots,k$;

(3) 向量值函数 f 在 X 上是 R_+^k 凸的当且仅当函数 f_j 在 X 上是凸的, $j=1,\cdots,k$;

(4) 向量值函数 f 在 X 上是 R_+^k 凹的当且仅当函数 f_j 在 X 上是凹的, $j=1,\cdots,k$.

证明 只证 (1) 和 (3). 先证 (1).

必要性. $\forall x_1, x_2 \in X, \forall \lambda \in (0,1), \forall j=1,\cdots,k$, 令 $y_j = \max\{f_j(x_1), f_j(x_2)\}$, $y=(y_1,\cdots,y_k) \in R^k$, 则 $f(x_1) \in y - R_+^k, f(x_2) \in y - R_+^k$. 因 f 在 X 上是 R_+^k 拟凸的, 有 $f(\lambda x_1 + (1-\lambda) x_2) \in y - R_+^k$, 这表明 $\forall j=1,\cdots,k$, 有 $f_j(\lambda x_1 + (1-\lambda) x_2) = y_j - r_j$, 其中 $r_j \geqslant 0$. 于是

$$f_j(\lambda x_1 + (1-\lambda) x_2) \leqslant y_j = \max\{f_j(x_1), f_j(x_2)\},$$

f_j 在 X 上必是拟凸的, $j=1,\cdots,k$.

充分性. $\forall x_1,x_2\in X$, $\forall\lambda\in(0,1)$, $\forall y\in R^k$, 如果 $f(x_1)\in y-R_+^k$, $f(x_2)\in y-R_+^k$, 则 $\forall j=1,\cdots,k$, 有 $f_j(x_1)=y_j-r_{1j}$, $f_j(x_2)=y_j-r_{2j}$, 其中 $r_{1j}\geqslant 0$, $r_{2j}\geqslant 0$. 因 f_j 在 X 上是拟凸的, 则

$$f_j(\lambda x_1+(1-\lambda)x_2)\leqslant\max\{f_j(x_1),f_j(x_2)\}=y_j-r_j,$$

其中 $r_j=\min\{r_{1j},r_{2j}\}\geqslant 0$, 从而 $f_j(\lambda x_1+(1-\lambda)x_2)=y_j-r_j'$, 其中 $r_j'\geqslant r_j\geqslant 0$. 令 $r'=(r_1',\cdots,r_k')\in R_+^k$, 则

$$f(\lambda x_1+(1-\lambda)x_2)=y-r'\in y-R_+^k,$$

f 在 X 上是 R_+^k 拟凸的.

再证 (3).

必要性. $\forall x_1,x_2\in X$, $\forall\lambda\in(0,1)$, 因 f 在 X 上是 R_+^k 凸的, 故

$$\lambda f(x_1)+(1-\lambda)f(x_2)-f(\lambda x_1+(1-\lambda)x_2)\in R_+^k.$$

$\forall j=1,\cdots,k$, 有

$$f_j(\lambda x_1+(1-\lambda)x_2)\leqslant\lambda f_j(x_1)+(1-\lambda)f_j(x_2),$$

f_j 在 X 上是凸的.

充分性. $\forall x_1,x_2\in X$, $\forall\lambda\in(0,1)$, $\forall j=1,\cdots,k$, 因 f_j 在 X 上是凸的, 故

$$f_j(\lambda x_1+(1-\lambda)x_2)\leqslant\lambda f_j(x_1)+(1-\lambda)f_j(x_2).$$

令 $r_j=\lambda f_j(x_1)+(1-\lambda)f_j(x_2)-f_j(\lambda x_1+(1-\lambda)x_2)$, 则 $r_j\geqslant 0$, 令 $r=(r_1,\cdots,r_k)\in R_+^k$, 则

$$\lambda f(x_1)+(1-\lambda)f(x_2)-f(\lambda x_1+(1-\lambda)x_2)=r\in R_+^k,$$

f 在 X 上是 R_+^k 凸的.

10.3 向量值 Ky Fan 不等式

定理 10.3.1 设 X 是 R^n 中的非空有界闭凸集, 向量值函数 $\varphi: X\times X\to R^k$ 满足

(1) $\forall y\in X$, $x\to\varphi(x,y)$ 在 X 上是 R_+^k 下半连续的;

(2) $\forall x\in X$, $y\to\varphi(x,y)$ 在 X 上是 R_+^k 拟凹的;

(3) $\forall x \in X$, $\varphi(x,x) \notin \operatorname{int}R_+^k$,
则向量值 Ky Fan 不等式的解必存在, 即存在 $x^* \in X$, 使 $\forall y \in X$, 有 $\varphi(x^*,y) \notin \operatorname{int}R_+^k$.

证明 用反证法. 如果结论不成立, 则 $\forall x \in X$, 存在 $y \in X$, 使 $\varphi(x,y) \in \operatorname{int}R_+^k$. $\forall y \in X$, 令 $F(y) = \left\{x \in X : \varphi(x,y) \in \operatorname{int}R_+^k\right\}$, 因 (1) 成立, 由引理 10.1.4, $F(y)$ 是 X 中的开集. 因 $X = \bigcup\limits_{y \in X} F(y)$, 而 X 是 R^n 中的有界闭集, 由有限开覆盖定理, 存在 $y_1, \cdots, y_m \in X$, 使 $X = \bigcup\limits_{i=1}^{m} F(y_i)$. 设 $\{\beta_i : i = 1, \cdots, m\}$ 是从属于开覆盖 $\{F(y_i) : i = 1, \cdots, m\}$ 的连续单位分划. $\forall x \in X$, 定义 $f(x) = \sum\limits_{i=1}^{m} \beta_i(x) y_i$.

因 $y_i \in X$, 且 $\forall x \in X$, $\beta_i(x) \geqslant 0$, $i = 1, \cdots, m$, $\sum\limits_{i=1}^{m} \beta_i(x) = 1$, 而 X 是凸集, 故 $f(x) \in X$. 又因 $\beta_i(x)$ 连续, $i = 1, \cdots, m$, 故 $f : X \to X$ 连续. 由 Brouwer 不动点定理, 存在 $\bar{x} \in X$, 使 $\bar{x} = f(\bar{x}) = \sum\limits_{i=1}^{m} \beta_i(\bar{x}) y_i$.

记 $I(\bar{x}) = \{i : \beta_i(\bar{x}) > 0\}$, 则 $I(\bar{x}) \neq \varnothing$. $\forall x \in I(\bar{x})$, 则 $\bar{x} \in F(y_i)$, $\varphi(\bar{x}, y_i) \in \operatorname{int}R_+^k$. 注意到 $\bar{x} = \sum\limits_{i \in I(\bar{x})} \beta_i(\bar{x}) y_i$, $\bar{x}$ 是 $\{y_i : i \in I(\bar{x})\}$ 的凸组合, 因 (2) 成立, 由引理 10.2.4, 有

$$\varphi(\bar{x}, \bar{x}) = \varphi\left(\bar{x}, \sum_{i \in I(\bar{x})} \beta_i(\bar{x}) y_i\right) \in \operatorname{int}R_+^k,$$

这与 (3) 矛盾. 从而存在 $x^* \in X$, 使 $\forall y \in X$, 有 $\varphi(x^*,y) \notin \operatorname{int}R_+^k$.

注 10.3.1 以上定理 10.3.1 中的 $x^* \in X$ 称为向量值 Ky Fan 不等式的解. 也可以用 Fan-Browder 不动点定理来简单证明以上定理. $\forall x \in X$, 令 $F(x) = \left\{y \in X : \varphi(x,y) \in \operatorname{int}R_+^k\right\}$, 由引理 10.2.4, $F(x)$ 是凸集. $\forall y \in X$, $F^{-1}(y) = \{x \in X : \varphi(x,y) \in \operatorname{int}R_+^k\}$, 由引理 10.1.4, $F^{-1}(y)$ 是 X 中的开集. 以下用反证法, 如果定理 10.3.1 不成立, 则 $\forall x \in X$, 有 $F(x) \neq \varnothing$. 由 Fan-Browder 不动点定理, 存在 $\bar{x} \in X$, 使 $\bar{x} \in F(\bar{x})$, 即 $\varphi(\bar{x}, \bar{x}) \in \operatorname{int}R_+^k$, 这与 (3) 矛盾. 由此存在 $x^* \in X$, 使 $F(x^*) = \varnothing$, 即 $\forall y \in X$, 有 $\varphi(x^*,y) \notin \operatorname{int}R_+^k$.

注 10.3.2 也可以用 KKM 引理来证明定理 10.3.1.

$\forall y \in X$, 令 $F(y) = \left\{x \in X : \varphi(x,y) \notin \operatorname{int}R_+^k\right\}$, 由注 10.1.1, $F(y)$ 是闭集. 因 $F(y) \subset X, F(y)$ 必是有界闭集. 以下来证明 $\forall \{y_1, \cdots, y_n\} \subset X$, 有

$$\operatorname{co}\{y_1, \cdots, y_n\} \subset \bigcup_{i=1}^{n} F(y_i).$$

用反证法. 如果结论不成立, 则存在 $\bar{y} = \sum\limits_{i=1}^{n} \lambda_i y_i \in X$, 使 $\bar{y} \notin F(y_i)$, 其中

$\lambda_i \geqslant 0, i=1,\cdots,n, \sum\limits_{i=1}^{n}\lambda_i = 1$. $\forall i=1,\cdots,n$, 有 $\varphi(\bar{y},y_i) \in \mathrm{int}R_+^k$. 由定理 10.3.1 中 (2) 及引理 10.2.4, 有 $\varphi(\bar{y},\bar{y}) \in \mathrm{int}R_+^k$, 这与 (3) 矛盾. 这样, 由 KKM 引理, $\bigcap\limits_{y\in X} F(y) \neq \varnothing$. 取 $x^* \in \bigcap\limits_{y\in X} F(y)$, 则 $\forall y \in X$, $x^* \in F(y)$, $\varphi(x^*,y) \notin \mathrm{int}R_+^k$.

注 10.3.3 如果在定理 10.3.1 中令 $k=1$, 即得到 Ky Fan 不等式:

设 X 是 R^n 中的非空有界闭凸集, 函数 $\varphi: X\times X \to R$ 满足

(1) $\forall y \in X$, $x \to \varphi(x,y)$ 在 X 上是下半连续的;

(2) $\forall x \in X$, $y \to \varphi(x,y)$ 在 X 上是拟凹的;

(3) $\forall x \in X$, $\varphi(x,x) \leqslant 0$,

则存在 $x^* \in X$, 使 $\forall y \in X$, 有 $\varphi(x^*,y) \leqslant 0$.

系 10.3.1 设 X 是 R^n 中的非空有界闭凸集, 向量值函数 $\psi: X\times X \to R^k$ 满足

(1) $\forall y \in X$, $x \to \psi(x,y)$ 在 X 上是 R_+^k 上半连续的;

(2) $\forall x \in X$, $y \to \psi(x,y)$ 在 X 上是 R_+^k 拟凸的;

(3) $\forall x \in X$, $\psi(x,x) \notin -\mathrm{int}R_+^k$,

则存在 $x^* \in X$, 使 $\forall y \in X$, 有 $\psi(x^*,y) \notin -\mathrm{int}R_+^k$.

证明 $\forall x \in X$, $\forall y \in X$, 令 $\varphi(x,y) = -\psi(x,y)$, 易知

(1) $\forall y \in X$, $x \to \varphi(x,y)$ 在 X 上是 R_+^k 下半连续的;

(2) $\forall x \in X$, $y \to \varphi(x,y)$ 在 X 上是 R_+^k 拟凹的;

(3) $\forall x \in X$, $\varphi(x,x) \notin \mathrm{int}R_+^k$.

由定理 10.3.1, 存在 $x^* \in X$, 使 $\forall y \in X$, 有 $\varphi(x^*,y) \notin \mathrm{int}R_+^k$, 即 $\psi(x^*,y) \notin -\mathrm{int}R_+^k$.

注 10.3.4 系 10.3.1 中的 $x^* \in X$ 称为向量平衡问题的解, 见文献 [41] 和 [84]. 当 $k=1$ 时, 就得到平衡问题解的存在性定理.

10.4 多目标博弈弱 Pareto-Nash 平衡点的存在性

设 $N=\{1,\cdots,n\}$ 是局中人的集合, $\forall i \in N$, 设 X_i 是局中人 i 的策略集, $X=\prod\limits_{i=1}^{n} X_i$, $F^i=\{f_1^i,\cdots,f_{k_i}^i\}: X \to R^{k_i}$ 是局中人 i 的向量值支付函数. 如果存在 $x^*=(x_1^*,\cdots,x_n^*) \in X$, 使 $\forall i \in N$, $\forall y_i \in X_i$, 有

$$F^i(y_i,x_{\hat{i}}^*) - F^i(x_i^*,x_{\hat{i}}^*) \notin R_+^{k_i}\backslash\{0\},$$

则称 x^* 是此多目标博弈的 Pareto-Nash 平衡点.

多目标博弈的 Pareto-Nash 平衡点的意义很清楚: $\forall i \in N$, 当除局中人 i 之外的其他 $n-1$ 个局中人选取策略 $x_{\hat{i}}^* \in X_{\hat{i}}$ 时, $\forall y_i \in X_i$, $f_j^i\left(y_i, x_{\hat{i}}^*\right) \geqslant f_j^i\left(x_i^*, x_{\hat{i}}^*\right)$, $j=1,\cdots,k_i$, 且至少存在某个 j, 使 $f_j^i\left(y_i, x_{\hat{i}}^*\right) > f_j^i\left(x_i^*, x_{\hat{i}}^*\right)$ 都成立是不可能的.

如果存在 $x^* = (x_1^*, \cdots, x_n^*) \in X$, 使 $\forall i \in N$, $\forall y_i \in X_i$, 有

$$F^i\left(y_i, x_{\hat{i}}^*\right) - F^i\left(x_i^*, x_{\hat{i}}^*\right) \notin \operatorname{int} R_+^{k_i},$$

则称 x^* 是此多目标博弈的弱 Pareto-Nash 平衡点.

多目标博弈的弱 Pareto-Nash 平衡点的意义很清楚: $\forall i \in N$, 当除局中人 i 之外的其他 $n-1$ 个局中人选取策略 $x_{\hat{i}}^* \in X_{\hat{i}}$ 时, $\forall y_i \in X_i$, $f_j^i\left(y_i, x_{\hat{i}}^*\right) > f_j^i\left(x_i^*, x_{\hat{i}}^*\right)$, $j=1,\cdots,k_i$ 都成立是不可能的.

显然, Pareto-Nash 平衡点必是弱 Pareto-Nash 平衡点, 但反之不然.

定理 10.4.1 $\forall i \in N$, 设 X_i 是 R^{m_i} 中的非空有界闭凸集, $X = \prod_{i=1}^n X_i$, $F^i = \left\{f_1^i, \cdots, f_k^i\right\} : X \to R^k$ 满足

(1) $\forall j = 1, \cdots, k$, f_j^i 在 X 上是连续的;

(2) $\forall j = 1, \cdots, k$, $\forall x_{\hat{i}} \in X_{\hat{i}}$, $y_i \to f_j^i(y_i, x_{\hat{i}})$ 在 X_i 上是凹的,

则多目标博弈的弱 Pareto-Nash 平衡点必存在.

证明 $\forall x = (x_1, \cdots, x_n) \in X$, $\forall y = (y_1, \cdots, y_n) \in X$, 定义

$$\varphi(x, y) = \sum_{i=1}^n \left[F^i(y_i, x_{\hat{i}}) - F^i(x_i, x_{\hat{i}})\right].$$

$\forall y = (y_1, \cdots, y_n) \in X, \forall j = 1, \cdots, k$, 因 $x \to \sum_{i=1}^n \left[f_j^i(y_i, x_{\hat{i}}) - f_j^i(x_i, x_{\hat{i}})\right]$ 在 X 上是连续的, 由引理 10.1.5(2), $x \to \varphi(x, y)$ 在 X 上是 R_+^k 下半连续的.

$\forall x = (x_1, \cdots, x_n) \in X, \forall j = 1, \cdots, k$, 因 $y \to \sum_{i=1}^n \left[f_j^i(y_i, x_{\hat{i}}) - f_j^i(x_i, x_{\hat{i}})\right]$ 在 X 上是凹的, 由引理 10.2.5(4), $y \to \varphi(x, y)$ 在 X 上是 R_+^k 凹的.

$$\forall x \in X, \quad \varphi(x, x) = 0 \notin \operatorname{int} R_+^k.$$

由定理 10.3.1, 存在 $x^* = (x_1^*, \cdots, x_n^*) \in X$, 使 $\forall y = (y_1, \cdots, y_n) \in X$, 有

$$\varphi(x^*, y) = \sum_{i=1}^n \left[F^i\left(y_i, x_{\hat{i}}^*\right) - F^i\left(x_i^*, x_{\hat{i}}^*\right)\right] \notin \operatorname{int} R_+^k.$$

$\forall i \in N, \forall y_i \in X_i$, 令 $\bar{y} = \left(y_i, x_{\hat{i}}^*\right)$, 则 $\bar{y} \in X$,

$$\varphi(x^*, \bar{y}) = F^i\left(y_i, x_{\hat{i}}^*\right) - F^i\left(x_i^*, x_{\hat{i}}^*\right) \notin \operatorname{int} R_+^k,$$

x^* 就是此多目标博弈的弱 Pareto-Nash 平衡点.

以下假定 $k_1 \leqslant k_2 \leqslant \cdots \leqslant k_n$, 见文献 [85].

定理 10.4.2 $\forall i \in N$, 设 X_i 是 R^{m_i} 中的非空有界闭凸集, $X = \prod_{i=1}^{n} X_i, F^i = \left(f_1^i, \cdots, f_{k_i}^i\right) : X \to R^{k_i}$ 满足

(1) $\forall j = 1, \cdots, k_i$, f_j^i 在 X 上是连续的;

(2) $\forall j = 1, \cdots, k_i$, $\forall x_{\hat{i}} \in X_{\hat{i}}$, $y_i \to f_j^i(y_i, x_{\hat{i}})$ 在 X_i 上是凹的,

则多目标博弈的弱 Pareto-Nash 平衡点必存在.

证明 $\forall x = (x_1, \cdots, x_n) \in X$, $\forall y = (y_1, \cdots, y_n) \in X$, 定义向量值函数 $\varphi : X \times X \to R^{k_n}$ 如下

$$\varphi(x, y) = \sum_{i=1}^{n} \varphi_i(x, y),$$

其中

$$\begin{aligned}&\varphi_i(x,y)\\&=\left(\underbrace{F^i(y_i,x_{\hat{i}})-F^i(x_i,x_{\hat{i}})}_{k_i\text{个分量}},\underbrace{f_1^i(y_i,x_{\hat{i}})-f_1^i(x_i,x_{\hat{i}}),\cdots,f_1^i(y_i,x_{\hat{i}})-f_1^i(x_i,x_{\hat{i}})}_{k_n-k_i\text{个分量}}\right).\end{aligned}$$

则容易验证

(1) $\forall y \in X$, $x \to \varphi(x, y)$ 在 X 上是 $R_+^{k_n}$ 下半连续的;

(2) $\forall x \in X$, $y \to \varphi(x, y)$ 在 X 上是 $R_+^{k_n}$ 凹的;

(3) $\forall x \in X$, $\varphi(x, x) = 0 \notin \mathrm{int} R_+^{k_n}$.

由定理 10.3.1, 存在 $x^* = (x_1^*, \cdots, x_n^*) \in X$, 使 $\forall y = (y_1, \cdots, y_n) \in X$, 有 $\varphi(x^*, y) \notin \mathrm{int} R_+^{k_n}$.

$\forall i \in N, \forall y_i \in X_i$, 令 $\bar{y} = \left(y_i, x_{\hat{i}}^*\right)$, 则 $\bar{y} \in X, \varphi_i(x^*, \bar{y}) = \varphi(x^*, \bar{y}) \notin \mathrm{int} R_+^{k_n}$.

如果 $F^i\left(y_i, x_{\hat{i}}^*\right) - F^i\left(x_i^*, x_{\hat{i}}^*\right) \in \mathrm{int} R_+^{k_i}$, 则 $f_1^i\left(y_i, x_{\hat{i}}^*\right) - f_1^i\left(x_i^*, x_{\hat{i}}^*\right) > 0$, $j = 1, \cdots, k_i$, 从而 $\varphi_i(x^*, \bar{y}) \in \mathrm{int} R_+^{k_n}$, 矛盾.

10.5 策略集无界情况下弱 Pareto-Nash 平衡点的存在性

在 10.4 节的弱 Pareto-Nash 平衡点的存在性定理中, 总假定 $\forall i \in N$, X_i 是 R^{m_i} 中的非空有界闭凸集, 以下将给出 X_i 无界情况下弱 Pareto-Nash 平衡点的存在性定理. 为此首先给出一个 X 无界情况下向量值 Ky Fan 不等式解的存在性定理, 见文献 [86].

定理 10.5.1 设 X 是 R^p 中的一个非空无界闭凸集, $\varphi : X \times X \to R^k$ 满足

(1) $\forall y \in X$, $x \to \varphi(x,y)$ 在 X 上是 R_+^k 下半连续的;

(2) $\forall x \in X$, $y \to \varphi(x,y)$ 在 X 上是 R_+^k 拟凹的;

(3) $\forall x \in X$, $\varphi(x,x) \notin \mathrm{int}R_+^k$;

(4) 对任意 X 中的序列 $\{x^m\}$, 其中 $\|x^m\| \to \infty$, 必存在正整数 m_0 及 $y \in X$, 使 $\|y\| \leqslant \|x^{m_0}\|$, 而 $\varphi(x^{m_0}, y) \in \mathrm{int}R_+^k$,

则存在 $x^* \in X$, 使 $\forall y \in X$, 有 $\varphi(x^*, y) \notin \mathrm{int}R_+^k$.

证明 $\forall m = 1,2,3,\cdots$, 令 $C_m = \{x \in X : \|x\| \leqslant m\}$. 不妨设 $C_m \neq \varnothing$. 因 X 是闭凸集, 故 C_m 必是 X 中的有界闭凸集. 由定理 10.3.1, 存在 $x^m \in X$, 使 $\forall y \in C_m$, 有 $\varphi(x^m, y) \notin \mathrm{int}R_+^k$.

如果序列 $\{x^m\}$ 无界, 不妨设 $\|x^m\| \to \infty$ (否则取子序列), 由 (4), 存在正整数 m_0 及 $y \in X$, 使 $\|y\| \leqslant \|x^{m_0}\|$, 而 $\varphi(x^{m_0}, y) \in \mathrm{int}R_+^k$, 这与 $\|y\| \leqslant \|x^{m_0}\| \leqslant m_0$, $y \in C_{m_0}$, $\varphi(x^{m_0}, y) \notin \mathrm{int}R_+^k$ 矛盾, 故 $\{x^m\}$ 必有界, 存在正整数 M, 使 $\|x^m\| \leqslant M$. 因 C_M 是有界的, 不妨设 $x^m \to x^* \in C_M \subset X$.

$\forall y \in X$, 存在正整数 K, 使 $y \in C_K$, 当 $m \geqslant K$ 时, 因 $C_K \subset C_M, y \in C_M$, 有 $\varphi(x^m, y) \notin \mathrm{int}R_+^k$. 因 $\forall y \in X, x \to \varphi(x,y)$ 在 X 上是 R_+^k 下半连续的, 而 $x^m \to x^*$, 由引理 10.1.4 和注 10.1.1, 必有 $\varphi(x^*, y) \notin \mathrm{int}R_+^k$.

定理 10.5.2 $\forall i \in N$, 设 X_i 是 R^{p_i} 中的非空闭凸集, $X = \prod_{i=1}^n X_i$, $F^i = \{f_1^i, \cdots, f_k^i\} : X \to R^k$ 满足

(1) $\forall j = 1,\cdots,k$, f_j^i 在 X 上是连续的;

(2) $\forall j = 1,\cdots,k$, $\forall x_{\hat{i}} \in X_{\hat{i}}$, $y_i \to f_j^i(y_i, x_{\hat{i}})$ 在 X_i 上是凹的;

(3) 对任意 X 中的序列 $\{x^m = (x_1^m, \cdots, x_n^m)\}$, 其中 $\|x^m\| = \sum_{i=1}^n \|x_i^m\|_i \to \infty$(这里 $\|x_i^m\|_i$ 表示 x_i^m 在 R^{p_i} 中的范数), 必存在某 $i \in N$, 正整数 m_0 及 $y_i \in X_i$, 使 $\|y_i\|_i \leqslant \|x_i^{m_0}\|_i$, 而 $F^i\left(y_i, x_{\hat{i}}^{m_0}\right) - F^i\left(x_i^{m_0}, x_{\hat{i}}^{m_0}\right) \in \mathrm{int}R_+^k$,

则多目标博弈的弱 Pareto-Nash 平衡点必存在.

证明 $\forall x = (x_1, \cdots, x_n) \in X$, $\forall y = (y_1, \cdots, y_n) \in X$, 定义向量值函数 $\varphi : X \times X \to R^k$ 如下

$$\varphi(x,y) = \sum_{i=1}^n \left[F^i(y_i, x_{\hat{i}}) - F^i(x_i, x_{\hat{i}})\right].$$

同定理 10.4.1 的证明, $\forall y \in X$, $x \to \varphi(x,y)$ 在 X 上是 R_+^k 下半连续的; $\forall x \in X$, $y \to \varphi(x,y)$ 在 X 上是 R_+^k 凹的; $\forall x \in X$, $\varphi(x,x) = 0 \notin \mathrm{int}R_+^k$.

由 (3) 对任意 X 中的序列 $\{x^m = (x_1^m, \cdots, x_n^m)\}$, 其中 $\|x^m\| = \sum_{i=1}^n \|x_i^m\|_i \to \infty$, 必存在某 $i \in N$, 正整数 m_0 及 $y_i \in X_i$, 使 $\|y_i\|_i \leqslant \|x_i^{m_0}\|_i$, 而 $F^i\left(y_i, x_{\hat{i}}^{m_0}\right) -$

$F^i\left(x_i^{m_0},x_{\hat{i}}^{m_0}\right)\in\mathrm{int}R_+^k$. 令 $\bar{y}=\left(y_i,x_{\hat{i}}^{m_0}\right)$, 则 $\bar{y}\in X$, $\|\bar{y}\|\leqslant\|x^{m_0}\|$, 而

$$\varphi\left(x^{m_0},\bar{y}\right)=F^i\left(y_i,x_{\hat{i}}^{m_0}\right)-F^i\left(x_i^{m_0},x_{\hat{i}}^{m_0}\right)\in\mathrm{int}R_+^k.$$

这样, 由定理 10.5.1, 存在 $x^*\in X$, 使 $\forall y\in X$, 有 $\varphi\left(x^*,y\right)\notin\mathrm{int}R_+^k$. 同定理 10.4.1 中的证明, x^* 就是此多目标博弈的弱 Pareto-Nash 平衡点.

10.6　多目标博弈的权 Pareto-Nash 平衡点

这一节主要参考了文献 [87] 和 [88].

设 $N=\{1,\cdots,n\}$ 是局中人集合, $\forall i\in N$, 设 X_i 是第 i 个局中人的策略集, $X=\prod\limits_{i=1}^{n}X_i$, $F^i:X\to R^k$ 是第 i 个局中人的向量值支付函数.

令 $W=\left(w^1,\cdots,w^n\right)$, 其中 $\forall i\in N$, $w^i\in R_+^k$ 是局中人 i 向量值支付函数的加权向量, 而 $\left\langle w^i,F^i(x)\right\rangle$ 就是加权后第 i 个局中人的支付函数.

如果 $\forall i\in N$, $w^i\in R_+^k\backslash\{0\}$, 且存在 $x^*=\left(x_1^*,\cdots,x_n^*\right)\in X$, 使 $\forall i\in N$, 有

$$\left\langle w^i,F^i\left(x_i^*,x_{\hat{i}}^*\right)\right\rangle=\max_{u_i\in X_i}\left\langle w^i,F^i\left(u_i,x_{\hat{i}}^*\right)\right\rangle,$$

则称 x^* 是此多目标博弈权 w 的 Pareto-Nash 平衡点.

如果 $\forall i\in N$, $w^i\in\mathrm{int}R_+^k$, 且存在 $x^*=\left(x_1^*,\cdots,x_n^*\right)\in X$, 使 $\forall i\in N$, 有

$$\left\langle w^i,F^i\left(x_i^*,x_{\hat{i}}^*\right)\right\rangle=\max_{u_i\in X_i}\left\langle w^i,F^i\left(u_i,x_{\hat{i}}^*\right)\right\rangle,$$

则称 x^* 是此多目标博弈权 w 的弱 Pareto-Nash 平衡点.

定理 10.6.1　(1) 如果 $x^*\in X$ 是多目标博弈权 w 的 Pareto-Nash 平衡点, 则它必是多目标博弈的弱 Pareto-Nash 平衡点.

(2) 如果 $x^*\in X$ 是多目标博弈权 w 的弱 Pareto-Nash 平衡点, 则它必是多目标博弈的 Pareto-Nash 平衡点.

证明　(1) 用反证法. 设 x^* 不是多目标博弈的弱 Pareto-Nash 平衡点, 则存在某 $i\in N$, 存在 $y_i\in X_i$, 使

$$F^i\left(y_i,x_{\hat{i}}^*\right)-F^i\left(x_i^*,x_{\hat{i}}^*\right)\in\mathrm{int}R_+^k.$$

因 $w^i\in R_+^k\backslash\{0\}$, 则必有

$$\left\langle w^i,F^i\left(y_i,x_{\hat{i}}^*\right)-F^i\left(x_i^*,x_{\hat{i}}^*\right)\right\rangle>0,$$

这与 $\left\langle w^i,F^i\left(x_i^*,x_{\hat{i}}^*\right)\right\rangle=\max\limits_{u_i\in X_i}\left\langle w^i,F^i\left(u_i,x_{\hat{i}}^*\right)\right\rangle$ 矛盾.

(2) 用反证法. 设 x^* 不是多目标博弈的 Pareto-Nash 平衡点, 则存在某 $i \in N$, 存在 $y_i \in X_i$, 使

$$F^i\left(y_i, x_{\hat{i}}^*\right) - F^i\left(x_i^*, x_{\hat{i}}^*\right) \in R_+^k \setminus \{0\}.$$

因 $w^i \in \operatorname{int} R_+^k$, 则必有

$$\left\langle w^i, F^i\left(y_i, x_{\hat{i}}^*\right) - F^i\left(x_i^*, x_{\hat{i}}^*\right)\right\rangle > 0,$$

这与 $\left\langle w^i, F^i\left(x_i^*, x_{\hat{i}}^*\right)\right\rangle = \max\limits_{u_i \in X_i}\left\langle w^i, F^i\left(u_i, x_{\hat{i}}^*\right)\right\rangle$ 矛盾.

注 10.6.1 $\forall i \in N$, $w^i \in R_+^k \setminus \{0\}$(或 $w^i \in \operatorname{int} R_+^k$), 如果 X_i 和 $\langle w^i, F^i(x)\rangle$ 满足 5.1 节中 Nash 平衡点存在的条件, 即其 Nash 平衡点存在, 则由定理 10.6.1, 此平衡点就必是多目标博弈的弱 Pareto-Nash 平衡点 (或 Pareto-Nash 平衡点).

第 11 讲 广义多目标博弈

本讲首先给出向量值拟变分不等式解的存在性定理, 然后给出向量值函数的极大值定理, 最后应用它们证明了广义多目标博弈弱 Pareto-Nash 平衡点的存在性定理, 主要参考了文献 [10] 和 [41].

11.1 向量值拟变分不等式

定理 11.1.1 设 X 是 R^n 中的非空有界闭凸集, 集值映射 $G: X \to P_0(X)$ 连续, 且 $\forall x \in X$, $G(x)$ 是 X 中的非空闭凸集, 向量值函数 $\varphi: X \times X \to R^k$ 是 R_+^k 下半连续的, 且满足

(1) $\forall y \in X$, $x \to \varphi(x, y)$ 在 X 上是 R_+^k 凹的;

(2) $\forall x \in X$, $\varphi(x, x) \notin \mathrm{int} R_+^k$,

则向量值拟变分不等式的解必存在, 即存在 $x^* \in X$, 使 $x^* \in G(x^*)$, 且 $\forall y \in G(x^*)$, 有 $\varphi(x^*, y) \notin \mathrm{int} R_+^k$.

证明 用反证法. 如果结论不成立, 则 $\forall x \in X$, 或者 $x \notin G(x)$, 或者存在 $y \in G(x)$, 使 $\varphi(x, y) \in \mathrm{int} R_+^k$.

如果 $x \notin G(x)$, 由凸集分离定理, 存在 $p \in R^n$, 使

$$\langle p, x\rangle - \max_{y \in G(x)} \langle p, y\rangle > 0.$$

$\forall p \in R^n$, 记 $U(p) = \left\{x \in X: \langle p, x\rangle - \max\limits_{y \in G(x)} \langle p, y\rangle > 0\right\}$, 由定理 2.2.6(2), $x \to \max\limits_{y \in G(x)} \langle p, y\rangle$ 在 X 上是上半连续的, 故 $x \to \langle p, x\rangle - \max\limits_{y \in G(x)} \langle p, y\rangle$ 在 X 上是下半连续的, $U(p)$ 必是开集.

又令 $V_0 = \{x \in X: 存在\ y \in G(x), 使 \varphi(x, y) \in \mathrm{int} R_+^k\}$, 以下证明它是开集. $\forall x_0 \in V_0$, 存在 $y_0 \in G(x_0)$, 使 $\varphi(x_0, y_0) \in \mathrm{int} R_+^k$, 存在 R^k 中 $\mathbf{0}$ 的开邻域 V, 使 $\varphi(x_0, y_0) + V \subset \mathrm{int} R_+^k$. 因 $\varphi: X \times X \to R^k$ 是 R_+^k 下半连续的, 存在 x_0 在 X 中的开邻域 $U(x_0)$ 和 y 在 X 中的开邻域 $U(y_0)$, 使 $\forall x \in U(x_0)$, $\forall y \in U(y_0)$, 有

$$\varphi(x, y) \in \varphi(x_0, y_0) + V + R_+^k \subset \mathrm{int} R_+^k + R_+^k = \mathrm{int} R_+^k.$$

因集值映射 G 在 x_0 是连续的, $y_0 \in G(x_0)$, $G(x_0) \cap U(y_0) \neq \varnothing$, 存在 x_0 在 X 中的开邻域 $U_1(x_0)$, 不妨设 $U_1(x_0) \subset U(x_0)$, 使 $\forall x \in U_1(x_0)$, 有 $G(x) \cap U(y_0) \neq \varnothing$,

此时 $\forall x \in U_1(x_0)$, 存在 $y \in G(x)$, 且 $y \in G(y_0)$, 故 $\varphi(x,y) \in \text{int}R_+^k$, 这表明 $U_1(x_0) \subset V_0$, x_0 是 V_0 的内点, V_0 必是开集.

因 $X = V_0 \cup \left(\bigcup_{p\in R^n} U(p)\right)$, 而 X 是有界闭集, 由有限开覆盖定理, 存在 $p_1, \cdots, p_m \in R^n$, 使 $X = V_0 \cup \left(\bigcup_{i=1}^m U(p_i)\right)$. 设 $\{\beta_0, \beta_1, \cdots, \beta_m\}$ 是从属于此有限开覆盖 $\{V_0, U(p_1), \cdots, U(p_m)\}$ 的连续单位分划.

$\forall x \in X, \forall y \in X$, 定义 $\psi : X \times X \to R^k$ 如下

$$\psi(x,y) = \beta_0(x)\varphi(x,y) + \left[\sum_{i=1}^m \beta_i(x)\langle p_i, x-y\rangle\right] z,$$

其中 $z \in \text{int}R_+^k$. 容易验证:

$\forall y \in X, x \to \psi(x,y)$ 在 X 上是 R_+^k 下半连续的;

$\forall x \in X, y \to \psi(x,y)$ 在 X 上是 R_+^k 凹的;

$\forall x \in X, \psi(x,x) \notin \text{int}R_+^k$.

由定理 10.3.1, 存在 $x^* \in X$, 使 $\forall y \in X$, 有

$$\psi(x^*,y) = \beta_0(x^*)\varphi(x^*,y) + \left[\sum_{i=1}^m \beta_i(x^*)\langle p_i, x^*-y\rangle\right] z \notin \text{int}R_+^k.$$

分两种情况讨论:

(1) 如果 $\beta_0(x^*) > 0$, 则 $x^* \in V_0$, 选取 $y_1^* \in G(x^*) \subset X$, 使 $\varphi(x^*, y_1^*) \in \text{int}R_+^k$, 则 $\beta_0(x^*)\varphi(x^*, y_1^*) \in \text{int}R_+^k$. 记 $I(x^*) = \{i : i \neq 0, \beta_i(x^*) > 0\}$.

如果 $I(x^*) = \varnothing$, 则 $\beta_0(x^*) = 1$, $\psi(x^*, y_1^*) = \varphi(x^*, y_1^*) \in \text{int}R_+^k$;

如果 $I(x^*) \neq \varnothing$, 则 $\forall i \in I(x^*)$, 有 $x^* \in U(p_i)$, 因 $y_1^* \in G(x^*)$, 有

$$\langle p_i, x^* - y_1^*\rangle = \langle p_i, x^*\rangle - \langle p_i, y_1^*\rangle \geqslant \langle p_i, x^*\rangle - \max_{y\in G(x^*)} \langle p_i, y_1^*\rangle > 0,$$

$$\sum_{i\in I(x^*)} \beta_i(x^*)\langle p_i, x^* - y_1^*\rangle > 0.$$

因 $z \in \text{int}R_+^k$, 有

$$\left[\sum_{i\in I(x^*)} \beta_i(x^*)\langle p_i, x^* - y_1^*\rangle\right] z \in \text{int}R_+^k,$$

$$\begin{aligned}\psi(x^*, y_1^*) &= \beta_0(x^*)\varphi(x^*, y_1^*) + \left[\sum_{i\in I(x^*)} \beta_i(x^*)\langle p_i, x^* - y_1^*\rangle\right] z \\ &\in \text{int}R_+^k + \text{int}R_+^k = \text{int}R_+^k.\end{aligned}$$

(2) 如果 $\beta_0(x^*) = 0$, 则因 $\sum\limits_{i=1}^{n} \beta_i(x^*) = \sum\limits_{i=0}^{n} \beta_i(x^*) = 1$, $I(x^*) \neq \varnothing$, 任选 $y_2^* \in G(x^*) \subset X$, 则

$$\psi(x^*, y_2^*) = \left[\sum_{i \in I(x^*)} \beta_i(x^*) \langle p_i, x^* - y_2^* \rangle\right] z \in \mathrm{int} R_+^k.$$

无论何种情况, 我们总得到矛盾, 从而向量值拟变分不等式的解必存在.

注 11.1.1　如果在定理 11.1.1 中令 $k = 1$, 即得到以下拟变分不等式解的存在性定理.

设 X 是 R^n 中的非空有界闭凸集, 集值映射 $G: X \to P_0(X)$ 连续, 且 $\forall x \in X$, $G(x)$ 是 X 中的非空闭凸集, $\varphi: X \times X \to R$ 下半连续, 且满足

(1) $\forall y \in X$, $x \to \varphi(x, y)$ 在 X 上是凹的;

(2) $\forall x \in X$, $\varphi(x, x) \leqslant 0$,

则拟变分不等式的解必存在, 即存在 $x^* \in X$, 使 $x^* \in G(x^*)$, 且 $\forall y \in G(x^*)$, 有 $\varphi(x^*, y) \leqslant 0$.

系 11.1.1　设 X 是 R^n 中的非空有界闭凸集, 集值映射 $G: X \to P_0(X)$ 连续, 且 $\forall x \in X$, $G(x)$ 是 X 中的非空闭凸集, 向量值函数 $\psi: X \times X \to R^k$ 是 R_+^k 上半连续的, 且满足

(1) $\forall y \in X$, $x \to \psi(x, y)$ 在 X 上是 R_+^k 凸的;

(2) $\forall x \in X$, $\psi(x, x) \notin -\mathrm{int} R_+^k$,

则存在 $x^* \in X$, 使 $x^* \in G(x^*)$, 且 $\forall y \in G(x^*)$, 有 $\psi(x^*, y) \notin -\mathrm{int} R_+^k$.

注 11.1.2　系 11.1.1 称为广义向量平衡问题解的存在性定理. 当 $k = 1$ 时, 就得到广义平衡问题解的存在性定理.

11.2　向量值函数的极大值定理

以下向量值函数的极大值定理见文献 [41] 和 [89].

定理 11.2.1　设 X 和 Y 分别是 R^m 和 R^n 中的两个非空子集, 向量值函数 $F: X \times Y \to R^k$ 连续, 集值映射 $G: Y \to P_0(X)$ 连续, 且 $\forall y \in Y$, $G(y)$ 是 X 中的非空有界闭集,

$$M(y) = \left\{x \in G(y): F(u, y) - F(x, y) \notin \mathrm{int} R_+^k, \forall u \in G(y)\right\},$$

则 $M(y)$ 是非空有界闭集, 且集值映射 $M: Y \to P_0(X)$ 在 Y 上是上半连续的.

证明　$\forall y \in Y$, 因 $G(y)$ 是有界闭集, F 连续, 其中第一个分量函数 F_1 必连续, 存在 $x^* \in G(y)$, 使 $F_1(x^*, y) = \max\limits_{u \in G(y)} F_1(u, y)$, 此时 $\forall u \in G(y)$, 必有 $F(u, y) -$

$F(x^*,y)\notin \mathrm{int}R_+^k$, $M(y)\neq\varnothing$. 以下来证明 $M(y)$ 是有界闭集, 因 $M(y)\subset G(y)$, 而 $G(y)$ 有界, 故只需要证明 $M(y)$ 是闭集. 用反证法, 如果 $M(y)$ 不是闭集, 则存在 $x_p\in M(y)$, $p=1,2,3,\cdots$, $x_p\to x$, 而 $x\notin M(y)$. 因 $x\notin M(y)$, 存在 $u_0\in G(y)$, 使

$$F(u_0,y)-F(x,y)\in \mathrm{int}R_+^k.$$

因 F 连续, $x_p\to x$, 则当 p 充分大时必有 $F(u_0,y)-F(x_p,y)\in \mathrm{int}R_+^k$, 这与 $x_p\in M(y), F(u_0,y)-F(x_p,y)\notin \mathrm{int}R_+^k$ 矛盾.

再来证明集值映射 M 在 y 是上半连续的. 用反证法. 如果结论不成立, 则存在 X 中的开集 O, $O\supset M(y)$, 存在 $y_p\to y$, $x_p\in M(y_p)$, 而 $x_p\notin O$, $p=1,2,3,\cdots$. 因集值映射 G 在 y 是上半连续的, 且 $G(y)$ 是有界闭集, $y_p\to y$, $x_p\in G(y_p)$, 由定理 2.2.4, 不妨设 $x_p\to x\in G(y)$. 如果 $x\in M(y)$, 则 $x\in O$, 这与 $x_p\to x$, $x_p\notin O$, 而 O 是开集矛盾, 故 $x\notin M(y)$, 存在 $\bar u\in G(y)$, 使

$$F(\bar u,y)-F(x,y)\in \mathrm{int}R_+^k,$$

即 $\forall i=1,\cdots,k$, 有 $F_i(x,y)<F_i(\bar u,y)$. 因 F_i 在 $X\times Y$ 上是连续的, 存在 x 的开邻域 $O(x)$, y 的开邻域 $U(y)$ 和 $\bar u$ 的开邻域 $O(\bar u)$, 使 $\forall x'\in O(x)$, $\forall y'\in U(y)$, $\forall u'\in O(\bar u)$, 有

$$F_i(x',y')<F_i(u',y'),\quad i=1,\cdots,k.$$

因 $O(\bar u)\cap G(y)\neq\varnothing$, $y_p\to y$, 集值映射 G 在 y 是下半连续的, 则当 p 充分大时必有 $O(\bar u)\cap G(y_p)\neq\varnothing$, 且 $x_p\in O(x)$, $y_p\in U(y)$. 取 $u_p\in O(\bar u)\cap G(y_p)$, 则 $u_p\in G(y_p)$, 且

$$F_i(x_p,y_p)<F_i(u_p,y_p),\quad i=1,\cdots,k,$$

故

$$F(u_p,y_p)-F(x_p,y_p)\in \mathrm{int}R_+^k,$$

这与 $x_p\in M(y_p)$ 矛盾, 从而集值映射 M 在 Y 上必是上半连续的.

如果在定理 11.2.1 中, $\forall y\in Y$, $G(y)=X$, 其中 X 是有界闭集, 则可以得到定理 11.2.2.

定理 11.2.2 设 X 和 Y 分别是 R^m 和 R^n 中的两个非空子集, 其中 X 是有界闭集, 向量值函数 $F:X\times Y\to R^k$ 连续, 则 $\forall y\in Y$, 由

$$M(y)=\left\{x\in X: F(u,y)-F(x,y)\notin \mathrm{int}R_+^k, \forall u\in X\right\},$$

定义的集值映射 $M:Y\to P_0(X)$ 在 Y 上必是上半连续的, 且 $M(y)$ 是非空有界闭集.

注 11.2.1 在定理 11.2.1 和定理 11.2.2 中令 $k=1$, 即推出定理 2.2.6 和定理 2.2.7.

11.3 广义多目标博弈弱 Pareto-Nash 平衡点的存在性

$N=\{1,\cdots,n\}$ 是局中人的集合, $\forall i\in N$, 设 X_i 是局中人 i 的策略集, $X=\prod_{i=1}^{n}X_i, F^i=\{f_1^i,\cdots,f_k^i\}:X\to R^k$ 是局中人 i 的向量值支付函数. $G_i:X_{\hat{i}}\to P_0(X_i)$ 是局中人 i 的可行策略映射. 如果存在 $x^*=(x_1^*,\cdots,x_n^*)\in X$, 使 $\forall i\in N$, 有 $x_i^*\in G_i\left(x_{\hat{i}}^*\right)$, 且 $\forall y_i\in G_i\left(x_{\hat{i}}^*\right)$, 有

$$F^i\left(y_i,x_{\hat{i}}^*\right)-F^i\left(x_i^*,x_{\hat{i}}^*\right)\notin \mathrm{int}R_+^k,$$

则称 x^* 是此广义多目标博弈的弱 Pareto-Nash 平衡点.

广义多目标博弈的弱 Pareto-Nash 平衡点 x^* 的意义很清楚: $\forall i\in N$, $x_i^*\in G_i\left(x_{\hat{i}}^*\right)$ 表明当除局中人 i 之外的其他 $n-1$ 个局中人选取策略 $x_{\hat{i}}^*\in X_{\hat{i}}$ 时, x_i^* 是局中人 i 的可行策略, 而 $\forall y_i\in G_i\left(x_{\hat{i}}^*\right)$, $f_j^i\left(y_i,x_{\hat{i}}^*\right)>f_j^i\left(x_i^*,x_{\hat{i}}^*\right)$ 都成立是不可能的, $j=1,\cdots,k$.

定理 11.3.1 $\forall i\in N$, 设 X_i 是 R^{k_i} 中的非空有界闭凸集, 集值映射 $G_i:X_{\hat{i}}\to P_0(X_i)$ 连续, 且 $\forall x_{\hat{i}}\in X_{\hat{i}}$, $G_i(x_{\hat{i}})$ 是 X_i 中的非空闭凸集, $F^i=\{f_1^i,\cdots,f_k^i\}:X\to R^k$ 满足

(1) $\forall j=1,\cdots,k$, f_j^i 在 X 上是连续的;

(2) $\forall j=1,\cdots,k$, $\forall x_{\hat{i}}\in X_{\hat{i}}$, $y\to f_j^i(y_i,x_{\hat{i}})$ 在 X_i 上是凹的,

则广义多目标博弈的弱 Pareto-Nash 平衡点必存在.

证明 定义集值映射 $G:X\to P_0(X)$ 如下: $\forall x=(x_1,\cdots,x_n)\in X$,

$$G(x)=\prod_{i=1}^{n}G_i(x_{\hat{i}}),$$

则集值映射 G 是连续的, 且 $\forall x\in X$, $G(x)$ 是 X 中的非空闭凸集.

定义向量值函数 $\varphi:X\times X\to R^k$ 如下: $\forall x=(x_1,\cdots,x_n)\in X$, $\forall y=(y_1,\cdots,y_n)\in X$,

$$\varphi(x,y)=\sum_{i=1}^{n}\left[F^i(y_i,x_{\hat{i}})-F^i(x_i,x_{\hat{i}})\right],$$

同定理 10.4.1 中的证明, 容易验证

$\forall y\in X, x\to\varphi(x,y)$ 在 X 上是 R_+^k 下半连续的;

$\forall x\in X, y\to\varphi(x,y)$ 在 X 上是 R_+^k 凹的;

$\forall x\in X, \varphi(x,x)=0\notin \mathrm{int}R_+^k$.

由定理 11.1.1, 存在 $x^*=(x_1^*,\cdots,x_n^*)\in X$, 使 $\forall y\in G(x^*)$, 有 $\varphi(x^*,y)\notin \mathrm{int}R_+^k$.

由 $x^* \in G(x^*)$, 则 $\forall i \in N$, 有 $x_i^* \in G_i\left(x_{\hat{i}}^*\right)$.

$\forall i \in N, \forall y_i \in G_i\left(x_{\hat{i}}^*\right)$, 令 $\bar{y} = \left(y_i, x_{\hat{i}}^*\right)$, 则 $\bar{y} \in G(x^*)$,

$$\varphi(x^*, \bar{y}) = F^i\left(y_i, x_{\hat{i}}^*\right) - F^i\left(x_i^*, x_{\hat{i}}^*\right) \notin \mathrm{int}R_+^k.$$

x^* 就是此广义多目标博弈的弱 Pareto-Nash 平衡点.

以下要应用向量值函数的极大值定理来证明广义多目标博弈的弱 Pareto-Nash 平衡点的存在性. 为此需要向量值函数比 R_+^k 拟凹更强的概念, 见文献 [41] 和 [89] 和 [90].

设 X 是线性空间 E 中的非空凸集, 向量值函数 $f: X \to R^k$, 如果 $\forall x_1, x_2 \in X$, $\forall \lambda \in (0,1)$, 有

$$f(\lambda x_1 + (1-\lambda) x_2) \in f(x_1) + R_+^k \quad \text{或者} \quad f(\lambda x_1 + (1-\lambda) x_2) \in f(x_2) + R_+^k,$$

则称 f 在 X 上是 R_+^k 似拟凹的.

引理 11.3.1 如果 $f: X \to R^k$ 是 R_+^k 似拟凹的, 则它必是 R_+^k 拟凹的.

证明 $\forall x_1, x_2 \in X$, $\forall \lambda \in (0,1)$, 因 $f(x) = (f_1(x), \cdots, f_k(x))$ 是 R_+^k 似拟凹的, 不妨设 $f(\lambda x_1 + (1-\lambda) x_2) \in f(x_1) + R_+^k$, 即 $i = 1, \cdots, k$, 有

$$f_i(\lambda x_1 + (1-\lambda) x_2) \geqslant f_i(x_1) \geqslant \min\{f_i(x_1), f_i(x_2)\},$$

$f_i: X \to R$ 是拟凹的, 由引理 10.2.5(2), $f: X \to R^k$ 必是 R_+^k 拟凹的.

注 11.3.1 如果 $k=1$, 易知 $f: X \to R$ 是 R_+ 似拟凹的等价于 f 在 X 上是拟凹的, 即与 f 是 R_+ 拟凹的是等价的, 但当 $k \geqslant 2$ 时, 一般来说不是等价的, 可见下例:

$X = [0,1], \forall x \in X, f(x) = (-x, x) \in R^2$, 显然 $-x$ 和 x 都是拟凹的, 故 $f: X \to R^2$ 是 R_+^2 拟凹的. 设 $x_1 = 0, x_2 = 1, \lambda = \dfrac{1}{2}$, 则

$$f(x_1) = (0,0), \quad f(x_2) = (-1,1), \quad f\left(\frac{x_1+x_2}{2}\right) = f\left(\frac{1}{2}\right) = \left(-\frac{1}{2}, \frac{1}{2}\right),$$

$$\left(-\frac{1}{2}, \frac{1}{2}\right) \notin (0,0) + R_+^2, \quad \left(-\frac{1}{2}, \frac{1}{2}\right) \notin (-1,1) + R_+^2,$$

因此 f 在 X 上就不是 R_+^2 似拟凹的.

引理 11.3.2 如果 $f: X \to R^k$ 是 R_+^k 似拟凹的, $\forall x_1, x_2 \in X$, $\forall \lambda \in (0,1)$, $\forall z \in R^k$, 则由 $f(x_1) \notin z - \mathrm{int}R_+^k$, $f(x_2) \notin z - \mathrm{int}R_+^k$ 可推出

$$f(\lambda x_1 + (1-\lambda) x_2) \notin z - \mathrm{int}R_+^k.$$

证明　$\forall x_1, x_2 \in X, \forall \lambda \in (0,1), \forall z = (z_1, \cdots, z_k) \in R^k$, 因 f 在 X 上是 R^k_+ 似拟凹的, 不妨设 $f(\lambda x_1 + (1-\lambda)x_2) \in f(x_1) + R^k_+$, 即 $\forall i = 1, \cdots, k$, 有

$$f_i(\lambda x_1 + (1-\lambda)x_2) \geqslant f_i(x_1).$$

因 $f(x_1) \notin z - \mathrm{int}R^k_+$, 存在某 i, 使 $f_i(x_1) \geqslant z_i$, 因此 $f_i(\lambda x_1 + (1-\lambda)x_2) \geqslant z_i$, $f(\lambda x_1 + (1-\lambda)x_2) \notin z - \mathrm{int}R^k_+$.

定理 11.3.2　$\forall i \in N$, 设 X_i 是 R^{k_i} 中的非空有界闭凸集, 集值映射 $G_i : X_{\hat{i}} \to P_0(X_i)$ 连续, 且 $\forall x_{\hat{i}} \in X_{\hat{i}}$, $G_i(x_{\hat{i}})$ 是 X_i 中的非空有界闭凸集, $F^i = \left(f^i_1, \cdots, f^i_k\right) : X \to R^k$ 满足

(1) $\forall j = 1, \cdots, k$, f^i_j 在 X 上是连续的;

(2) $\forall x_{\hat{i}} \in X_{\hat{i}}$, $y_i \to F^i(y_i, x_{\hat{i}})$ 在 X_i 上是 R^k_+ 似拟凹的,

则广义多目标博弈的弱 Pareto-Nash 平衡点必存在, 即存在 $x^* = (x^*_1, \cdots, x^*_n) \in X$, 使 $\forall i \in N$, 有 $x^*_i \in G_i\left(x^*_{\hat{i}}\right)$, 且 $\forall y_i \in G_i\left(x^*_{\hat{i}}\right)$, 有

$$F^i\left(y_i, x^*_{\hat{i}}\right) - F^i\left(x^*_i, x^*_{\hat{i}}\right) \notin \mathrm{int}R^k_+.$$

证明　$\forall x = (x_1, \cdots, x_n) \in X$, 定义集值映射 $M : X \to P_0(X)$ 如下

$$M(x) = \prod_{i=1}^{n} M_i(x_{\hat{i}}),$$

其中 $\forall i \in N$,

$$M_i(x_{\hat{i}}) = \left\{w_i \in G_i(x_{\hat{i}}) : F^i(y_i, x_{\hat{i}}) - F^i(w_i, x_{\hat{i}}) \notin \mathrm{int}R^k_+, \forall y_i \in G_i(x_{\hat{i}})\right\}.$$

由定理 11.2.1, $M_i(x_{\hat{i}})$ 是非空有界闭集, 且集值映射 $M_i : X_{\hat{i}} \to P_0(X_i)$ 是上半连续的, 以下来验证 $M_i(x_{\hat{i}})$ 是一个凸集.

$\forall w^1_i, w^2_i \in M_i(x_{\hat{i}}), \forall \lambda \in (0,1)$, 因 $G_i(x_{\hat{i}})$ 是凸集, $w^1_i, w^2_i \in G_i(x_{\hat{i}})$, 故 $\lambda w^1_i + (1-\lambda) w^2_i \in G_i(x_{\hat{i}})$, 且 $\forall y_i \in G_i(x_{\hat{i}})$, 有

$$F^i(y_i, x_{\hat{i}}) - F^i\left(w^1_i, x_{\hat{i}}\right) \notin \mathrm{int}R^k_+,$$

$$F^i(y_i, x_{\hat{i}}) - F^i\left(w^2_i, x_{\hat{i}}\right) \notin \mathrm{int}R^k_+.$$

于是

$$F^i\left(w^1_i, x_{\hat{i}}\right) \notin F^i(y_i, x_{\hat{i}}) - \mathrm{int}R^k_+,$$

$$F^i\left(w^2_i, x_{\hat{i}}\right) \notin F^i(y_i, x_{\hat{i}}) - \mathrm{int}R^k_+,$$

因 $\forall x_{\hat{i}} \in X_{\hat{i}}$, $y_i \to F^i(y_i, x_{\hat{i}})$ 是 R_+^k 似拟凹的, 由引理 11.3.2, 有

$$F^i\left(\lambda w_i^1 + (1-\lambda) w_i^2, x_{\hat{i}}\right) \notin F^i(y_i, x_{\hat{i}}) - \operatorname{int}R_+^k,$$

$$F^i(y_i, x_{\hat{i}}) - F^i\left(\lambda w_i^1 + (1-\lambda) w_i^2, x_{\hat{i}}\right) \notin \operatorname{int}R_+^k,$$

故 $\lambda w_i^1 + (1-\lambda) w_i^2 \in M_i(x_{\hat{i}})$, $M_i(x_{\hat{i}})$ 是凸集.

这样, 集值映射 $M: X \to P_0(X)$ 必是上半连续的, 且 $\forall x \in X$, $M(x)$ 是 X 中的非空有界闭凸集, 由 Kakutani 不动点定理, 存在 $x^* \in X$, 使 $x^* \in M(x^*)$.

$\forall i \in N$, 由 $x_i^* \in M_i\left(x_{\hat{i}}^*\right)$, 得 $x_i^* \in G_i\left(x_{\hat{i}}^*\right)$, 且 $\forall y_i \in G_i\left(x_{\hat{i}}^*\right)$, 有

$$F^i\left(y_i, x_{\hat{i}}^*\right) - F^i\left(x_i^*, x_{\hat{i}}^*\right) \notin \operatorname{int}R_+^k,$$

广义多目标博弈的弱 Pareto-Nash 平衡点必存在.

如果在定理 11.3.2 中, $\forall i \in N$, $\forall x_{\hat{i}} \in X_{\hat{i}}$, $G_i(x_{\hat{i}}) = X_i$, 则定理 11.3.2 即推得以下多目标博弈弱 Pareto-Nash 平衡点的存在性定理.

定理 11.3.3 $\forall i \in N$, 设 X_i 是 R^{k_i} 中的非空有界闭凸集, $F^i = \left(f_1^i, \cdots, f_k^i\right)$: $X \to R^k$ 满足

(1) $\forall j = 1, \cdots, k$, f_j^i 在 X 上是连续的;

(2) $\forall x_{\hat{i}} \in X_{\hat{i}}$, $y_i \to F^i(y_i, x_{\hat{i}})$ 在 X_i 上是 R_+^k 似拟凹的,

则多目标博弈的弱 Pareto-Nash 平衡点必存在, 即存在 $x^* = (x_1^*, \cdots, x_n^*) \in X$, 使 $\forall i \in N$, $\forall y_i \in X_i$, 有

$$F^i\left(y_i, x_{\hat{i}}^*\right) - F^i\left(x_i^*, x_{\hat{i}}^*\right) \notin \operatorname{int}R_+^k.$$

第 12 讲　完美平衡点与本质平衡点

本讲将介绍完美平衡点与本质平衡点, 完美平衡点是 1994 年 Nobel 经济学奖获得者 Selten 在 1975 年提出的, 是他的主要工作, 而本质平衡点是我国著名数学家吴文俊先生和江嘉禾先生在 1962 年提出的, 其结果是非常深刻的.

12.1　完美平衡点

目前博弈论的难题是一个博弈可能有多个平衡点而如何选取的问题. 正如国际著名的博弈论学者 Binmore 所指出的, "平衡选取问题可能是现代博弈论所面临的最大挑战"[91].

对于矩阵博弈, 或者更加广泛的两人零和博弈, 这个难题不存在, 定理 3.2.1 已证明了以下结论:

设 X 和 Y 分别是局中人 1 和局中人 2 的策略集, $f: X\times Y\to R$ 是局中人 1 的支付函数 ($-f$ 是局中人 2 的支付函数), 设 $S(f)$ 表示 f 在 $X\times Y$ 中的平衡点集 (即鞍点集) 的全体,

(1) 如果 $(x_1,y_1)\in S(f),(x_2,y_2)\in S(f)$, 则 $f(x_2,y_1)=f(x_1,y_1)=f(x_1,y_2)=f(x_2,y_2)$;

(2) 进一步, 还有 $(x_1,y_2)\in S(f)$,$(x_2,y_1)\in S(f)$.

由以上结论, 对于矩阵博弈, 或者更加广泛的两人零和博弈, 局中人 1 选取策略 x_1 或 x_2, 局中人 2 选取策略 y_1 或 y_2, 得到的结果都是一致的: (x_1,y_1), (x_1,y_2), (x_2,y_1) 和 (x_2,y_2) 都是平衡点 (即鞍点), 且 $f(x_1,y_1)=f(x_1,y_2)=f(x_2,y_1)=f(x_2,y_2)$.

对于双矩阵博弈, 或者更加广泛的 n 人非合作有限博弈和 n 人非合作博弈, 以上结论不成立, 因此一个博弈可能有多个平衡点而如何选取的问题, 就成为现代博弈论所面临的最大挑战.

此外, 无论是 von Neumann 的矩阵博弈, 还是 Nash 的 n 人非合作有限博弈 (包括双矩阵博弈), 都假设局中人是完全理性的, 都能够在一定的约束条件下作出使自己利益最大化的选择, 而这显然是过于理想的.

1975 年, Selten 给出了以下完美平衡点 (perfect equilibrium) 的概念, 见文献 [92].

以双矩阵博弈为例.

设局中人 1 和局中人 2 都不是完全理性的, 而是有限理性的, 是可能犯错误的, 在他们作出决策时可能会发生某种 "颤抖". 设 $\varepsilon>0$ 足够小 (满足 $m\varepsilon<1, n\varepsilon<1$), 而

$$X(\varepsilon)=\left\{x=(x_1,\cdots,x_m):x_i\geqslant\varepsilon,i=1,\cdots,m,\sum_{i=1}^{m}x_i=1\right\}$$

是依赖于 ε 的扰动博弈中局中人 1 的策略集, 因 $m\varepsilon<1$, 故 $X(\varepsilon)\neq\varnothing$;

$$Y(\varepsilon)=\left\{y=(y_1,\cdots,y_n):y_j\geqslant\varepsilon,j=1,\cdots,n,\sum_{j=1}^{n}y_j=1\right\}$$

是依赖于 ε 的扰动博弈中局中人 2 的策略集, 因 $n\varepsilon<1$, 故 $Y(\varepsilon)\neq\varnothing$.

如果扰动博弈存在 Nash 平衡点 $(x(\varepsilon),y(\varepsilon))\in X(\varepsilon)\times Y(\varepsilon)$, 且存在 $\varepsilon_k\to 0$, 使 $x(\varepsilon_k)\to x^*\in X$, $y(\varepsilon_k)\to y^*\in Y$, 即 (x^*,y^*) 是当局中人 1 和局中人 2 犯错误的概率逐渐减小, "颤抖" 逐渐消失时扰动博弈平衡点的极限点, 则 (x^*,y^*) 必是原博弈的一个 Nash 平衡点, 称为完美平衡点.

定理 12.1.1 双矩阵博弈必存在完美平衡点.

证明 首先, 易知$X(\varepsilon)$和$Y(\varepsilon)$分别是 R^m 和 R^n 中的非空有界闭凸集, 局中人 1 的支付函数$\sum\limits_{i=1}^{m}\sum\limits_{j=1}^{n}c_{ij}x_iy_j$ 和局中人 2 的支付函数 $\sum\limits_{i=1}^{m}\sum\limits_{j=1}^{n}d_{ij}x_iy_j$ 连续, 且满足

$\forall y=(y_1,\cdots,y_n)\in Y(\varepsilon),x=(x_1,\cdots,x_m)\to\sum\limits_{i=1}^{m}\sum\limits_{j=1}^{n}c_{ij}x_iy_j$ 在 $X(\varepsilon)$ 上是凹的;

$\forall x=(x_1,\cdots,x_n)\in X(\varepsilon),y=(y_1,\cdots,y_n)\to\sum\limits_{i=1}^{m}\sum\limits_{j=1}^{n}d_{ij}x_iy_j$ 在 $Y(\varepsilon)$ 上是凹的.

由定理 5.1.2, 扰动博弈必存在 Nash 平衡点 $(x(\varepsilon),y(\varepsilon))\in X(\varepsilon)\times Y(\varepsilon)$, 即 $\forall(x,y)\in X(\varepsilon)\times Y(\varepsilon)$, 有

$$\sum_{i=1}^{m}\sum_{j=1}^{n}c_{ij}x_i(\varepsilon)y_j(\varepsilon)\geqslant\sum_{i=1}^{m}\sum_{j=1}^{n}c_{ij}x_iy_j(\varepsilon),$$

$$\sum_{i=1}^{m}\sum_{j=1}^{n}d_{ij}x_i(\varepsilon)y_j(\varepsilon)\geqslant\sum_{i=1}^{m}\sum_{j=1}^{n}d_{ij}x_i(\varepsilon)y_j.$$

$\forall\varepsilon>0$, 因 $(x(\varepsilon),y(\varepsilon))\in X\times Y$, 而 $X\times Y$ 是 R^{m+n} 中的有界闭集, 由聚点存在定理, 存在 $\varepsilon_k\to 0$, 使 $x(\varepsilon_k)\to x^*\in X, y(\varepsilon_k)\to y^*\in Y$.

$\forall(x,y)\in X\times Y$, 存在 $(x^k,y^k)\in X(\varepsilon_k)\times Y(\varepsilon_k),k=1,2,3,\cdots$, 使 $x^k\to x,y^k\to y$. 记 $x^k=\left(x_1^k,\cdots,x_m^k\right),y^k=\left(y_1^k,\cdots,y_n^k\right)$, 因

$$\sum_{i=1}^{m}\sum_{j=1}^{n}c_{ij}x_i(\varepsilon_k)y_j(\varepsilon_k)\geqslant\sum_{i=1}^{m}\sum_{j=1}^{n}c_{ij}x_i^ky_j(\varepsilon_k),$$

$$\sum_{i=1}^{m}\sum_{j=1}^{n}d_{ij}x_i(\varepsilon_k)y_j(\varepsilon_k)\geqslant\sum_{i=1}^{m}\sum_{j=1}^{n}d_{ij}x_i(\varepsilon_k)y_j^k,$$

令 $k\to\infty$, 得

$$\sum_{i=1}^{m}\sum_{j=1}^{n}c_{ij}x_i^*y_j^*\geqslant\sum_{i=1}^{m}\sum_{j=1}^{n}c_{ij}x_iy_j^*,$$

$$\sum_{i=1}^{m}\sum_{j=1}^{n}d_{ij}x_i^*y_j^*\geqslant\sum_{i=1}^{m}\sum_{j=1}^{n}d_{ij}x_i^*y_j.$$

(x^*,y^*) 即原博弈的 Nash 平衡点, 完美平衡点必存在.

注 12.1.1 定理 12.1.1 对 n 人非合作有限博弈也成立. Selten 的完美平衡点是一种经扰动而回复的平衡点, 当然具有某种稳定性. 用这种方法, Selten 就删除了一些不稳定的平衡点, 使太多的 Nash 平衡点得到了一种精练.

实际上, 可以证明以下更加一般的定理.

定理 12.1.2 设 X 和 Y 分别是 R^m 和 R^n 中的非空有界闭凸集, $\forall i=1,2,3,\cdots$, X_i 和 Y_i 分别是 X 和 Y 中的非空有界闭凸集, 满足 $h_1(X_i,X)\to 0\,(i\to\infty)$, $h_2(Y_i,Y)\to 0\,(i\to\infty)$, 其中 h_1 和 h_2 分别是 X 和 Y 中的 Hausdorff 距离, $f:X\times Y\to R$ 连续, $\forall y\in Y$, $x\to f(x,y)$ 在 X 上是拟凹的, $g:X\times Y\to R$ 连续, $\forall x\in X$, $y\to g(x,y)$ 在 Y 上是拟凹的, 则存在序列 $\{(x_{k_i},y_{k_i})\in X_{k_i}\times Y_{k_i}:i=1,2,3,\cdots\}$, 使

$$f(x_{k_i},y_{k_i})=\max_{u\in X_{k_i}}f(u,y_{k_i}),$$

$$g(x_{k_i},y_{k_i})=\max_{v\in Y_{k_i}}g(x_{k_i},v),$$

$(x_{k_i},y_{k_i})\to(x^*,y^*)\in X\times Y$, 且

$$f(x^*,y^*)=\max_{u\in X}f(u,y^*),$$

$$g(x^*,y^*)=\max_{v\in Y}g(x^*,v).$$

证明 由定理 5.1.2, $\forall i=1,2,3,\cdots$, 存在 $(x_i,y_i)\in X_i\times Y_i$, 使

$$f(x_i,y_i)=\max_{u\in X_i}f(u,y_i),$$

$$g(x_i,y_i)=\max_{v\in Y_i}g(x_i,v).$$

因 $X\times Y$ 是 R^{m+n} 中的有界闭凸集, 由聚点存在定理, 存在 $\{(x_i,y_i)\in X\times Y: i=1,2,3,\cdots\}$ 的子序列 $\{(x_{k_i},y_{k_i})\in X_{k_i}\times Y_{k_i}:i=1,2,3,\cdots\}$, 使 $(x_{k_i},y_{k_i})\to$

$(x^*,y^*)\in X\times Y$. $\forall u\in X$, 因 $h_1(X_i,X)\to 0$, 由引理 2.1.8, 存在 $u_{k_i}\in X_{k_i}, i=1,2,3,\cdots$, 使 $u_{k_i}\to u$. $\forall i=1,2,3,\cdots$, 因

$$f(x_{k_i},y_{k_i})\geqslant f(u_{k_i},y_{k_i}),$$

$x_{k_i}\to x^*, y_{k_i}\to y^*, u_{k_i}\to u$ 及 f 在 $X\times Y$ 上连续, 令 $i\to\infty$, 得

$$f(x^*,y^*)\geqslant f(u,y^*),$$

$$f(x^*,y^*)=\max_{u\in X}f(u,y^*).$$

同样地, 有

$$g(x^*,y^*)=\max_{v\in Y}g(x^*,v).$$

注 12.1.2 要证明定理 12.1.2 推广了定理 12.1.1, 只需要证明 Hausdorff 距离

$$h_1(X(\varepsilon),X)\to 0\,(\varepsilon\to 0),\quad h_2(Y(\varepsilon),Y)\to 0\,(\varepsilon\to 0).$$

$\forall\delta>0$, 因 $X\supset X(\varepsilon)$, 这只需要证明当 $\varepsilon>0$ 充分小时, 有 $X\subset U(\delta,X(\varepsilon))$.

$\forall u\in X$, 令 $I=\{i:x_i=0\}$, 如果 $I=\varnothing$, 则当 $\varepsilon>0$ 充分小时, 必有 $x_i\geqslant\varepsilon, i=1,\cdots,m$, 此时 $x\in X(\varepsilon)$, 已证. 如果 $I\neq\varnothing$, 记 I 中 i 的个数为 p, 则 $p<m$. 当 $i\notin I$ 时, 只要 $\varepsilon>0$ 充分小, 必有 $x_i\geqslant\dfrac{m}{m-p}\varepsilon$, 注意到此时 $\sum\limits_{i\notin I}x_i=\sum\limits_{i=1}^{m}x_i=1$.

令 $x_i'=\begin{cases}\varepsilon, & i\in I,\\ x_i-\dfrac{p}{m-p}\varepsilon, & i\notin I,\end{cases}$ 当 $i\notin I$ 时, $x_i'\geqslant\dfrac{m}{m-p}\varepsilon-\dfrac{p}{m-p}\varepsilon=\varepsilon$,

$\sum\limits_{i=1}^{m}x_i'=\sum\limits_{i\in I}x_i'+\sum\limits_{i\notin I}x_i'=p\varepsilon+\sum\limits_{i\notin I}x_i-p\varepsilon=\sum\limits_{i\notin I}x_i=1$. 这样, $x'=(x_1',\cdots,x_m')\in X(\varepsilon)$, 距离

$$d(x,x')=\sqrt{\sum_{i\in I}(x_i-x_i')^2+\sum_{i\notin I}(x_i-x_i')^2}=\sqrt{p\varepsilon^2+\frac{p^2}{m-p}\varepsilon^2}=\sqrt{\frac{mp}{m-p}}\varepsilon.$$

所以只要取 ε 充分小, 使 $\sqrt{\dfrac{mp}{m-p}}\varepsilon<\delta$, 就可以保证 $d(x,x')<\delta$, $X\subset U(\delta,X(\varepsilon))$. 同样可证明 $h_2(Y(\varepsilon),Y)\to 0\,(\varepsilon\to 0)$.

12.2 本质平衡点

关于 Nash 平衡点的精练问题, 吴文俊先生和江嘉禾先生早在 1962 年就给出了本质平衡点 (essential equilibrium) 的概念, 见文献 [93], 比 Selten 的工作早 13 年.

仍以双矩阵博弈为例.

一个双矩阵博弈由两个 $m\times n$ 矩阵 $\{(c_{ij}),(d_{ij}):i=1,\cdots,m,j=1,\cdots,n\}$ 完全确定, 也可以说, 它由 R^{2mn} 中的一个点所完全确定.

设 C 是所有双矩阵博弈 $\Gamma=\{(c_{ij}),(d_{ij})\}$ 的集合, 对任意 $\Gamma=\{(c_{ij}),(d_{ij})\}\in C$, $\Gamma'=\left\{\left(c'_{ij}\right),\left(d'_{ij}\right)\right\}\in C$, 定义距离

$$\rho(\Gamma,\Gamma')=\left(\sum_{i=1}^{m}\sum_{j=1}^{n}\left|c_{ij}-c'_{ij}\right|^2+\sum_{i=1}^{m}\sum_{j=1}^{n}\left|d_{ij}-d'_{ij}\right|^2\right)^{\frac{1}{2}},$$

它实际上反映了博弈 Γ 中局中人 1 和局中人 2 的两个支付函数与博弈 Γ' 中局中人 1 和局中人 2 的两个支付函数接近的程度.

注 12.2.1　实际上, 可以认为 $C=R^{2mn}$.

记 $\Gamma^k=\left\{\left(c^k_{ij}\right),\left(d^k_{ij}\right)\right\}\in C$, 注意到 $\Gamma^k\to\Gamma\,(k\to\infty)$ 当且仅当 $c^k_{ij}\to c_{ij}$, $d^k_{ij}\to d_{ij}$, $i=1,\cdots,m$, $j=1,\cdots,n$.

$\Gamma\in C$, 用 $N(\Gamma)$ 表示双矩阵博弈 Γ 所有 Nash 平衡点的集合, 由定理 4.1.1, $N(\Gamma)\neq\varnothing$, 由 $\Gamma\to N(\Gamma)$ 就给出了一个集值映射 $N:C\to P_0(X\times Y)$(或者是 $N:R^{2mn}\to P_0(X\times Y)$), 其中

$$X=\left\{x=(x_1,\cdots,x_m):x_i\geqslant 0,i=1,\cdots,m,\sum_{i=1}^{m}x_i=1\right\},$$

$$Y=\left\{y=(y_1,\cdots,y_n):y_j\geqslant 0,j=1,\cdots,n,\sum_{j=1}^{n}y_j=1\right\}.$$

$(x,y)\in N(\Gamma)$ 称为博弈 Γ 的本质平衡点, 如果对 (x,y) 在 $X\times Y$ 中的任何开邻域 U, 存在 Γ 在 C 中的开邻域 V, 使对任意 $\Gamma'\in V$, 存在 $(x',y')\in N(\Gamma')$, 而 $(x',y')\in U$. 如果对任意 $(x,y)\in N(\Gamma),(x,y)$ 都是博弈 Γ 的本质平衡点, 则称博弈 Γ 是本质的.

引理 12.2.1　集值映射 $N:C\to P_0(X\times Y)$ 在 C 上是上半连续的, 且对任意 $\Gamma\in C$, $N(\Gamma)$ 是有界闭集.

证明　因 $X\times Y$ 是 R^{m+n} 中的有界闭集, 只需要证明集值映射 N 是闭的, 即要证明 $\forall\,\Gamma^k\to\Gamma,\forall\left(x^k,y^k\right)\in N\left(\Gamma^k\right)$, $\left(x^k,y^k\right)\to(x^*,y^*)$, 则 $(x^*,y^*)\in N(\Gamma)$.

因 $\left(x^k,y^k\right)\in N\left(\Gamma^k\right)$, 则 $\forall x=(x_1,\cdots,x_m)\in X$, $\forall y=(y_1,\cdots,y_n)\in Y$, 有

$$\sum_{i=1}^{m}\sum_{j=1}^{n}c^k_{ij}x^k_iy^k_j\geqslant\sum_{i=1}^{m}\sum_{j=1}^{n}c^k_{ij}x_iy^k_j,$$

$$\sum_{i=1}^{m}\sum_{j=1}^{n}d_{ij}^{k}x_i^k y_j^k \geqslant \sum_{i=1}^{m}\sum_{j=1}^{n}d_{ij}^{k}x_i^k y_j.$$

因 $\Gamma^k \to \Gamma$, 有 $c_{ij}^k \to c_{ij}$, $d_{ij}^k \to d_{ij}$, $i=1,\cdots,m$, $j=1,\cdots,n$. 因 $\left(x^k, y^k\right) \to (x^*, y^*)$, 有 $x_i^k \to x_i^*$, $y_j^k \to y_j^*$, $i=1,\cdots,m$, $j=1,\cdots,n$. 在以上两式中令 $k\to\infty$, 则 $\forall x=(x_1,\cdots,x_m)\in X$, $\forall y=(y_1,\cdots,y_n)\in Y$, 有

$$\sum_{i=1}^{m}\sum_{j=1}^{n}c_{ij}x_i^* y_j^* \geqslant \sum_{i=1}^{m}\sum_{j=1}^{n}c_{ij}x_i y_j^*,$$

$$\sum_{i=1}^{m}\sum_{j=1}^{n}d_{ij}x_i^* y_j^* \geqslant \sum_{i=1}^{m}\sum_{j=1}^{n}d_{ij}x_i^* y_j,$$

即 $(x^*, y^*)\in N(\Gamma)$.

引理 12.2.2 博弈 $\Gamma\in C$ 是本质的当且仅当集值映射 $N: C\to P_0(X\times Y)$ 在 Γ 上是下半连续的.

证明 必要性. 对 $X\times Y$ 中的任何开集 G, $G\cap N(\Gamma)\neq\varnothing$, 取 $(x,y)\in G\cap N(\Gamma)$, 则 G 是 (x,y) 在 $X\times Y$ 中的开邻域. 因博弈 Γ 是本质的, 故 $(x,y)\in N(\Gamma)$ 必是本质平衡点, 存在 Γ 在 C 中的开邻域 V, 使对任意 $\Gamma'\in V$, 存在 $(x',y')\in N(\Gamma')$, 而 $(x',y')\in G$. 这样, 当 $\Gamma'\in V$ 时, 必有 $G\cap N(\Gamma')\neq\varnothing$, 集值映射 N 在 Γ 必是下半连续的.

充分性. $\Gamma\in C$, 对任意 $(x,y)\in N(\Gamma)$, 对 (x,y) 在 $X\times Y$ 中的任意开邻域 U, 则 $U\cap N(\Gamma)\neq\varnothing$. 因集值映射 N 在 Γ 是下半连续的, 存在 Γ 在 C 中的开邻域 V, 使对任意 $\Gamma'\in V$, 有 $U\cap N(\Gamma')\neq\varnothing$. 取 $(x',y')\in U\cap N(\Gamma')$, 则 $(x',y')\in N(\Gamma')$, 且 $(x',y')\in U$, (x,y) 必是博弈 Γ 的本质平衡点, 从而博弈 Γ 必是本质的.

定理 12.2.1 存在 C 中的一个第二纲的稠密剩余集 Q, 使对任意 $\Gamma\in Q$, 博弈 Γ 都是本质的.

证明 由引理 12.2.1, 集值映射 $N: C\to P_0(X\times Y)$ 在 C 上是上半连续的, 且 $\forall\,\Gamma\in C$, $N(\Gamma)$ 是 R^{m+n} 中的有界闭集. 由 Fort 定理, 存在 C 中的一个第二纲的稠密剩余集 Q, 使 $\forall\Gamma\in Q$, 集值映射 N 在 Γ 是下半连续的, 从而是连续的. 又由引理 12.2.2, $\forall\,\Gamma\in Q$, 博弈 Γ 必是本质的.

注 12.2.2 $\forall\,\Gamma\in Q$, 同样由 Fort 定理, 必有

$$\lim_{\Gamma'\to\Gamma} h\left(N(\Gamma'), N(\Gamma)\right)=0,$$

其中 h 是 R^{m+n} 上的 Hausdorff 距离, 这说明博弈 Γ 的 Nash 平衡点集是稳定的.

对任意 $\Gamma\in C$, 如果 $\Gamma\notin Q$, 因为 Q 在 C 中是稠密的, 博弈 Γ 可以由一列博弈 Γ^k 对其进行任意逼近, 而每一博弈 Γ^k 都是本质的, 即其 Nash 平衡点集都是稳定的.

又因 Q 是 C 中第二纲的稠密剩余集, 由注 2.2.2, 性质 "双矩阵博弈 Γ 是本质的" 在 C 上是通有成立的. 所以在 Baire 分类的意义上, 或者在非线性分析和拓扑学的意义上, 大多数的双矩阵博弈 Γ 都是本质的, 其 Nash 平衡点集都是稳定的.

定理 12.2.2 $\Gamma \in C$, 如果 $N(\Gamma) = (x^*, y^*)$ 是单点集, 则博弈 Γ 必是本质的, 且 $\forall \Gamma^k \to \Gamma$, $\forall \left(x^k, y^k\right) \in N\left(\Gamma^k\right)$, 必有 $\left(x^k, y^k\right) \to (x^*, y^*)$.

证明 对任何 $X \times Y$ 中的开集 G, $G \cap N(\Gamma) \neq \varnothing$, 因 $N(\Gamma)$ 是单点集, 必有 $G \supset N(\Gamma)$. 由引理 12.2.1, 集值映射 $N: C \to P_0(X \times Y)$ 在 Γ 是上半连续的, 存在 Γ 在 C 中的开邻域 V, 使对任意 $\Gamma' \in V$, 有 $G \supset N(\Gamma')$, 故 $G \cap N(\Gamma') \neq \varnothing$, 这表明集值映射 N 在 Γ 是下半连续的. 由引理 12.2.2, 博弈 Γ 必是本质的.

以下用反证法. 如果 $\left(x^k, y^k\right) \to (x^*, y^*)$ 不成立, 则存在 (x^*, y^*) 在 $X \times Y$ 中的开邻域 U 和 $\left\{\left(x^k, y^k\right)\right\}$ 的一个子序列 $\{(x^{n_k}, y^{n_k})\}$, 使 $(x^{n_k}, y^{n_k}) \notin U$. 因序列 $\{(x^{n_k}, y^{n_k})\} \subset X \times Y$, 而 $X \times Y$ 是 R^{m+n} 中的有界闭集, 不妨设 $(x^{n_k}, y^{n_k}) \to (\bar{x}, \bar{y}) \in X \times Y$. 因 $\Gamma^{n_k} \to \Gamma$, $(x^{n_k}, y^{n_k}) \in N(\Gamma^{n_k})$, $(x^{n_k}, y^{n_k}) \to (\bar{x}, \bar{y})$, 集值映射 N 必是闭的, 故 $(\bar{x}, \bar{y}) \in N(\Gamma)$. 又 $N(\Gamma) = (x^*, y^*)$ 是单点集, 必有 $(\bar{x}, \bar{y}) = (x^*, y^*)$. 这与 $(x^{n_k}, y^{n_k}) \to (x^*, y^*)$, U 是 (x^*, y^*) 的开邻域, 而 $(x^{n_k}, y^{n_k}) \notin U$ 矛盾.

注 12.2.3 人们往往只知道吴文俊先生在拓扑学和机械化证明的领域中有突出的贡献, 而实际上他在博弈论领域中也有非常有国际影响的工作, 见文献 [94].

12.3 关于本质平衡点与平衡点集本质连通区的若干评述

本节是关于本质平衡点与平衡点集本质连通区的若干评述, 要在度量空间的框架中展开, 主要参考文献 [10], [41], [94] 等.

1950 年, Fort 为研究不动点的稳定性引进了本质不动点的概念: 设 (X, d) 是一个紧度量空间, C 是所有 X 到 X 的连续映射的集合, 对任意 $f \in C$, 假定存在不动点, 对任意 $f, f' \in C$, 定义距离

$$\rho(f, f') = \sup_{x \in X} d\left(f(x), f'(x)\right).$$

$f \in C$ 的不动点 $x \in X$ 称为本质的, 如果当 $f' \in C$ 充分接近 f 时, 也有 f' 的不动点 $x' \in X$ 充分接近 x. 如果映射 f 的所有不动点都是本质的, 则称 f 是本质的. Fort 证明了: 对任意 $f \in C$, 可以用一列 $f_n \in C$ 对它作任意逼近, 其中 f_n 是本质的, $n = 1, 2, 3, \cdots$, 见文献 [95].

吴文俊先生和江加禾先生极其敏锐地认识到也应当研究平衡点的稳定性, 既然可以将 n 人非合作有限博弈的平衡点与 Nash 映射的不动点联系起来 (见 4.1 节), 而不动点有本质的概念及任意逼近的定理, 那么 n 人非合作有限博弈也应当有本质平衡点的概念, 也应当有任意逼近的定理. 他们做到了这一点, 见文献 [93].

深入分析文献 [95] 中定理的证明, Fort 不仅证明了 C 中本质映射的集合是稠密的, 还是一个剩余集. 当然文献 [93] 中也有相应结果. 因为在完备度量空间中稠密剩余集是第二纲的, 这样文献 [93] 实际上证明了：在所有 n 人非合作有限博弈中本质博弈的集合是一个第二纲的稠密剩余集, 而每个本质博弈的平衡点集都是稳定的.

注意到在 Baire 分类意义上的大多数与在测度论意义上的几乎处处是两个不同的概念, 不能说一个包含另一个. 1971 年, Wilson 证明了奇数定理: 在测度论意义上几乎所有的 n 人非合作有限博弈的平衡点都是奇数, 见文献 [96]. 1973 年, Harsanyi 应用微分拓扑中的 Sard 定理[97] 对奇数定理给出了新的证明, 他还证明了在测度论意义上几乎所有的 n 人非合作有限博弈都是正则 (regular) 的, 而正则博弈都是本质的, 所以在测度论意义上几乎所有的 n 人非合作有限博弈都是本质的, 见文献 [98]. 他是受 Debreu 在 1970 年发表的关于纯交换经济正则平衡[99] 的启发而做到这一点的.

此外, Dierker 在 1974 年研究了纯交换经济的本质平衡价格, 见文献 [100]. 陈光亚先生在 1983 年研究了向量极值问题的本质弱有效解, 见文献 [101].

考虑一般的 n 人非合作博弈[10]：设 $N=\{1,\cdots,n\}$ 是局中人的集合, $\forall i\in N$, X_i 是局中人 i 的策略集, 它是线性赋范空间 E_i 中的非空凸紧集, $X=\prod\limits_{i=1}^{n}X_i$, $f_i:X\to R$ 是局中人 i 的支付函数, 它连续且 $\forall x_{\hat{i}}\in X_{\hat{i}}$, $u_i\to f_i\left(u_i,x_{\hat{i}}\right)$ 在 X_i 上是拟凹的. 则此 n 人非合作博弈的 Nash 平衡点必存在, 即存在 $x^*=(x_1^*,\cdots,x_n^*)\in X$, 使 $\forall i\in N$, 有

$$f_i\left(x_i^*,x_{\hat{i}}^*\right)=\max_{u_i\in X_i}f_i\left(u_i,x_{\hat{i}}^*\right).$$

设 C 是所有满足以上存在性定理中 $f=(f_1,\cdots,f_n)$ 的集合, 对任意 $f=(f_1,\cdots,f_n)\in C$, $f'=(f_1',\cdots,f_n')\in C$, 定义距离

$$\rho\left(f,f'\right)=\sum_{i=1}^{n}\max_{x\in X}\left|f_i\left(x\right)-f_i'\left(x\right)\right|,$$

则易知 (C,ρ) 是一个完备度量空间.

对任意 $f=(f_1,\cdots,f_n)\in C$, 它确定了一个 n 人非合作博弈, 其中对任意 $\forall i\in N$, f_i 是局中人 i 的支付函数, 且由以上存在性定理, 博弈 f 的 Nash 平衡点集 $N(f)\neq\varnothing$.

文献 [102] 首先证明了由 $f\to N(f)$ 定义的集值映射 $N:C\to P_0(X)$ 是上半连续的且对任意 $f\in C$, $N(f)$ 是紧集；然后证明了集值映射 N 在 $f\in C$ 下半连续的充分必要条件是博弈 f 是本质的, 即对任意 $x\in N(f)$, 当 $f'\in C$ 充分接近 f 时有 $x'\in N(f')$ 充分接近 x；最后由 Fort 定理就得到了存在 C 中的一个第

二纲的稠密剩余集 Q, 使对任意 $f \in Q$, f 都是本质博弈. 因为 Q 在 C 中是稠密的, 所以 C 中任意博弈都可以用一列 $f_n \in C$ 对它作任意逼近, 其中 f_n 是本质的, $n = 1, 2, 3, \cdots$, 且因为 Q 是第二纲的, 因此可以说 C 中大多数的博弈 f 都是本质的, 其 Nash 平衡点集都是稳定的.

1999 年, 文献 [103] 不仅考虑到支付函数的扰动 (利用文献 [42] 将 f 的连续性条件减弱), 而且考虑到支付函数和策略集同时扰动以及支付函数和可行策略映射同时扰动, 也得到了通有稳定性的结果. 应用同样的方法, 文献 [104] 证明了集值映射叠合点集的通有稳定性, 文献 [105] 证明了生产经济中均衡价格的通有稳定性, 文献 [106]~[108] 分别证明了微分包含解集的通有稳定性、最优控制解集的通有稳定性和微分博弈解集的通有稳定性; 文献 [109] 证明了最优化问题解集的通有唯一性, 文献 [110] 证明了两人零和博弈平衡点的通有唯一性, 文献 [111] 和 [112] 证明了单调平衡问题平衡点集的通有唯一性等. 通有唯一性的研究可以推广至更广泛的空间类, 见文献 [113].

文献 [12] 研究了支付函数不连续的 n 人非合作博弈 Nash 平衡点的存在性问题, 评述了 6 篇论文, 除文献 [42] 外, 还有文献 [114]~[118], 其中尤以 Reny 的文献 [114] 影响较大. 在文献 [114] 中, $\forall i \in N$, f_i 的连续性条件比文献 [103] 较弱, 但是因为所有这样的 $f = (f_1, \cdots, f_n)$ 的集合构成的度量空间 C 就不是完备的, 因此不断有文章考虑 C 中这样那样的完备子空间, 然后得到其 Nash 平衡点集的通有稳定性结论, 有关平衡点集通有稳定性研究可见文献 [119]~[124] 等.

在 1975 年 Selten 对 n 人非合作有限博弈提出完美平衡点的概念之后, 又有不少关于 Nash 平衡点精炼的论文发表, 例如 Myerson(2007 年 Nobel 经济学奖获得者) 在 1978 年提出恰当平衡点 (proper equilibrium) 的概念, 见文献 [125]. 1986 年, 为了更加全面地研究 Nash 平衡点集的稳定性, Kohlberg 和 Mertens 提出了这样的问题: 一个稳定的 Nash 平衡点应该满足哪些必要的条件? 这是公理化的方法, 见文献 [126]. 他们提出了若干准则, 希望用这种方法对平衡点进行精炼. 通过细致的论证, 他们得出结论: 一般还不能将它精炼成单点集, 它只能是集值的, 是所谓平衡点集的本质连通区. 因为在 n 人非合作有限博弈中, 每个局中人的策略集均为单纯形, 尤其是支付函数均为多项式, 其 Nash 平衡点集就必是多项式等式和不等式的有限系统的解集, 称为半代数集 (semi-algebraic set). 他们首先应用代数几何的结果证明了任一 n 人非合作有限博弈, 其平衡点集的连通区必为有限个, 然后证明了其中至少有一个是本质的. 这一工作影响很大, 成为经典.

实际上, 江嘉禾先生在 1963 年就证明了任一 n 人非合作有限博弈的 Nash 平衡点集的连通区中, 至少有一个是本质的, 见文献 [127], 这比文献 [106] 早了 23 年, 他是受文献 [128] 关于不动点集本质连通区的结果启发而得到这一存在性定理的.

注意到以上结果都是针对 n 人非合作有限博弈的, 对于一般的 n 人非合作博

弈 $f=(f_1,\cdots,f_n)\in C$, 其 Nash 平衡点集

$$N(f)=\bigcup_{\alpha\in\Lambda}C_\alpha,$$

其中 Λ 是一个指标集, C_α 是 $N(f)$ 的一个连通区, $\forall\alpha,\beta\in\Lambda$, $C_\alpha\cap C_\beta=\varnothing$.

如果当 $f'\in C$ 充分接近 f 时, 也有 $x'\in N(f')$ 充分接近 C_α, 则称 C_α 是本质的. 要证明 $N(f)$ 本质连通区的存在性, 已经不能再沿用代数几何的方法. 我们用非线性分析的方法, 首先证明了 Ky Fan 点集本质连通区的存在性, 然后证明了 Nash 平衡点集本质连通区的存在性, 见文献 [129]. 按照国际著名的博弈论学者 Wilson 的评价, "这不仅推广了经典的 KM 结果, 而且给了它一个新的证明".

在这以后, 文献 [130], [85] 和 [131] 分别对广义博弈、多目标博弈和连续博弈, 证明了平衡点集本质连通区的存在性. 1990 年, 文献 [132] 对 n 人非合作有限博弈引进最佳回应拓扑的概念, 也证明了 Nash 平衡点集本质连通区的存在性定理. 文献 [133] 和 [134] 则是对非线性问题解集本质连通区的存在性以及稳定性, 给出了统一的研究模式, 包含了以上的一系列结果. 这一问题的深入研究还可见文献 [135]~[139].

第13讲　有限理性问题

本讲将介绍有限理性研究中的博弈论模型, 指出在博弈论与经济学模型中考虑有限理性作用, 一般来说不会产生较大的影响和冲击, 因而对于建立在完全理性假设之上的模型分析结果, 大多数情况下仍然是合理的和可以接受的, 主要参考了文献 [78] 和 [140].

13.1　Simon 的贡献

无论是 von Neumann 的矩阵博弈、Nash 的 n 人非合作有限博弈, 还是 Arrow-Debreu 数理经济学中的一般均衡模型, 其基础都建立在决策者完全理性的假设之上, 即每个决策者都能够在一定的约束条件下作出对自己最为有利的选择, 这就是经济中的利益最大化原则, 它是当前经济学 (也是博弈论) 中一个最基础、最核心的原则. 前言中说得很清楚, 自身利益并不限于收入, 这一点很重要.

以上提出的完全理性假设的模型是漂亮和精致的, 有关结论的数学证明是严格的, 从而是令人信服和赞叹的, 但是它们的假设太理想了, 在应用中当然受到了一定的限制, 这也是不争的事实.

Simon 对完全理性的假设进行了深刻的质疑和批判[141]: “在关于理性的论述方面, 社会科学深受着 ‘精神分裂症’ 之苦. 在一个极端, 经济学家给经济人赋以一种全知全能的荒谬理性. 这种经济人有一个完整而内在一致的偏好体系, 使其总能够在他所面临的备选方案中作出抉择; 他总是完全了解有哪些备选的替代方案; 他为择优而进行的计算, 不受任何复杂性的限制; ……他具有很大的智慧和美学魅力; 但同具有血肉之躯的人的真实行为 (或可能的行为), 看不出有多大联系.”

Simon 提出了有限理性理论, 而其核心是满意原则, 就是使决策者感到满意的原则. 他认为问题本身是近似的, 其求解方法也是近似的, 只能寻求某种近似的, 但已经是足够好的, 可以使决策者满意和放心的方案或策略.

Simon 曾因他的杰出贡献在 1978 年获得 Nobel 经济学奖, 他还在 1975 年获得 Turing 奖, 1988 年获得 von Neumann 奖, 并曾获得心理学以及人工智能终身荣誉奖等.

什么是有限理性? Simon 在为《新帕尔格雷夫经济学大辞典》第二版 (文献 [142]) 的 “有限理性” 的条目中指出: “‘有限理性’ 一词, 系指那种把决策者在认知方面的局限性 (包括知识和计算能力两方面的局限性) 考虑在内的理性选择.”

有限理性理论“只能建立在心理学研究的基础之上”.

满意原则当然有它的合理性, 但是什么是满意? 究竟能否应用一些心理学理论, 用实验数据对原有模型的系统性偏差进行种种修正, 并据此替代利益最大化原则, 从而为博弈论和经济学建立起严格而漂亮的新体系呢? 这在学术界是有很多争论的. 客观地说, 这些年来有进展, 但进展不是很大, 至少还有很长的路要走.

Simon 自己在文献 [142] 中的条目 “满意化” 中指出: “决策者选择一个备选方案, 达到了一定的标准或超过之, …… 叫做满意.” “满意者如何确定达到满意定义的准则水平? 心理学家设置了愿望水平机制: 如果很容易找出达到准则水平的替代, 标准便逐渐提高; 如果找了半天还未找出满意的替代, 标准便逐步降低.” 这一说明当然是缺乏严格性的, 是不能令人满意的. 国际著名的博弈论学者 Binmore 就指出[91]: “Simon 曾引入满意概念开辟了有限理性下的经济理论研究, 但从那时到现在, 这个领域的进展一直暧昧不明.” 2002 年 Nobel 经济学奖获得者, 行为经济学的倡导人 Kahneman 指出[143]: “行为经济学理论总的来说保留了理性人模型中的基本结构, 同时添加了一些有关认知局限性的假设, 设置这些假设是为了解释一些具体的非正常情况, ……, 行为人一般是理性的.” 2017 年 Nobel 经济学奖获得者, 对行为经济学的发展作出了重大贡献的 Thaler 指出[144]: “假设所有人都是理性经济人的理论, 我们也不必弃之不理, 它可以作为研究的起点, 为建立更符合实际情况的模型奠定基础.” 他还指出[145]: “许多经济学家继续使用理性假设, 因为他们认为没有更好的替代.” 国际著名博弈论专家 Camerer 指出[146]: “在一般模型基础上只增加一两个参数, 当这些参数值取特定值时, 行为模型就简化为一般模型.”

作者认为: 大多数决策者总是理性的, 在大多数情况下总是追求自身利益最大化的, 这一点必须肯定. 另一方面, 每个决策者都有自己独立的价值取向, 自身利益并不限于收入, 它可以是利他或部分利他的, 这一点也必须肯定. 我们应当思考这样的问题: 在博弈论和经济学模型中考虑有限理性作用, 究竟会对建立在完全理性假设之上的模型分析结果产生怎样的影响和冲击呢? 如果回答是基本正面的, 即一般来说不会产生较大的影响和冲击, 那么对于建立在完全理性假设之上的模型分析结果, 大多数情况下仍然是合理的和可以接受的.

13.2 有限理性研究中的博弈论模型

2001 年, Anderlini 和 Canning 用博弈论的语言建立了有限理性研究的抽象模型 M[147], 它是一类带有抽象理性函数的一般博弈 (general games). 模型 M 的建立是很有创新性的, 但是其假设条件太强, 很多重要的博弈论和经济学模型都无法满足. 文献 [148]~[151] 对此模型进行了必要的改造, 将文献 [147] 中的假设条件大大大减弱, 不仅扩大了模型的应用范围, 还得到了一系列新的相当深刻的定理. 此外, 文献 [152]~[154] 应用了文献 [148]~[150] 的结果, 而文献 [78] 则对这一领域的研究进行了系统的总结 (同时也在有限理性框架下对良定问题的研究, 进行了全面的总结).

设模型 $M=\{\Lambda,X,f,\Phi\}$, 其中 (Λ,ρ) 是一个度量空间, $\forall\lambda\in\Lambda,\lambda$ 表示一个博弈, $f:\Lambda\to P_0(X)$ 是一个集值映射, 其中 (X,d) 是一个度量空间, $f(\lambda)\subset X$ 表示博弈 λ 的可行策略集; $\Phi:\Lambda\times X\to R$ 是理性函数, 当 $x\in f(\lambda)$ 时, 有 $\Phi(\lambda,x)\geqslant 0$.

$\forall\varepsilon>0, E(\lambda,\varepsilon)=\{x\in f(\lambda):\Phi(\lambda,x)\leqslant\varepsilon\}$ 表示博弈 λ 的 ε-平衡点集, 它对应于有限理性; $E(\lambda)=\{x\in f(\lambda):\Phi(\lambda,x)=0\}$ 表示博弈 λ 的平衡点集, 它对应于完全理性.

$\lambda\in\Lambda$, 如果 $\forall\delta>0$, 存在 $\bar{\varepsilon}>0$, 当 $\varepsilon<\bar{\varepsilon},\rho(\lambda,\lambda')<\bar{\varepsilon}$ 时, 有

$$h\left(E\left(\lambda',\varepsilon\right),E\left(\lambda'\right)\right)<\delta,$$

则称模型 M 在 λ 对 ε-平衡点集是鲁棒的, 其中 h 是 X 上的 Hausdorff 距离.

如果平衡映射 $E:\Lambda\to P_0(X)$ 在 λ 是连续的, 则称模型 M 在 λ 是结构稳定的. 如果平衡映射 $E:\Lambda\to P_0(X)$ 在某 $\lambda\in\Lambda$ 不是连续的, 则称这样的 λ 为临界参数值, 简称临界值.

以下是本节主要结果的一些假设条件:

(H1) 集值映射 $f:\Lambda\to P_0(X)$ 在 Λ 上是上半连续的, 且 $\forall\lambda\in\Lambda, f(\lambda)$ 是非空紧集;

(H2) 函数 $\Phi:\Lambda\times \mathrm{X}\to R$ 满足当 $x\in f(\lambda)$ 时 $\Phi(\lambda,x)\geqslant 0$, 且此时 $\Phi(\lambda,x)$ 在 (λ,x) 是下半连续的;

(H3) $\forall\lambda\in\Lambda$, $E(\lambda)\neq\varnothing$.

定理 13.2.1 如果 (H1)(H2)(H3) 成立, 则

(1) 平衡映射 $E:\Lambda\to P_0(X)$ 在 Λ 上是上半连续的, 且 $\forall\lambda\in\Lambda, E(\lambda)$ 是非空紧集;

(2) 如果 Λ 是完备度量空间, 则存在 Λ 中的一个第二纲的稠密剩余集 Q, 使 $\forall\lambda\in Q$, M 在 λ 是结构稳定的;

(3) 如果 M 在 $\lambda\in\Lambda$ 是结构稳定的, 则 M 在 λ 对 ε-平衡点集必是鲁棒的, 因而如果 Λ 是完备度量空间, 则 $\forall\lambda\in Q$, M 在 λ 对 ε-平衡点集也必是鲁棒的.

证明 (1) $\forall\lambda\in\Lambda$, 首先证明 $E(\lambda)$ 是非空紧集. 由 (H3), $E(\lambda)\neq\varnothing$, 因 $E(\lambda)\subset f(\lambda)$, 而由 (H1), $f(\lambda)$ 是非空紧集, 故只需要证明 $E(\lambda)$ 是闭集. $\forall x_n\in E(\lambda)$, $x_n\to x$, 由 $x_n\in f(\lambda)$, 得 $x\in f(\lambda)$, 且 $\forall n=1,2,3,\cdots$, 有 $\Phi(\lambda,x_n)=0$. 如

果 $x \notin E(\lambda)$, 则 $\Phi(\lambda, x) > 0$. 由 (H2), 有

$$0 = \Phi(\lambda, x_1) < \varliminf_{n \to \infty} \Phi(\lambda, x_n) = 0,$$

矛盾, 故 $x \in E(\lambda)$, $E(\lambda)$ 是闭集, 从而是非空紧集.

以下用反证法. 如果集值映射 E 在 $\lambda \in \Lambda$ 不是上半连续的, 则存在 X 中的开集 O, $O \supset E(\lambda)$, 存在 $\lambda_n \in \Lambda, \lambda_n \to \lambda$, $x_n \in E(\lambda_n)$, 而 $x_n \notin O$, $n = 1, 2, 3, \cdots$. 因 $x_n \in f(\lambda_n)$, $\lambda_n \to \lambda$, (H1) 成立, 由定理 2.2.4, 必存在 $\{x_n\}$ 的子序列 $\{x_{n_k}\}$, 使 $x_{n_k} \to x \in f(\lambda)$. 如果 $x \notin E(\lambda)$, 则 $\Phi(\lambda, x) > 0$. 由 (H2), 有

$$0 = \Phi(\lambda_{n_1}, x_{n_1}) < \varliminf_{n_k \to \infty} \Phi(\lambda_{n_k}, x_{n_k}) = 0,$$

矛盾, 故 $x \in E(\lambda) \subset O$, 这与 O 是开集, $x_{n_k} \to x$, 而 $x_{n_k} \notin O$ 矛盾, 故平衡映射 E 在 λ 必是上半连续的.

(2) 因 Λ 是完备度量空间, 由 (1) 及 Fort 定理, 存在 Λ 中的一个第二纲的稠密剩余集 Q, 使 $\forall \lambda \in Q$, 集值映射 E 在 λ 是下半连续的从而是连续的, 故模型 M 在 $\lambda \in Q$ 是结构稳定的.

(3) 用反证法. 如果结论不成立, 则存在 $\delta_0 > 0$, 存在 $\lambda_n \to \lambda$, $\varepsilon_n \to 0$, 使

$$h(E(\lambda_n, \varepsilon_n), E(\lambda_n)) \geqslant \delta_0.$$

因 $E(\lambda_n) \subset E(\lambda_n, \varepsilon_n)$, 可选取 $x_n \in E(\lambda_n, \varepsilon_n)$, 使

$$\min_{w \in E(\lambda_n)} d(x_n, w) > \frac{\delta_0}{2}, \quad n = 1, 2, 3, \cdots.$$

因 $x_n \in E(\lambda_n, \varepsilon_n)$, 有 $x_n \in f(\lambda_n)$, 又 $\lambda_n \to \lambda$, (H1) 成立, 由定理 2.2.4, 必存在 $\{x_n\}$ 的子序列 $\{x_{n_k}\}$, 使 $x_{n_k} \to x \in f(\lambda)$. 如果 $x \notin E(\lambda)$, 则 $\Phi(\lambda, x) > 0$. 因 $\Phi(\lambda_{n_k}, x_{n_k}) \leqslant \varepsilon_{n_k}$, 且 $\varepsilon_{n_k} \to 0$, 故当 n_{k_0} 充分大时, 必有 $\Phi\left(\lambda_{n_{k_0}}, x_{n_{k_0}}\right) < \Phi(\lambda, x)$. 由 (H2), 有

$$0 \leqslant \Phi\left(\lambda_{n_{k_0}}, x_{n_{k_0}}\right) < \varliminf_{n_k \to \infty} \Phi(\lambda_{n_k}, x_{n_k}) = 0,$$

矛盾, 故 $x \in E(\lambda)$.

因 M 在 λ 是结构稳定的, 故集值映射 E 在 λ 是连续的, $h(E(\lambda_n), E(\lambda)) \to 0$.

因 $\displaystyle\min_{w \in E\left(\lambda_{n_k}\right)} d(x_{n_k}, w) > \frac{\delta_0}{2}$, $x_{n_k} \to x$, 由定理 2.2.6(3), 必有

$$\min_{w \in E(\lambda)} d(x, w) \geqslant \frac{\delta_0}{2},$$

这与 $x \in E(\lambda)$ 矛盾, 故 M 在 λ 对 ε-平衡点集必是鲁棒的.

如果 Λ 是完备度量空间, 相关结论由 (2) 即推出.

注 13.2.1 再次注意到 R^n 是完备度量空间, R^n 中的子集 K 是紧集当且仅当它是有界闭集.

定理 13.2.2 如果 (H1)(H2)(H3) 成立, Λ 是完备度量空间, 则存在 Λ 中的一个第二纲的稠密剩余集 Q, 使 $\forall \lambda \in Q$, $\forall \lambda_n \in \Lambda$, $\lambda_n \to \lambda$, $\forall \varepsilon_n \to 0$, 有

$$h\left(E\left(\lambda_n, \varepsilon_n\right), E(\lambda)\right) \to 0.$$

证明 由定理 13.2.1 中的 (2)(3), 因 $\lambda \in Q$, $\lambda_n \to \lambda$, $\varepsilon_n \to 0$, 有

$$h\left(E\left(\lambda_n\right), E(\lambda)\right) \to 0,$$

$$h\left(E\left(\lambda_n, \varepsilon_n\right), E\left(\lambda_n\right)\right) \to 0.$$

再由

$$h\left(E\left(\lambda_n, \varepsilon_n\right), E(\lambda)\right) \leqslant h\left(E\left(\lambda_n, \varepsilon_n\right), E\left(\lambda_n\right)\right)+h\left(E\left(\lambda_n\right), E(\lambda)\right),$$

得

$$h\left(E\left(\lambda_n, \varepsilon_n\right), E(\lambda)\right) \to 0.$$

注 13.2.2 当 $\forall \lambda \notin Q$ 时又将如何? 由定理 13.2.1(1), 因平衡映射 $E: \Lambda \to P_0(X)$ 在 λ 是上半连续的, 故 $\forall \lambda_n \to \lambda$, $\forall \delta>0$, 存在正整数 N, 使 $\forall n \geqslant N$, 有

$$E\left(\lambda_n\right) \subset U(\delta, E(\lambda)).$$

实际上, 还可以进一步证明 $\forall \lambda_n \to \lambda$, $\forall \varepsilon_n \to 0$, $\forall \delta>0$, 存在正整数 N, 使 $\forall n \geqslant N$, 有

$$E\left(\lambda_n, \varepsilon_n\right) \subset U(\delta, E(\lambda)).$$

证明如下. 用反证法. 如果结论不成立, 则存在 $\delta_0>0$, 存在 $\lambda_n \to \lambda$, $\varepsilon_n \to 0$, 存在 $x_n \in E\left(\lambda_n, \varepsilon_n\right)$, 而 $x_n \notin U\left(\delta_0, E(\lambda)\right)$.

因 $x_n \in f\left(\lambda_n\right)$, $\lambda_n \to \lambda$, 且 (H1) 成立, 由定理 2.2.4, 不妨设 $x_n \to x^* \in f(\lambda)$. 如果 $x^* \notin E(\lambda)$, 则 $\Phi\left(\lambda, x^*\right)>0$. 因 $\Phi\left(\lambda_n, x_n\right) \leqslant \varepsilon_n$, 而 $\varepsilon_n \to 0$, 故当 n_0 充分大时, 必有 $\Phi\left(\lambda_{n_0}, x_{n_0}\right)<\Phi\left(\lambda, x^*\right)$. 因 (H2) 成立, 必有

$$0 \leqslant \Phi\left(\lambda_{n_0}, x_{n_0}\right)<\xrightarrow[n \to \infty]{\lim} \Phi\left(\lambda_n, x_n\right)=0,$$

矛盾, 故 $x^* \in E(\lambda)$.

因 $x_n \notin U\left(\delta_0, E(\lambda)\right)$, 而 $x^* \in E(\lambda)$, 故 $x_n \notin O\left(x^*, \delta_0\right)$, 这与 $x_n \to x^*$ 矛盾.

定理 13.2.3 如果 (H1)(H2)(H3) 成立, $\lambda \in \Lambda$, 而 $E(\lambda) = \{x\}$(单点集), 则 M 在 λ 必是结构稳定的, 对 ε-平衡点集也必是鲁棒的.

证明 对 X 中的任意开集 G, $G \cap E(\lambda) \neq \varnothing$, 因 $E(\lambda) = \{x\}$, 故 $E(\lambda) \subset G$. 由定理 12.2.1(1), 集值映射 E 在 $\lambda \in \Lambda$ 是上半连续的, 故存在 λ 的开邻域 $O(\lambda)$, 使 $\forall \lambda' \in O(\lambda)$, 有 $G \supset E(\lambda')$, 从而有 $G \cap E(\lambda') \neq \varnothing$, 集值映射 E 在 λ 是下半连续的从而是连续的, 所以 M 在 λ 必是结构稳定的, 对 ε-平衡点集也必是鲁棒的.

13.3 对 Simon 质疑的一个回应

由定理 13.2.2, 当 Λ 是完备度量空间时, $\forall \lambda \in Q$, $\forall \lambda_n \to \lambda$, $\forall \varepsilon_n \to 0$, 有

$$h\left(E\left(\lambda_n, \varepsilon_n\right), E(\lambda)\right) \to 0.$$

这表明当 $\lambda \in Q$ 时, 虽然博弈 $\lambda_n(\lambda_n \to \lambda)$ 是近似的, 求解方法也是近似的 $(\varepsilon_n \to 0)$, 但可以用有限理性得到的 ε_n-平衡点集 $E(\lambda_n, \varepsilon_n)$ 来近似代替完全理性得到的平衡点集 $E(\lambda)$. 注意到 Q 是第二纲的稠密剩余集, 这表明在 Baire 分类的意义上, 或者在非线性分析和拓扑学的意义上, 有限理性的引入, 不会对完全理性之上的模型分析结果产生较大的影响或冲击, 因而对于建立在完全理性假设之上的模型分析结果, 大多数情况下仍然是合理的和可以接受的. 这是一个很有理论意义的结果, 也是对之前 Simon 的质疑和批判的一个回应.

第 14 讲 逼近定理

本讲是第 13 讲的继续, 将继续研究有限理性对完全理性的逼近问题. 本讲将分别对最优化问题、多目标最优化问题、鞍点问题、n 人非合作博弈问题、广义博弈问题、不动点问题、Ky Fan 点问题、拟变分不等式问题等, 给出并证明一系列逼近定理, 主要参考了文献 [78], 很多结果则是新的.

14.1 最优化问题与多目标最优化问题的逼近定理

14.1.1 最优化问题

文献 [155] 曾指出: "有时将大自然和人看作一对局中人也是极有好处的. " 文献 [156] 也指出: "决策论也可被认为是一种两人博弈, 只不过其中一方是一个虚拟的参与者——自然." 由此, 可以将最优化等决策问题看作决策者与虚拟的决策者"自然"之间的博弈: 当决策者是完全理性时, 他就得到最优解或平衡点; 而当决策者是有限理性时, 他得到的是 ε-最优解或 ε-平衡点.

定理 14.1.1 设 X 和 Y 分别是 R^m 和 R^l 中的两个非空子集, 其中 Y 是描述与决策者心理有关的参数空间, 而 $y^* \in Y$ 对应于决策者完全理性时的特定参数值, $f : X \times Y \to R$ 是连续的, 假设

(1) $\{f_n\}$ 是一列定义在 $X \times Y$ 上的实值函数, 满足

$$\sup_{(x,y)\in X\times Y} |f_n(x,y) - f(x,y)| \to 0 \quad (n \to \infty);$$

(2) $\{A_n\}$ 是 X 中的一列非空子集, 满足 $h(A_n, A) \to 0\,(n \to \infty)$, 其中 h 是 X 上的 Hausdorff 距离, A 是 X 中的非空有界闭集;

(3) $\{y_n\} \subset Y$, $y_n \to y^*\,(n \to \infty)$;

(4) $\forall n = 1, 2, 3, \cdots$, $x_n \in X$ 满足 X 中的距离 $d(x_n, A_n) \to 0\,(n \to \infty)$, 且

$$f_n(x_n, y_n) \leqslant \inf_{x\in A_n} f_n(x, y_n) + \varepsilon_n,$$

其中 $\varepsilon_n \geqslant 0$, $\varepsilon_n \to 0\,(n \to \infty)$.

则

(1) 序列 $\{x_n\}$ 必有子序列 $\{x_{n_k}\}$, 使 $x_{n_k} \to x^* \in A$;

(2) $f(x^*, y^*) = \min\limits_{x\in A} f(x, y^*)$;

(3) 如果 $f(x,y^*)$ 在 $x\in A$ 上的极小点集是单点集 $\{x^*\}$, 则必有 $x_n\to x^*$.

证明 (1) $\forall n=1,2,3,\cdots$, 由 $d(x_n,A_n)\to 0$, 存在 $x_n'\in A_n$, 使 $d(x_n,x_n')\to 0$. 因 $A_n\to A$, 而 A 是有界闭集, 由引理 2.1.11, 存在 $\{x_n'\}$ 是子序列 $\{x_{n_k}'\}$, 使 $x_{n_k}'\to x^*\in A$. 由 $d(x_{n_k},x_{n_k}')\to 0$, 得 $x_{n_k}\to x^*\in A$.

(2) 由以上 (1), 不妨设 $x_n\to x^*\in A$. 以下用反证法, 如果 (2) 的结论不成立, 则存在 $u_0\in A$, 使 $f(u_0,y^*)<f(x^*,y^*)$.

因 f 是连续的, 存在 $\delta_0>0$, 存在 u_0 在 X 中的开邻域 $O(u_0)$, y^* 在 Y 中的开邻域 $U(y^*)$ 及 x^* 在 X 中的开邻域 $O(x^*)$, 使 $\forall u'\in O(u_0)$, $\forall y'\in U(y^*)$, $\forall x'\in O(x^*)$, 有

$$f(u',y')+\delta_0<f(x',y').$$

因 $y_n\to y^*$, $x_n\to x^*$, $u_0\in A$, 且 $A_n\to A$, 由引理 2.1.9, 存在正整数 N_1, 使 $\forall n\geqslant N_1$, 有 $y_n\in U(y^*)$, $x_n\in O(x^*)$, 且 $O(u_0)\cap A_n\neq\varnothing$. 取 $u_n\in O(u_0)\cap A_n$, 则 $\forall n\geqslant N_1$, 有

$$f(u_n,y_n)+\delta_0<f(x_n,y_n).$$

由 $\sup\limits_{(x,y)\in X\times Y}|f_n(x,y)-f(x,y)|\to 0$ 且 $\varepsilon_n\to 0$, 存在正整数 N_2, 不妨设 $N_2\geqslant N_1$, 使 $\forall n\geqslant N_2$, 有

$$\sup_{(x,y)\in X\times Y}|f_n(x,y)-f(x,y)|<\frac{\delta_0}{3}, \text{且}\varepsilon_n<\frac{\delta_0}{3}.$$

这样, $\forall n\geqslant N_2$, 有

$$f_n(x_n,y_n)>f(x_n,y_n)-\frac{\delta_0}{3}>f(u_n,y_n)+\frac{2\delta_0}{3}>f_n(u_n,y_n)+\frac{\delta_0}{3}>f_n(u_n,y_n)+\varepsilon_n,$$

这与 $u_n\in A_n$, $f_n(u_n,y_n)+\varepsilon_n\geqslant f_n(x_n,y_n)$ 矛盾, 故 (2) 的结论必成立.

(3) 用反证法. 如果 (3) 的结论不成立, 则存在 $\delta>0$ 和 $\{x_n\}$ 的子序列 $\{x_{n_k}\}$, 使 $d(x_{n_k},x^*)\geqslant\delta, k=1,2,3,\cdots$.

由以上 (1), $\{x_{n_k}\}$ 又必有子序列, 不妨仍记为 $\{x_{n_k}\}$, 使 $x_{n_k}\to\bar{x}\in A$, 且由以上 (2), $f(\bar{x},y^*)=\min\limits_{x\in A}f(x,y^*)$. 因 $f(x,y^*)$ 在 $x\in A$ 上的极小点集是单点集 $\{x^*\}$, 故 $\bar{x}=x^*$, 这与 $d(x_{n_k},x^*)\geqslant\delta$ 矛盾, 故 (3) 的结论必成立, $x_n\to x^*$.

类似地可证明以下两个定理.

定理 14.1.2 设 X 是 R^m 中的一个非空子集, $f:X\to R$ 是连续的, 假设

(1) $\{f_n\}$ 是一列定义在 X 上的实值函数, 满足

$$\sup_{x\in X}|f_n(x)-f(x)|\to 0\quad(n\to\infty);$$

(2) $\{A_n\}$ 是 X 中的一列非空子集, 满足 $h(A_n, A) \to 0\,(n \to \infty)$, 其中 h 是 X 上的 Hausdorff 距离, A 是 X 中的非空有界闭集;

(3) $\forall n = 1, 2, 3, \cdots$, $x_n \in X$ 满足 X 中的距离 $d(x_n, A_n) \to 0\,(n \to \infty)$, 且

$$f_n(x_n) \leqslant \inf_{x \in A_n} f_n(x) + \varepsilon_n,$$

其中 $\varepsilon_n \geqslant 0$, $\varepsilon_n \to 0\,(n \to \infty)$.

则

(1) 序列 $\{x_n\}$ 必有收敛子序列 $\{x_{n_k}\}$, 使 $x_{n_k} \to x^* \in A$;

(2) $f(x^*) = \min\limits_{x \in A} f(x)$;

(3) 如果 $f(x)$ 在 $x \in A$ 上的极小点集是单点集 $\{x^*\}$, 则必有 $x_n \to x^*$.

定理 14.1.3　设 X 是 R^m 中的一个非空子集, $f: X \to R$ 是下半连续的, 假设

(1) $\{f_n\}$ 是一列定义在 X 上的实值函数, 满足

$$\sup_{x \in X} |f_n(x) - f(x)| \to 0 \quad (n \to \infty);$$

(2) A 是 X 中的一个非空有界闭集;

(3) $\forall n = 1, 2, 3, \cdots$, $x_n \in X$ 满足 $d(x_n, A) \to 0\,(n \to \infty)$, 且

$$f_n(x_n) \leqslant \inf_{x \in A} f_n(x) + \varepsilon_n,$$

其中 $\varepsilon_n \geqslant 0$, $\varepsilon_n \to 0\,(n \to \infty)$.

则

(1) 序列 $\{x_n\}$ 必有收敛子序列 $\{x_{n_k}\}$, 使 $x_{n_k} \to x^* \in A$;

(2) $f(x^*) = \min\limits_{x \in A} f(x)$;

(3) 如果 $f(x)$ 在 $x \in A$ 上的极小点集是单点集 $\{x^*\}$, 则必有 $x_n \to x^*$.

注 14.1.1　定理 14.1.1 的结果是很有理论意义的: 目标函数是近似的, 可行解集是近似的, 参数是近似的, 求解精度也是近似的, 如此得到的是一个逼近序列 $\{x_n\}$, $\{x_n\}$ 必有收敛子序列 $\{x_{n_k}\}$, 即 $x_{n_k} \to x \in A$, 而 x 必为最优化问题的解, 这显示了有限理性对完全理性的逼近.

14.1.2　多目标最优化问题

定理 14.1.4　设 X 和 Y 分别是 R^m 和 R^l 中的两个非空子集, 其中 Y 是描述与决策者心理有关的参数空间, 而 $y^* \in Y$ 对应于决策者完全理性时的特定参数值, 假设

(1) $\forall n=1,2,3,\cdots$, 向量值函数序列 $F^n: X\times Y\to R^k$ 满足

$$\sup_{(x,y)\in X\times Y}\|F^n(x,y)-F(x,y)\|\to 0\quad (n\to\infty),$$

其中 $F(x,y)=(F_1(x,y),\cdots,F_k(x,y))$, $\forall j=1,\cdots,k$, $F_j: X\times Y\to R$ 是连续的;

(2) $\{A_n\}$ 是 X 中的一列非空子集, 满足 $h(A_n,A)\to 0\,(n\to\infty)$, 其中 h 是 X 上的 Hausdorff 距离, A 是 X 中的非空有界闭集;

(3) $\{y_n\}\subset Y$, $y_n\to y^*\,(n\to\infty)$;

(4) $\forall n=1,2,3,\cdots,x_n\in X$ 满足 $d(x_n,A_n)\to 0\,(n\to\infty)$, 且 $\forall u\in A_n$,

$$F^n(x_n,y_n)-F^n(u,y_n)-\varepsilon_n b\notin \operatorname{int}R^k_+,$$

其中 $b=(1,\cdots,1)\in R^k_+$, $\varepsilon_n\geqslant 0$, $\varepsilon_n\to 0\,(n\to\infty)$.

则

(1) 序列 $\{x_n\}$ 必有收敛子序列 $\{x_{n_k}\}$, 使 $x_{n_k}\to x^*\in A$;

(2) x^* 必是 $F(x,y^*)$ 在 $x\in A$ 上的弱 Pareto 最优解, 即 $\forall u\in A$, 必有 $F(x^*,y^*)-F(u,y^*)\notin \operatorname{int}R^k_+$;

(3) 如果 $F(x,y^*)$ 在 $x\in A$ 上的弱 Pareto 最优解集是单点集 $\{x^*\}$, 则必有 $x_n\to x^*$.

证明 (1) (3) 的证明与定理 14.1.1 中的证明相同, 只证 (2).

不妨设 $x_n\to x^*\in A$. 以下用反证法, 如果 (2) 的结论不成立, 则存在 $u_0\in A$, 使

$$F(x^*,y^*)-F(u_0,y^*)\notin \operatorname{int}R^k_+,$$

即 $\forall j=1,\cdots,k$, 有

$$F_j(u_0,y^*)<F_j(x^*,y^*).$$

$\forall j=1,\cdots,k$, 因 F_j 在 $X\times Y$ 上是连续的, 存在 $\delta_0>0$, 存在 u_0 在 X 中的开邻域 $O(u_0),y^*$ 在 Y 中的开邻域 $U(y^*)$ 及 x^* 在 X 中的开邻域 $O(x^*)$, 使 $\forall u'\in O(u_0),\forall y'\in U(y^*),\forall x'\in O(x^*),\forall j=1,\cdots,k$, 有

$$F_j(u',y')+\delta_0<F_j(x',y').$$

因 $x_n\to x^*$, $y_n\to y^*$, $u_0\in A$ 且 $h(A_n,A)\to 0$, 由引理 2.1.9, 存在正整数 N_1, 使 $\forall n\geqslant N_1$, 有 $x_n\in O(x^*)$, $y_n\in U(y^*)$, 且 $O(u_0)\cap A_n\neq\varnothing$. 取 $u_n\in O(u_0)\cap A_n$, 则 $\forall n\geqslant N_1$, 有

$$F_j(u_n,y_n)+\delta_0<F_j(x_n,y_n).$$

由 $\sup\limits_{(x,y)\in X\times Y}\|F^n(x,y)-F(x,y)\|\to 0$ 且 $\varepsilon_n\to 0$, 存在正整数 N_2, 不妨设 $N_2\geqslant N_1$, 使 $\forall n\geqslant N_2$, 有

$$\sup_{(x,y)\in X\times Y}\|F^n(x,y)-F(x,y)\|<\frac{\delta_0}{3}, \text{且} \varepsilon_n<\frac{\delta_0}{3}.$$

这样, $\forall n\geqslant N$, $\forall j=1,\cdots,k$, 有

$$\begin{aligned}F_j^n(x_n,y_n)&>F_j(x_n,y_n)-\frac{\delta_0}{3}>F_j(u_n,y_n)+\frac{2}{3}\delta_0\\&>F_j^n(u_n,y_n)+\frac{\delta_0}{3}>F_j^n(u_n,y_n)+\varepsilon_n,\\F^n(x_n,y_n)&-F^n(u,y_n)-\varepsilon_n b\in \mathrm{int}R_+^k,\end{aligned}$$

这与 $u_n\in A_n$, $F^n(x_n,y_n)-F^n(u,y_n)-\varepsilon_n b\notin \mathrm{int}R_+^k$ 矛盾, 故 (2) 的结论必成立.

类似地可证明以下两个定理.

定理 14.1.5　设 X 是 R^m 中的一个非空子集, 假设

(1) $\forall n=1,2,3,\cdots$, 向量值函数序列 $F^n:X\to R^k$ 满足

$$\sup_{x\in X}\|F^n(x)-F(x)\|\to 0\quad(n\to\infty),$$

其中 $F(x)=(F_1(x),\cdots,F_k(x))$, $\forall j=1,\cdots,k$, $F_j:X\to R$ 是连续的;

(2) $\{A_n\}$ 是 X 中的一列非空子集, 满足 $h(A_n,A)\to 0\,(n\to\infty)$, 其中 h 是 X 上的 Hausdorff 距离, A 是 X 中的非空有界闭集;

(3) $\forall n=1,2,3,\cdots,x_n\in X$ 满足 $d(x_n,A_n)\to 0\,(n\to\infty)$, 且 $\forall u\in A_n$,

$$F^n(x_n)-F^n(u)-\varepsilon_n b\notin \mathrm{int}R_+^k,$$

其中 $b=(1,\cdots,1)\in R_+^k$, $\varepsilon_n\geqslant 0$, $\varepsilon_n\to 0\,(n\to\infty)$.

则

(1) 序列 $\{x_n\}$ 必有收敛子序列 $\{x_{n_k}\}$, 使 $x_{n_k}\to x^*\in A$;

(2) x^* 必是 $F(x)$ 在 $x\in A$ 上的弱 Pareto 最优解, 即 $\forall u\in A$, 必有 $F(x^*)-F(u)\notin \mathrm{int}R_+^k$;

(3) 如果 $F(x)$ 在 $x\in A$ 上的弱 Pareto 最优点集是单点集 $\{x^*\}$, 则必有 $x_n\to x^*$.

定理 14.1.6　设 X 是 R^m 中的一个非空子集, 假设

(1) $\forall n=1,2,3,\cdots$, 向量值函数序列 $F^n:X\to R^k$ 满足

$$\sup_{x\in X}\|F^n(x)-F(x)\|\to 0\quad(n\to\infty),$$

其中 $F(x)=(F_1(x),\cdots,F_k(x))$, $\forall j=1,\cdots,k$, $F_j: X\to R$ 是下半连续的;

(2) A 是 X 中的一个非空有界闭集;

(3) $\forall n=1,2,3,\cdots$, $x_n\in X$ 满足 $d(x_n,A)\to 0\,(n\to\infty)$, 且 $\forall u\in A$,

$$F^n(x_n)-F^n(u)-\varepsilon_n b\notin \operatorname{int}R_+^k,$$

其中 $b=(1,\cdots,1)\in R_+^k$, $\varepsilon_n\geqslant 0$, $\varepsilon_n\to 0\,(n\to\infty)$.

则

(1) 序列 $\{x_n\}$ 必有收敛子序列 $\{x_{n_k}\}$, 使 $x_{n_k}\to x^*\in A$;

(2) x^* 必是 $F(x)$ 在 $x\in A$ 上的弱 Pareto 最优解, 即 $\forall u\in A$, 必有 $F(x^*)-F(u)\notin \operatorname{int}R_+^k$;

(3) 如果 $F(x)$ 在 $x\in A$ 上的弱 Pareto 最优点集是单点集 $\{x^*\}$, 则必有 $x_n\to x^*$.

14.2 鞍点问题、n 人非合作博弈问题和广义博弈问题的逼近定理

本节和 14.3 节都省略了描述与决策者心理因素的参数影响等.

14.2.1 鞍点问题

定理 14.2.1 设 X 和 Y 分别是 R^m 和 R^l 中的两个非空子集, 假设

(1) $\forall n=1,2,3,\cdots$, 函数序列 $f_n: X\times Y\to R$ 满足

$$\sup_{(x,y)\in X\times Y}|f_n(x,y)-f(x,y)|\to 0\quad (n\to\infty),$$

其中 $f: X\times Y\to R$ 是连续的;

(2) $\forall n=1,2,3,\cdots$, X 和 Y 中的子集序列 $\{A_n\}$ 和 $\{B_n\}$ 分别满足 $h_1(A_n,A)\to 0\,(n\to\infty)$, $h_2(B_n,B)\to 0\,(n\to\infty)$, 其中 h_1 和 h_2 分别是 X 和 Y 上的 Hausdorff 距离, A 和 B 分别是 X 和 Y 中的非空有界闭集;

(3) $\forall n=1,2,3,\cdots$, $(x_n,y_n)\in A_n\times B_n$ 满足 $\forall (x,y)\in A_n\times B_n$, 有

$$f_n(x,y_n)-\varepsilon_n\leqslant f_n(x_n,y_n)\leqslant f_n(x_n,y)+\varepsilon_n,$$

其中 $\varepsilon_n\geqslant 0$, $\varepsilon_n\to 0\,(n\to\infty)$.

则

(1) $\{(x_n,y_n)\}$ 必有子序列 $\{(x_{n_k},y_{n_k})\}$, 使 $(x_{n_k},y_{n_k})\to(x^*,y^*)\in A\times B$;

(2) $\forall (x,y)\in A\times B$, 必有 $f(x,y^*)\leqslant f(x^*,y^*)\leqslant f(x^*,y)$;

(3) 如果 $f(x,y)$ 在 $A\times B$ 中的鞍点集是单点集 (x^*,y^*), 则 $(x_n,y_n)\to(x^*,y^*)$.

证明 只证 (2). 由以上 (1), 不妨设 $(x_n,y_n)\to(x^*,y^*)\in A\times B$, 即 $x_n\to x^*\in A$, $y_n\to y^*\in B$. 以下用反证法, 如果 (2) 的结论不成立, 不妨设存在 $x_0\in A$, 使 $f(x^*,y^*)<f(x_0,y^*)$.

因 f 在 $X\times Y$ 上是连续的, 存在 $\delta_0>0$, 存在 x^* 的开邻域 $O(x^*)$, y^* 的开邻域 $U(y^*)$ 和 x_0 的开邻域 $O(x_0)$, 使 $\forall x'\in O(x^*)$, $\forall y'\in U(y^*)$, $\forall x''\in O(x_0)$, 有

$$f(x',y')+\delta_0<f(x'',y').$$

因 $x_n\to x^*$, $y_n\to y^*$, $x_0\in A$, 且 $A_n\to A$, 由引理 2.1.9, 存在正整数 N_1, 使 $\forall n\geqslant N_1$, 有 $x_n\in O(x^*)$, $y_n\in U(y^*)$, 且 $O(x_0)\cap A_n\neq\varnothing$. 取 $x_0^n\in O(x_0)\cap A_n$, 则 $\forall n\geqslant N_1$, 有

$$f(x_n,y_n)+\delta_0<f(x_0^n,y_n).$$

由 $\sup\limits_{(x,y)\in X\times Y}|f_n(x,y)-f(x,y)|\to 0$ 且 $\varepsilon_n\to 0$, 存在正整数 N_2, 不妨设 $N_2\geqslant N_1$, 使 $\forall n\geqslant N_2$, 有

$$\sup_{(x,y)\in X\times Y}|f_n(x,y)-f(x,y)|<\frac{\delta_0}{3}, \text{且} \varepsilon_n<\frac{\delta_0}{3}.$$

这样, $\forall n\geqslant N_2$, 有

$$f_n(x_n,y_n)<f(x_n,y_n)+\frac{\delta_0}{3}<f(x_0^n,y_n)-\frac{2\delta_0}{3}<f_n(x_0^n,y_n)-\frac{\delta_0}{3}<f_n(x_0^n,y_n)-\varepsilon_n,$$

这与 $x_0^n\in A_n$, $\forall x\in A_n$, 有 $f_n(x,y_n)-\varepsilon_n\leqslant f_n(x_n,y_n)$ 矛盾, 故 $\forall x\in A$, 必有 $f(x,y^*)\leqslant f(x^*,y^*)$. 同样可证 $\forall y\in B$, 有 $f(x^*,y^*)\leqslant f(x^*,y)$, 故 (2) 的结论必成立.

14.2.2 n 人非合作博弈问题

定理 14.2.2 $N=\{1,\cdots,n\}$, $\forall i\in N$, X_i 是 R^{k_i} 中的非空子集, $X=\prod\limits_{i=1}^{n}X_i$, 假设

(1) $\forall i\in N$, 函数序列 $f_i^m:X\to R$ 满足

$$\sup_{x\in X}|f_i^m(x)-f_i(x)|\to 0\quad(m\to\infty),$$

其中 $f_i:X\to R$ 是连续的;

(2) $\forall i\in N$, X_i 中的子集序列 $\{A_i^m\}$ 满足 $h_i(A_i^m,A_i)\to 0\,(m\to\infty)$, 其中 h_i 是 X_i 上的 Hausdorff 距离, A_i 是 X_i 中的非空有界闭集;

(3) $\forall m=1,2,3,\cdots$, 存在 $x^m=(x_1^m,\cdots,x_n^m)\in\prod_{i=1}^n A_i^m$, 使 $\forall i\in N$, 有

$$f_i^m\left(x_i^m,x_{\hat{i}}^m\right)\geqslant\sup_{u_i\in A_i^m}f_i^m\left(u_i,x_{\hat{i}}^m\right)-\varepsilon_i^m,$$

其中 $\varepsilon_i^m\geqslant 0$, $\varepsilon_i^m\to 0\,(m\to\infty)$.

则

(1) $\{x^m\}$ 必有子序列 $\{x^{m_k}\}$, 使 $x^{m_k}\to x^*\in\prod_{i=1}^n A_i$;

(2) $\forall i\in N$, 必有 $f_i\left(x_i^*,x_{\hat{i}}^*\right)=\max_{u_i\in A_i}f_i\left(u_i,x_{\hat{i}}^*\right)$;

(3) 如果博弈 $\{f_1,\cdots,f_n;A_1,\cdots,A_n\}$ 的 Nash 平衡点是单点集 $\{x^*\}$, 则必有 $x^m\to x^*$.

证明 只证 (2). 由 (1), 不妨设 $x^m\to x^*\in A$, 即 $\forall i\in N$, 有 $x_i^m\to x_i^*\in A_i$, $x_{\hat{i}}^m\to x_{\hat{i}}^*\in A_{\hat{i}}$.

以下用反证法. 如果 (2) 的结论不成立, 不妨设

$$f_1\left(x_1^*,x_{\hat{1}}^*\right)<\max_{u_1\in A_1}f_1\left(u_1,x_{\hat{1}}^*\right),$$

即存在 $u_1^0\in A_1$, 使

$$f_1\left(x_1^*,x_{\hat{1}}^*\right)<f_1\left(u_1^0,x_{\hat{1}}^*\right).$$

因 f_1 在 X 上是连续的, 存在 $\delta_0>0$, 存在 x_1^* 在 X_1 中的开邻域 $O\left(x_1^*\right)$, $x_{\hat{1}}^*$ 在 $X_{\hat{1}}$ 中的开邻域 $U\left(x_{\hat{1}}^*\right)$ 和 u_1^0 在 X_1 中的开邻域 $O\left(u_1^0\right)$, 使 $\forall x_1'\in O\left(x_1^*\right)$, $\forall x_{\hat{1}}'\in U\left(x_{\hat{1}}^*\right)$, $\forall u_1'\in O\left(u_1^0\right)$, 有

$$f_1\left(x_1',x_{\hat{1}}'\right)+\delta_0<f_1\left(u_1',x_{\hat{1}}'\right).$$

因 $x_1^m\to x_1^*$, $x_{\hat{1}}^m\to x_{\hat{1}}^*$, $u_1^0\in A_1$ 且 $h_1\left(A_1^m,A_1\right)\to 0$, 由引理 2.1.9, 存在正整数 m_1, 使 $\forall m\geqslant m_1$, 有 $x_1^m\in O\left(x_1^*\right)$, $x_{\hat{1}}^m\in U\left(x_{\hat{1}}^*\right)$, 且 $O\left(u_1^0\right)\cap A_1^m\neq\varnothing$. 取 $u_1^m\in O\left(u_1^0\right)\cap A_1^m$, 则 $\forall m\geqslant m_1$, 有

$$f_1\left(x_1^m,x_{\hat{1}}^m\right)+\delta_0<f_1\left(u_1^m,x_{\hat{1}}^m\right).$$

因 $\sup_{x\in X}\left|f_1^m(x)-f_1(x)\right|\to 0$ 且 $\varepsilon_1^m\to 0$, 存在正整数 m_2, 不妨设 $m_2\geqslant m_1$, 使 $\forall m\geqslant m_2$, 有

$$\sup_{x\in X}\left|f_1^m(x)-f_1(x)\right|<\frac{\delta_0}{3},\text{且}\varepsilon_1^m<\frac{\delta_0}{3}.$$

这样, $\forall m\geqslant m_2$, 有

$$f_1^m\left(x_1^m,x_{\hat{1}}^m\right)<f_1\left(x_1^m,x_{\hat{1}}^m\right)+\frac{1}{3}\delta_0<f_1\left(u_1^m,x_{\hat{1}}^m\right)-\frac{2}{3}\delta_0$$

$$
\begin{aligned}
&< f_1^m\left(u_1^m, x_{\hat{1}}^m\right) - \frac{1}{3}\delta_0 < f_1^m\left(u_1^m, x_{\hat{1}}^m\right) - \varepsilon_1^m \\
&\leqslant \sup_{u_1 \in A_1^m} f_1^m\left(u_1, x_{\hat{1}}^m\right) - \varepsilon_1^m,
\end{aligned}
$$

这与 $f_1^m\left(x_1^m, x_{\hat{1}}^m\right) \geqslant \sup\limits_{u_1 \in A_1^m} f_1^m\left(u_1, x_{\hat{1}}^m\right) - \varepsilon_1^m$ 矛盾, 故 (2) 的结论必成立.

注 14.2.1　定理 14.2.1 的结果是很有理论意义的: 每个局中人的支付函数是近似的, 策略集是近似的, 求解精度也是近似的, 如此得到的是一个逼近序列 $\{x^m\}$, $\{x^m\}$ 必有收敛子序列 $\{x^{m_k}\}$, 即 $x^{m_k} \to x \in \prod\limits_{i=1}^n A_i$, 而 x 必为 n 人非合作博弈的 Nash 平衡点. 这再次显示了有限理性对完全理性的逼近.

14.2.3　广义博弈问题

定理 14.2.3　$N = \{1, \cdots, n\}$, $\forall i \in N$, X_i 是 R^{k_i} 中的非空有界闭集, $X = \prod\limits_{i=1}^n X_i$, 假设

(1) $\forall i \in N$, 函数序列 $f_i^m : X \to R$ 满足

$$
\sup_{x \in X} \left|f_i^m(x) - f_i(x)\right| \to 0 \quad (m \to \infty),
$$

其中 $f_i : X \to R$ 是连续的;

(2) $\forall i \in N$, 集值映射序列 $G_i^m : X_{\hat{i}} \to P_0(X_i)$ 满足

$$
\sup_{x_{\hat{i}} \in X_{\hat{i}}} h_i\left(G_i^m(x_{\hat{i}}), G_i(x_{\hat{i}})\right) \to 0 \quad (m \to \infty),
$$

其中 h_i 是 $X_{\hat{i}}$ 上的 Hausdorff 距离, 集值映射 $G_i : X_{\hat{i}} \to P_0(X_i)$ 连续, 且 $\forall x_{\hat{i}} \in X_{\hat{i}}$, $G_i(x_{\hat{i}})$ 是非空有界闭集;

(3) $\forall m = 1, 2, 3, \cdots$, 存在 $x^m = (x_1^m, \cdots, x_n^m) \in X$, 使 $\forall i \in N$, $x_i^m \in U\left(\delta_i^m, G_i\left(x_{\hat{i}}^m\right)\right)$, 且

$$
f_i^m\left(x_i^m, x_{\hat{i}}^m\right) \geqslant \sup_{u_i \in G_i^m\left(x_{\hat{i}}^m\right)} f_i^m\left(u_i, x_{\hat{i}}^m\right) - \varepsilon_i^m,
$$

其中 $\delta_i^m \geqslant 0$, $\delta_i^m \to 0\,(m \to \infty)$, $\varepsilon_i^m \geqslant 0$, $\varepsilon_i^m \to 0\,(m \to \infty)$.

则

(1) $\{x^m\}$ 必有收敛子序列 $\{x^{m_k}\}$, 使 $x_{m_k} \to x^*$;

(2) $\forall i \in N$, $x_i^* \in G_i\left(x_{\hat{i}}^*\right)$, 且 $f_i\left(x_i^*, x_{\hat{i}}^*\right) = \max\limits_{u_i \in G_i\left(x_{\hat{i}}^*\right)} f_i\left(u_i, x_{\hat{i}}^*\right)$;

(3) 如果广义博弈 $\{f_1, \cdots, f_n; G_1, \cdots, G_n\}$ 的平衡点是单点集 $\{x^*\}$, 则必有 $x^m \to x^*$.

证明 (1) 显然, 因 X 是有界闭集. (3) 也显然, 以下来证明 (2).

由以上 (1), 不妨设 $x^m \to x^*$. 首先来证明 $\forall i \in N$, 有 $x_i^* \in G_i\left(x_{\hat{i}}^*\right)$. 设 d_i 是 X_i 上的距离函数, 由引理 2.1.4(2), 有

$$\begin{aligned} d_i\left(x_i^*, G_i\left(x_{\hat{i}}^*\right)\right) \leqslant & d_i\left(x_i^*, x_i^m\right)+d_i\left(x_i^m, G_i\left(x_{\hat{i}}^m\right)\right) \\ & +h_i\left(G_i^m\left(x_{\hat{i}}^m\right), G_i\left(x_{\hat{i}}^m\right)\right)+h_i\left(G_i\left(x_{\hat{i}}^m\right), G_i\left(x_{\hat{i}}^*\right)\right). \end{aligned}$$

因 $x_i^m \to x_i^*$, 有 $d_i\left(x_i^*, x_i^m\right) \to 0$, 因 $x_i^m \in G_i\left(x_{\hat{i}}^m\right)$, 有 $d_i\left(x_i^m, G_i\left(x_{\hat{i}}^m\right)\right) \leqslant \delta_0^m$, 因 $\sup\limits_{x_{\hat{i}} \in X_{\hat{i}}} h_i\left(G_i^m\left(x_{\hat{i}}\right), G_i\left(x_{\hat{i}}\right)\right) \to 0$, 有 $h_i\left(G_i^m\left(x_{\hat{i}}^m\right), G_i\left(x_{\hat{i}}^m\right)\right) \to 0$, 因集值映射 G_i 在 $x_{\hat{i}}^*$ 连续, $x_{\hat{i}}^m \to x_{\hat{i}}^*$, 有 $h_i\left(G_i\left(x_{\hat{i}}^m\right), G_i\left(x_{\hat{i}}^*\right)\right) \to 0$.

因此, $d_i\left(x_i^*, G_i\left(x_{\hat{i}}^*\right)\right)=0$, 再因 $G_i\left(x_{\hat{i}}^*\right)$ 是闭集, 故 $x_i^* \in G_i\left(x_{\hat{i}}^*\right)$.

以下用反证法. 如果 (2) 的结论不成立, 不妨设

$$f_1\left(x_1^*, x_{\hat{1}}^*\right)<\max_{u_1 \in G_1\left(x_{\hat{1}}^*\right)} f_1\left(u_1, x_{\hat{1}}^*\right),$$

即存在 $u_1^0 \in G_1\left(x_{\hat{1}}^*\right)$, 使

$$f_1\left(x_1^*, x_{\hat{1}}^*\right)<f_1\left(u_1^0, x_{\hat{1}}^*\right).$$

因 f_1 在 X 上是连续的, 存在 $\delta_0>0$, 存在 x_1^* 在 X_1 中的开邻域 $O\left(x_1^*\right)$, $x_{\hat{1}}^*$ 在 $X_{\hat{1}}$ 中的开邻域 $U\left(x_{\hat{1}}^*\right)$ 和 u_1^0 在 X_1 中的开邻域 $O\left(u_1^0\right)$, 使 $\forall x_1^{\prime} \in O\left(x_1^*\right)$, $\forall x_{\hat{1}}^{\prime} \in U\left(x_{\hat{1}}^*\right)$, $\forall u_1^{\prime} \in O\left(u_1^0\right)$, 有

$$f_1\left(x_1^{\prime}, x_{\hat{1}}^{\prime}\right)+\delta_0<f_1\left(u_1^{\prime}, x_{\hat{1}}^{\prime}\right).$$

因 $x_1^m \to x_1^*$, $x_{\hat{1}}^m \to x_{\hat{1}}^*$, $O\left(u_1^0\right) \cap G_1\left(x_{\hat{1}}^*\right) \neq \varnothing$, 而前面已证明 $h_1\left(G_1^m\left(x_{\hat{1}}^m\right), G_1\left(x_{\hat{1}}^m\right)\right) \to 0$, 故存在正整数 m_1, 使 $\forall m \geqslant m_1$, 有 $x_1^m \in O\left(x_1^*\right)$, $x_{\hat{1}}^m \in U\left(x_{\hat{1}}^*\right)$, 且 $O\left(u_1^0\right) \cap G_1^m\left(x_{\hat{1}}^m\right) \neq \varnothing$. 取 $u_1^m \in O\left(u_1^0\right) \cap G_1^m\left(x_{\hat{1}}^m\right)$, 则 $\forall m \geqslant m_1$, 有

$$f_1\left(x_1^m, x_{\hat{1}}^m\right)+\delta_0<f_1\left(u_1^m, x_{\hat{1}}^m\right).$$

因 $\sup\limits_{x \in X}\left|f_1^m(x)-f_1(x)\right| \to 0$ 且 $\varepsilon_1^m \to 0$, 存在正整数 m_2, 不妨设 $m_2 \geqslant m_1$, 使 $\forall m \geqslant m_2$, 有

$$\sup_{x \in X}\left|f_1^m(x)-f_1(x)\right|<\frac{\delta_0}{3}, \text{且} \varepsilon_1^m<\frac{\delta_0}{3}.$$

这样, $\forall m \geqslant m_2$, 注意到 $u_1^m \in G_1^m\left(x_{\hat{1}}^m\right)$, 有

$$f_1^m\left(x_1^m, x_{\hat{1}}^m\right)<f_1\left(x_1^m, x_{\hat{1}}^m\right)+\frac{1}{3} \delta_0<f_1\left(u_1^m, x_{\hat{1}}^m\right)-\frac{2}{3} \delta_0$$

$$
\begin{aligned}
&< f_1^m\left(u_1^m, x_{\hat{1}}^m\right) - \frac{1}{3}\delta_0 < f_1^m\left(u_1^m, x_{\hat{1}}^m\right) - \varepsilon_1^m \\
&\leqslant \sup_{u_1 \in G_1^m\left(x_{\hat{1}}^m\right)} f_1^m\left(u_1, x_{\hat{1}}^m\right) - \varepsilon_1^m,
\end{aligned}
$$

这与 $f_1^m\left(x_1^m, x_{\hat{1}}^m\right) \geqslant \sup\limits_{u_1 \in G_1^m\left(x_{\hat{1}}^m\right)} f_1^m\left(u_1, x_{\hat{1}}^m\right) - \varepsilon_1^m$ 矛盾, 故 (2) 的结论必成立.

14.3　不动点问题、Ky Fan 点问题与拟变分不等式问题的逼近定理

14.3.1　不动点问题

定理 14.3.1　设 X 是 R^m 中的一个非空子集, 假设

(1) $\forall n = 1, 2, 3, \cdots$, 集值映射序列 $F_n : X \to P_0(X)$ 满足

$$
\sup_{x \in X} h\left(F_n(x), F(x)\right) \to 0 \quad (n \to \infty),
$$

其中 h 是 X 上的 Hausdorff 距离, $F : X \to P_0(X)$ 是一个集值映射, $\forall x \in X$, $F(x)$ 是非空有界闭集, 且 F 在 x 是上半连续的;

(2) $\forall n = 1, 2, 3, \cdots$, A_n 是 X 中的非空子集, 满足

$$
h\left(A_n, A\right) \to 0 \quad (n \to \infty),
$$

其中 A 是 X 中的非空有界闭集;

(3) $\forall n = 1, 2, 3, \cdots$, $x_n \in X$ 满足 $d\left(x_n, A_n\right) \to 0$, 且 $x_n \in U\left(\varepsilon_n, F_n\left(x_n\right)\right)$, 其中 $\varepsilon_n \geqslant 0$, $\varepsilon_n \to 0\,(n \to \infty)$.

则

(1) $\{x_n\}$ 必有收敛子序列 $\{x_{n_k}\}$, 使 $x_{n_k} \to x^* \in A$;

(2) $x^* \in F\left(x^*\right)$;

(3) 如果 F 在 A 中的不动点集是单点集 $\{x^*\}$, 则必有 $x_n \to x^*$.

证明　只证 (2). 由以上 (1), 不妨设 $x_n \to x^*$. 以下用反证法, 如果 $x^* \notin F\left(x^*\right)$, 因 $F\left(x^*\right)$ 是闭集, 必有距离 $d\left(x^*, F\left(x^*\right)\right) = \delta_0 > 0$.

因 $\sup\limits_{x \in X} h\left(F_n(x), F(x)\right) \to 0$, $x_n \to x^*$, $\varepsilon_n \to 0$, 且集值映射 F 在 x^* 是上半连续的, 存在正整数 N, 使 $\forall n \geqslant N$, 有

$$
\sup_{x \in X} h\left(F_n(x), F(x)\right) < \frac{\delta_0}{4}, \quad d\left(x_n, x^*\right) < \frac{\delta_0}{4}, \quad \varepsilon_n < \frac{\delta_0}{4}, \text{且} F\left(x_n\right) \subset U\left(\frac{\delta_0}{4}, F\left(x^*\right)\right).
$$

$\forall n = 1, 2, 3, \cdots$, 由 $x_n \in U\left(\varepsilon_n, F_n\left(x_n\right)\right)$, 存在 $y_n \in F_n\left(x_n\right)$, 使 $d\left(x_n, y_n\right) <$

$\varepsilon_n < \frac{\delta_0}{4}$. $\forall n \geqslant N$, 由 $h(F_n(x_n), F(x_n)) < \frac{\delta_0}{4}, y_n \in F_n(x_n)$, 存在 $z_n \in F(x_n)$, 使 $d(y_n, z_n) < \frac{\delta_0}{4}$, 且由 $F(x_n) \subset U\left(\frac{\delta_0}{4}, F(x^*)\right), z_n \in F(x_n)$, 存在 $u_n \in F(x^*)$, 使 $d(z_n, u_n) < \frac{\delta_0}{4}$.

这样, $\forall n \geqslant N$, 必有

$$d(x^*, u_n) \leqslant d(x^*, x_n) + d(x_n, y_n) + d(y_n, z_n) + d(z_n, u_n) < \delta_0,$$

这与 $u_n \in F(x^*)$, $d(x^*, F(x^*)) = \delta_0$ 矛盾, 故 (2) 的结论必存在.

14.3.2 Ky Fan 点问题

定理 14.3.2 设 X 是 R^m 中的一个非空子集, 假设

(1) $\forall n = 1, 2, 3, \cdots$, 函数序列 $f_n : X \times X \to R$ 满足

$$\sup_{(x,y)\in X\times X} |f_n(x,y) - f(x,y)| \to 0 \quad (n \to \infty),$$

其中 $f : X \times X \to R$ 是下半连续的;

(2) $\forall n = 1, 2, 3, \cdots$, A_n 是 X 中的非空子集, 满足

$$h(A_n, A) \to 0 \quad (n \to \infty),$$

其中 A 是 X 中的非空有界闭集;

(3) $\forall n = 1, 2, 3, \cdots$, $x_n \in X$ 满足 $d(x_n, A_n) \to 0$, 且 $\forall y \in A_n$, 有 $f_n(x_n, y) \leqslant \varepsilon_n$, 其中 $\varepsilon_n \geqslant 0$, $\varepsilon_n \to 0\,(n \to \infty)$.

则

(1) $\{x_n\}$ 必有收敛子序列 $\{x_{n_k}\}$, 使 $x_{n_k} \to x^* \in A$;

(2) $\forall y \in A$, 有 $f(x^*, y) \leqslant 0$;

(3) 如果 $f(x,y)$ 在 A 中的 Ky Fan 点集是单点集 $\{x^*\}$, 则必有 $x_n \to x^*$.

证明 只证 (2). 由以上 (1), 不妨设 $x_n \to x^*$. 以下用反证法, 如果 (2) 的结论不成立, 则存在 $y_0 \in A$, 使 $f(x^*, y_0) > 0$, 此时必存在 $\delta_0 > 0$, 使 $f(x^*, y_0) > \delta_0$.

因 f 在 $X \times X$ 上是下半连续的, 存在 x^* 在 X 中的开邻域 $O(x^*)$, y_0 在 X 中的开邻域 $O(y_0)$, 使 $\forall x' \in O(x^*)$, $\forall y' \in O(y_0)$, 有 $f(x', y') > \delta_0$.

因 $x_n \to x^*$, $A_n \to A$, $y_0 \in A$, 由引理 2.1.9, 存在正整数 N_1, 使 $\forall n \geqslant N_1$, 有 $x_n \in O(x^*)$, $O(y_0) \cap A_n \neq \varnothing$. 取 $y_n \in O(y_0) \cap A_n$, 则 $\forall n \geqslant N_1$, 有 $f(x_n, y_n) > \delta_0$.

因 $\sup_{(x,y)\in X\times X} |f_n(x,y) - f(x,y)| \to 0$, $\varepsilon_n \to 0$, 存在正整数 N_2, 不妨设 $N_2 \geqslant N_1$, 使 $\forall n \geqslant N_2$, 有

$$\sup_{(x,y)\in X\times X} |f_n(x,y) - f(x,y)| < \frac{\delta_0}{2}, \text{且} \varepsilon_n < \frac{\delta_0}{2}.$$

这样, $\forall n \geqslant N_2$, 有

$$f_n(x_n, y_n) > f(x_n, y_n) - \frac{\delta_0}{2} > \frac{\delta_0}{2} > \varepsilon_n,$$

这与 $y_n \in A_n$, $f_n(x_n, y_n) \leqslant \varepsilon_n$ 矛盾, 故 (2) 的结论必成立.

14.3.3 拟变分不等式问题

定理 14.3.3 设 X 是 R^m 中的一个非空有界闭集, 假设

(1) $\forall n = 1, 2, 3, \cdots$, 函数序列 $f_n : X \times X \to R$ 满足

$$\sup_{(x,y)\in X\times X} |f_n(x, y) - f(x, y)| \to 0 \quad (n \to \infty),$$

其中 $f : X \times X \to R$ 是下半连续的;

(2) $\forall n = 1, 2, 3, \cdots$, 集值映射序列 $G_n : X \to P_0(X)$ 满足

$$\sup_{x\in X} h(G_n(x), G(x)) \to 0 \quad (n \to \infty),$$

其中 h 是 X 上的 Hausdorff 距离, $G : X \to P_0(X)$ 是一个集值映射, $\forall x \in X$, $G(x)$ 是 X 中的非空有界闭集, 且 G 在 x 是连续的;

(3) $\forall n = 1, 2, 3, \cdots$, 存在 $x_n \in U(\delta_n, G_n(x_n))$, 且 $\forall y \in G_n(x_n)$, 有 $f_n(x_n, y) \leqslant \varepsilon_n$, 其中 $\delta_n \geqslant 0$, $\delta_n \to 0\,(n \to \infty)$, $\varepsilon_n \geqslant 0$, $\varepsilon_n \to 0\,(n \to \infty)$.

则

(1) $\{x_n\}$ 必有收敛子序列 $\{x_{n_k}\}$, 使 $x_{n_k} \to x^* \in A$;

(2) $x^* \in G(x^*)$, 且 $\forall y \in G(x^*)$, 有 $f(x^*, y) \leqslant 0$;

(3) 如果拟变分不等式的解集是单点集 $\{x^*\}$, 则必有 $x_n \to x^*$.

证明 (1) 显然, 因 X 是有界闭集. (3) 也显然, 下面只证 (2). 由以上 (1), 不妨设 $x_n \to x^*$. 因 $\forall x \in X$, G 在 x 连续, 且 $G(x)$ 是有界闭集, 有

$$\begin{aligned} h(G_n(x_n), G(x^*)) &\leqslant h(G_n(x_n), G(x_n)) + h(G(x_n), G(x^*)) \\ &\leqslant \sup_{x\in X} h(G_n(x), G(x)) + h(G(x_n), G(x^*)) \to 0 \quad (n \to \infty), \end{aligned}$$

得 $h(G_n(x_n), G(x^*)) \to 0\,(n \to \infty)$.

如果 $x^* \notin G(x^*)$, 则存在 X 中的两个开集 V 和 W, 使 $x^* \in V$, $G(x^*) \subset W$, 而 $V \cap W = \varnothing$.

因 $x_n \to x^*$, 存在正整数 N_1, 使 $\forall n \geqslant N_1$, 有 $x_n \in V$.

因 $G(x^*) \subset W$, $G(x^*)$ 是有界闭集而 W 是开集, 存在 $\delta^* > 0$, 使 $U(\delta^*, G(x^*)) \subset W$.

因 $\delta_n \to 0$, 且 $h(G_n(x_n), G(x^*)) \to 0$, 存在正整数 N_2, 不妨设 $N_2 \geqslant N_1$, 使 $\forall n \geqslant N_2$, 有

$$\delta_n < \frac{\delta^*}{2}, \text{且} G_n(x_n) \subset U\left(\frac{\delta^*}{2}, G(x^*)\right).$$

这样, $\forall n \geqslant N_2$, 有

$$U(\delta_n, G_n(x_n)) \subset U\left(\frac{\delta^*}{2}, G_n(x_n)\right) \subset U(\delta^*, G(x^*)) \subset W.$$

因 $x_n \in U(\delta_n, G_n(x_n))$, 故 $x_n \in W$, 这与 $V \cap W = \varnothing$ 矛盾.

以上证明了 $x^* \in G(x^*)$, 以下用反证法, 如果 (2) 的结论不成立, 则存在 $y_0 \in G(x^*)$, 使 $f(x^*, y_0) > 0$, 存在 $\delta_0 > 0$, 使 $f(x^*, y_0) > \delta_0$.

因 $h(G_n(x_n), G(x^*)) \to 0$, $y_0 \in G(x^*)$, 由引理 2.1.9, 存在 $y_n \in G_n(x_n)$, 使 $y_n \to y_0$, 注意到 $f_n(x_n, y_n) \leqslant \varepsilon_n$.

因 $\sup\limits_{(x,y)\in X\times X} |f_n(x,y) - f(x,y)| \to 0$, $x_n \to x^*$, $y_n \to y_0$, f 在 (x^*, y_0) 下半连续, 且 $\varepsilon_n \to 0$, 存在正整数 N, 使 $\forall n \geqslant N$, 有

$$\sup_{(x,y)\in X\times X} |f_n(x,y) - f(x,y)| < \frac{\delta_0}{3}, \varepsilon_n < \frac{\delta_0}{3}, \text{且} f(x_n, y_n) > f(x^*, y_0) - \frac{\delta_0}{3}.$$

这样, $\forall n \geqslant N$, 有

$$f_n(x_n, y_n) > f(x_n, y_n) - \frac{\delta_0}{3} > f(x^*, y_0) - \frac{2\delta_0}{3} > \frac{\delta_0}{3} > \varepsilon_n,$$

这与 $f_n(x_n, y_n) \leqslant \varepsilon_n$ 矛盾, 故 (2) 的结论必成立.

注 14.3.1 本讲中所有结果都可以从有限维空间推广至一般的度量空间, 一些假设条件也可以减弱. 用类似的方法, 还可以给出并证明向量值 Ky Fan 不等式问题与向量值拟变分不等式问题以及多目标博弈问题与广义多目标博弈问题等的逼近定理, 这里省略了.

第 15 讲　合作博弈简介

本讲对合作博弈作一个简明扼要的介绍, 主要参考了文献 [157] 和 [158].

15.1　联盟和核心

在 n 人非合作博弈中, 任意两个或两个以上的局中人之间是不允许事先商定把他们的策略组合起来的, 也不允许对他们得到的支付总和进行重新分配. 在 n 人合作博弈中, 任意两个或两个以上的局中人之间可以事先商定把他们的策略组合起来, 并且在博弈结束之后对他们得到的支付总和进行重新分配. 因此, 若干个局中人需要合作, 这就是联盟.

设 $N=\{1,\cdots,n\}$ 是局中人的集合, $v(S)$ 定义在 N 的所有子集上, 是 N 的所有子集上的实值函数, 它表示联盟 S 通过协调其成员的策略所能保证得到的最大支付, 并满足条件:

$$v(\varnothing)=0,$$
$$v(N)\geqslant\sum_{i=1}^{n}v(\{i\}).$$

称 $\Gamma=(N,v)$ 为 n 人合作博弈, $v(S)$ 为此博弈的特征函数.

如果对任意 $S,T\subset N$, $S\cap T=\varnothing$, 有

$$v(S\cup T)\geqslant v(S)+v(T),$$

则称博弈 Γ 具有超可加性.

如果对任意 $S,T\subset N$, $S\cap T=\varnothing$, 有

$$v(S\cup T)=v(S)+v(T),$$

则称此博弈 Γ 具有可加性.

如果 Γ 具有可加性, 则称其为非实质性博弈, 没有研究的必要, 否则称为实质性博弈.

合作博弈与非合作博弈的不同之处还在于合作博弈至今仍没有一个统一的解的概念 (往往每类具体问题有专门定义的解), 而其任何解的概念都不具有 Nash 平衡在非合作博弈中的地位.

关于合作博弈的解, 主要有核心和 Shapley 值这两种. 本节介绍核心的概念.

n 人合作博弈中的每个局中人应该从总收入 $v(N)$ 中分得自己的份额, 用一个 n 维向量 $x=(x_1,\cdots,x_n)$ 来表示, 其中 x_i 是局中人 i 的份额. x 应该满足以下两个条件:

$$x_i \geqslant v(\{i\}),\quad i=1,\cdots,n,$$
$$\sum_{i=1}^{n} x_i = v(N).$$

向量 x 称为分配. $\forall i=1,\cdots,n$, $x_i \geqslant v(\{i\})$ 表示对局中人 i 来说, 如果分配给他的 x_i 还达不到他单干所得到的支付, 他是不会接受的. $\sum\limits_{i=1}^{n} x_i > v(N)$ 当然是不可能实现的, 但是如果 $\sum\limits_{i=1}^{n} x_i < v(N)$, 每个局中人也都不会接受, 因为他们还期望从 $v(N)-\sum\limits_{i=1}^{n} x_i$ 中再多分到一些.

设 $x=(x_1,\cdots,x_n)$ 和 $y=(y_1,\cdots,y_n)$ 是 n 人合作博弈 $\Gamma=(N,v)$ 的两个分配, $S\subset N$, $S\neq\varnothing$, 如果

$$v(S) \geqslant \sum_{i\in S} y_i,$$

且 $\forall i\in S$, 有 $y_i > x_i$, 则称 y 关于 S 优超于 x, 记为 $y \succ_S x$.

$v(S) \geqslant \sum\limits_{i\in S} y_i$ 表示分配 y 可行, 而 $\forall i\in S, y_i > x_i$ 表示联盟 S 中每个成员都将选择 y 而拒绝 x.

如果存在 $S\subset N$, $S\neq\varnothing$, 使 $y\succ_S x$, 则称分配 y 优超于 x, 记为 $y\succ x$.

如果分配 x 不被其他任何分配优超, 所有这样的分配 x 称为 n 人合作博弈的核心, 记为 $c(v)$, 这样的分配可以被每个局中人所接受, 因为找不到可行的比它更好的分配.

对任意分配 $x=(x_1,\cdots,x_n)$, 对任意 $S\subset N$, 记 $x(S)=\sum\limits_{i\in S} x_i$.

定理 15.1.1 核心 $c(v)$ 可以表示为满足

$$x(S) \geqslant v(S), \text{对任意} S\subset N$$

的分配 x 的全体.

证明 首先, 如果分配 x 满足上式, 用反证法. 设其被分配 y 优超, 即存在 $S\subset N$, $S\neq\varnothing$, 使 $v(S)\geqslant y(S) > x(S)$, 矛盾, 故 $x\in c(v)$.

反之, 如果 $x\in c(v)$, 而存在 $S\subset N$, 使 $x(S) < v(S)$, 显然 $S\neq N$, $N\backslash S\neq\varnothing$. 令

$$y_i=\begin{cases} x_i+\varepsilon, & i\in S,\\ v(\{i\})+\alpha, & i\notin S,\end{cases}$$

其中

$$\varepsilon=\frac{v(S)-x(S)}{s}>0,$$

$$\alpha=\frac{v(N)-v(S)-\sum\limits_{i\in N\backslash S}v(\{i\})}{n-s}\geqslant 0,$$

s 表示子集 S 中元素的个数.

容易验证:

当 $i\notin S$ 时, $y_i\geqslant v(\{i\})$. 当 $i\in S$ 时, $y_i>x_i\geqslant v(\{i\})$(因 x 是一个分配), 且

$$\begin{aligned}\sum_{i=1}^{n}y_i=&\sum_{i\in S}x_i+[v(S)-x(S)]+\sum_{i\in N\backslash S}v(\{i\})\\&+v(N)-v(S)-\sum_{i\in N\backslash S}v(\{i\})=v(N),\end{aligned}$$

这表明 y 也是合作博弈 $\Gamma=(N,v)$ 的一个分配. 又

$$\sum_{i\in S}y_i=\sum_{i\in S}x_i+v(S)-x(S)=v(S),$$

故 $y\succ_S x$, 这与 $x\in c(v)$ 矛盾.

如果对任意的 $S,T\subset N$, 有 $v(S)+v(T)\leqslant v(S\cup T)+v(S\cap T)$, 则称合作博弈 $\Gamma=(N,v)$ 为凸博弈.

定理 15.1.2　设合作博弈 $\Gamma=(N,v)$ 是凸博弈, 则 $c(v)\neq\varnothing$.

证明　令 $x_1=v(\{1\}),\cdots,x_k=v(\{1,\cdots,k\})-v(\{1,\cdots,k-1\}),\ k=2,\cdots,n$.

显然, $x_1\geqslant v(\{1\})$, $x_k\geqslant v(\{k\})$, 且 $\sum\limits_{i=1}^{n}x_i=v(N)$, 故 $x=(x_1,\cdots,x_n)$ 是一个分配.

以下证明对任意 $S\subset N$, 有 $x(S)\geqslant v(S)$, 这样由定理 15.1.1, 即得 $x\in c(v)$, $c(v)\neq\varnothing$.

记 $N\backslash S=\{j_1,\cdots,j_t\}$, 其中 $j_1<\cdots<j_t$.

令 $T=\{1,\cdots,j_1\}$, 则 $S\cup T=S\cup\{j_1\}$, $S\cap T=S-\{j_1\}$.

因博弈 Γ 是凸博弈,

$$v(S)+v(T)\leqslant v(S\cup\{j_1\})+v(T-\{j_1\}),$$

即

$$x_{j_1}=v(T)-v(T-\{j_1\})\leqslant v(S\cup\{j_1\})-v(S),$$

$$x(S\cup\{j_1\})-x(S)\leqslant v(S\cup\{j_1\})-v(S).$$

移项, 得

$$x(S)-v(S)\geqslant x(S\cup\{j_1\})-v(S\cup\{j_1\}).$$

重复上述推论 t 次, 得

$$x(S)-v(S)\geqslant x(N)-v(N)=0.$$

一般来说, 核心不是唯一的, 有时核心的集合相当大, 而有时核心甚至是空集.

15.2 Shapley 值

Shapley 值是 2012 年 Nobel 经济学奖获得者 Shapley 的主要贡献. 关于 Shapley 值, 是按照每个局中人对联盟的贡献来分配支付的一组数据:

$$\varphi(v)=(x_1,\cdots,x_n)=(\varphi_1(v),\cdots,\varphi_n(v)),$$

其中 $\varphi_i(v)=\sum\limits_{S\subset N\backslash\{i\}}\dfrac{s!(n-s-1)!}{n!}[v(S\cup\{i\})-v(S)]$, s 表示子集 $S\subset N\backslash\{i\}$ 中元素的个数.

推导方法较多, 解释如下: 假设有 n 个局中人在房门口随机排队, 每次进 1 人, 有 $n!$ 种不同的排队方式. 对于一个不包含局中人 i 的子集 S, 存在 $s!(n-s-1)!$ 种不同的方式对局中人排序, 使 S 恰是局中人 i 前面的局中人集. 假定每个不同的排序是等可能的, 则当局中人 i 进入房门时, $\dfrac{s!(n-s-1)!}{n!}$是联盟 S 已先于他进入房门的概率, 而他对房间中联盟 S 的贡献为 $v(S\cup\{i\})-v(S)$(体现了局中人 i 对联盟 S 的价值), 于是

$$\varphi_i(v)=\sum_{S\subset N\backslash\{i\}}\frac{s!(n-s-1)!}{n!}[v(S\cup\{i\})-v(S)]$$

就是局中人 i 的期望贡献, 也是对他的分配.

应用 Shapley 值可以解决应用中的一些分配问题.

例 15.2.1 某议会由 4 个政党 (红、蓝、绿、棕) 共 100 名议员组成, 其中红党 43 人, 蓝党 33 人, 绿党 16 人, 棕党 8 人. 每个政党都是一个集团, 一致投票, 看作一个参与人, 故 $N=\{1,2,3,4\}$. 任何法律的通过都需要多数人同意.

设包含多数者联盟的支付为 1, 没有包含多数者联盟的支付为 0. 对红党 $(i=1)$ 来说,

(1) 与蓝、绿、棕任何一个政党结盟即成多数, 共三种情况, $S_1 = \{2\}$, $S_2 = \{3\}$, $S_3 = \{4\}$;

(2) 与蓝、绿、棕任何两个政党结盟即成多数, 共三种情况, $S_4 = \{2,3\}$, $S_5 = \{2,4\}$, $S_6 = \{3,4\}$;

(3) 与蓝、绿、棕三个政党结盟即成多数, 一种情况, $S_7 = \{2,3,4\}$(注意到此时 $v(S_7 \cup \{1\}) - v(S_7) = 0$).

Shapley 值 $\varphi_1(v) = \frac{1!2!}{4!} \times 3 + \frac{2!1!}{4!} \times 3 = \frac{1}{2}$.

对蓝党($i = 2$), 绿党 ($i = 3$) 和棕党 ($i = 4$) 来说, 可计算得 $\varphi_2(v) = \varphi_3(v) = \varphi_4(v) = \frac{1}{6}$.

一个政党的权力取决于它在多数者联盟形成过程中的作用, Shapley 值提供了对这种权力的测度, 因而也称为权力指数.

参 考 文 献

[1] 俞建. 博弈论选讲. 北京：科学出版社, 2014.

[2] von Neumann J, Morgenstern O. 博弈论与经济行为. 王文玉, 等, 译. 北京：生活 · 读者 · 新知三联书店, 2004.

[3] Nash J. Equilibrium points in N-person games. Proc. Nat. Acad. Sci., 1950, 36: 48-49.

[4] Nash J. Non-cooperative games. Ann. of Math., 1951, 54: 286-295.

[5] Debreu G. A social equilibrium existence theorem. Proc. Nat. Acad. Sci., 1952, 38(10): 886-893.

[6] Arrow K J, Debreu G. Existence of an equilibrium for a competitive economy. Econometrica, 1954, 22: 265-290.

[7] 西尔维娅 · 娜萨. 普林斯顿的幽灵——纳什传. 王尔山, 译. 上海：上海科技教育出版社, 2000.

[8] 哈罗德 W. 库恩, 西尔维娅 · 纳萨尔. 纳什精要. 彭剑, 译. 北京：机械工业出版社, 2018.

[9] Dixit A, Skeath S, Reiley D. 策略博弈. 3 版. 蒲勇健, 等, 译. 北京：中国人民大学出版社, 2012.

[10] 俞建. 博弈论与非线性分析. 北京：科学出版社, 2008.

[11] Aliprantis C D, Border K C. Infinite Dimensional Analysis. Berlin: Springer-Verlag,1999.

[12] OK E A. Real Analysis with Economic Applications. Princeton: Princeton University Press, 2007.

[13] 夏道行, 吴卓人, 严绍宗, 舒五昌. 实变函数论与泛函分析: 下册. 2 版. 北京：高等教育出版社, 1985.

[14] Goffman C. 多元微积分. 史济怀, 等, 译. 北京：人民教育出版社, 1978.

[15] Ichiishi T. Game Theory for Economic Analysis. New York: Academic Press,1983.

[16] Aubin J P, Ekeland I. Applied Nonlinear Analysis. New York: Springer-Verlag, 1984.

[17] Border K C. Fixed Point Theorems with Applications to Economics and Game Theory. Cambridge: Cambridge University Press, 1985.

[18] Franklin J. 数理经济学方法. 俞建, 等, 译. 贵阳：贵州人民出版社, 1985.

[19] Smart D R. 不动点定理. 张石生, 等, 译. 重庆：重庆出版社, 1982.

[20] Florenzano M. General Equilibrium Analysis. Boston: Kluwer Academic Publishers, 2003.

[21] Granas A, Dugundji J. Fixed Point Theorems. New York: Springer, 2003.

[22] Fort M K. Points of continuity of semicontinuous functions. Publ. Math. Debrecen, 1951, 2: 100-102.

[23] Carbonell-Nicolau O. Essential equilibria in normal-form games. Journal of Economic Theory, 2010, 145: 421-431.

[24] Xiang S W, Jia W S, He J H, Xia S Y, Chen Z Y. Some results concerning the generic continuity of set-valued mappings. Nonlinear Analysis TMA, 2012, 75: 3591-3597.

[25] Berger M. 非线性及泛函分析. 罗亮生, 等, 译. 北京：科学出版社, 2005.

[26] Berge C. Topological Spaces. New York: MacMillan, 1963.

[27] Brouwer L. Über Abbildung von Mannigfaltigkeiten. Math. Ann., 1911, 71: 97-115.

[28] Knaster B, Kuratowski K, Mazurkiewicz S. Ein beweis des fixpunktsatzes für n-dimensionale simplexe. Fund. Math., 1929, 14: 132-137.

[29] Kakutani S. A generalization of Brouwer's fixed point theorem. Duke Math. J., 1941, 8: 457-459.

[30] von Neumann J. Über ein okonomisches Gleichungssystem und eine Verallgemeinerung des Brouwerschen Fixpunktsatzes. Evzebnisse eine Mathematischen Kolloguiums, 1937, 8: 73-83.

[31] Fan K. A minimax inequality and applications//Shisha O, ed. Inequality. Vol. 3. New York: Academic Press, 1972: 103-113.

[32] 俞建, 袁先智. 樊畿不等式及其在博弈论中的应用. 应用数学与计算数学学报, 2015, 29: 59-68.

[33] Fan K. Fixed-point and minimax theorems in locally convex topological linear spaces. Proc. Nat. Acad. Sci., 1952, 38: 121-126.

[34] Fan K. A generalization of Tychonoff's fixed point theorem. Math. Ann., 1961, 142: 305-310.

[35] Yuan X Z. KKM Theory and Applications in Nonlinear Analysis. New York: Marcel Dekker, Inc., 1999.

[36] Tan K K, Yu J, Yuan X Z. The stability of Ky Fan's points. Proc. Amer. Math. Soc., 1995, 123: 1511-1519.

[37] Blum E, Oettli W. From optimization and variational inequalities to equilibrium problems. The Mathematics Student, 1994, 63: 123-145.

[38] Browder F E. The fixed point theory of multi-valued mappings in topological vector spaces. Math. Ann., 1968, 177: 283-301.

[39] 夏道行, 吴卓人, 严绍宗, 舒五昌. 实变函数论与泛函分析: 上册. 北京：高等教育出版社, 1983.

[40] 复旦大学. 概率论: 第一册　概率论基础. 北京：人民教育出版社, 1979.

[41] 俞建. 博弈论与非线性分析续论. 北京：科学出版社, 2011.

[42] Tan K K, Yu J, Yuan X Z. Existence theorems of Nash equilibria for non-cooperative n-person games. Inter. J. of Game Theory, 1995, 24: 217-222.

[43] 俞建. Nash 平衡的存在性与稳定性. 系统科学与数学, 2002, 22：296-311.

[44] Poundstone W. 囚徒的困境. 吴鹤龄, 译. 北京：北京理工大学出版社, 2005.

[45] Nikaidô H, Isoda K. Note on non-cooperative convex game. Pacific J. Math., 1955, 5: 807-815.

[46] Sion M. On general minimax theorems. Pacific J. Math., 1958, 8: 171-176.

[47] Tan K K, Yu J, Yuan X Z. Note on ε-saddle point and saddle point theorems. Acta Math. Hunger, 1994, 65: 395-401.

[48] 杨荣基, 彼得罗相, 李颂志. 动态合作——尖端博弈论. 北京: 中国市场出版社, 2007.

[49] Hardin G. The tragedy of the commons. Science, 1968, 162: 1243-1248.

[50] Ostrom E. 公共事物的治理之道——集体行动制度的演进. 余逊达, 等, 译. 上海: 上海三联书店, 2000.

[51] Yu J. On Nash equilibria in N-person games over reflexive Banach spaces. J. Optim. Theory Appl., 1992, 73: 211-214.

[52] Tan K K, Yu J. New minimax inequality with applications to existence theorems of equilibrium points. J. Optim. Theory Appl., 1994, 82: 105-120.

[53] 俞建. 自反 Banach 空间中 Ky Fan 点的存在性. 应用数学学报, 2008, 31：126-131.

[54] Han J, Huang Z H, Fang S C. Solvability of variational inequality problems. J. Optim. Theory Appl., 2004, 122: 501-520.

[55] Yu J, Yang H. Existence of solutions for generalized variational inequality problems. Nonlinear Analysis TMA, 2009, 71: 2327-2330.

[56] Marco G, Morgan J. Slightly altruistic equilibria. J. Optim. Theory Appl., 2008, 137: 347-362.

[57] 俞建. n 人非合作博弈的轻微利他平衡点. 系统科学与数学, 2011, 31: 534-539.

[58] Harsanyi J C. Games with incomplete information played by players. Management Science, 1967-1968, 14: 159-182, 320-334, 486-502.

[59] 哈罗德 W. 库恩. 博弈论经典. 韩松, 等, 译. 北京：中国人民大学出版社, 2004.

[60] Narahari Y. 博弈论与机制设计. 曹乾, 译. 北京：中国人民大学出版社, 2017.

[61] Facchinei F, Kanzow C. Generalized Nash equilibrium problems. Ann. Oper. Res., 2010, 175: 177-211.

[62] McKelvey R D, McLennan A. Computation of equilibria in finite games//Handbook of Computation Economics. Vol Ⅰ. Amsterdam: North-Holland Publishing Company, 1996: 87-142.

[63] Debreu G. Existence of competitive equilibrium//Handbook of Mathmatical Economics. Vol Ⅱ. Amsterdam: North-Holland Publishing Company, 1982: 697-743.

[64] Aliprantis C D, Brown D J, Burkinshaw O. Existence and Optimality of Competitive Equilibria. Berlin: Springer-Verlag, 1989.

[65] Mas-Colell A, Whinston M D, Green J R. 微观经济学. 刘文忻, 等, 译. 北京：中国社会科学出版社, 2001.

[66] 史树中. 数学与经济. 长沙：湖南教育出版社, 1990.

[67] 王则柯, 左再思, 李志强. 经济学拓扑方法. 北京：北京大学出版社, 2002.

[68] Uzawa H. Walras's existence theorem and Brouwer's fixed-point theorem. Economic Studies Quarterly, 1962, 8: 59-62.

[69] 张恭庆, 林源渠. 泛函分析讲义: 上册. 北京: 北京大学出版社, 1987.

[70] Gale D. The law of supply and demand. Math. Scand., 1955, 3: 155-169.

[71] Nikaidô H. On the classical multilateral exchange problem. Metroeconomica, 1956, 8: 135-145.

[72] Debreu G. Market equilibrium. Proc. Nat. Acad. Sci., 1956, 42: 876-878.

[73] Grandmont J M. Temporary general equilibrium theory. Econometrica, 1977, 45: 535-572.

[74] Tan K K, Yu J. Minimax inequalities and generalisations of the Gale-Nikaido-Debreu lemma. Bull. Austrla. Math. Soc., 1994, 49: 267-275.

[75] Florenzano M. The Gale-Nikaido-Debreu lemma and the existence of transitive equilibrium with or without the free-disposal assumption. J. of Math. Economics, 1982, 9: 111-134.

[76] Samle S. Gerard Debreu wins the Nobel Prize. The Math. Intelligencer, 1984, 6: 61-62.(译文见王则柯《自然杂志》1990 年 13 卷 7 期)

[77] Yu J, Wang N F, Yang Z. Equivalence results between Nash equilibrium theorem and some fixed point theorems. Fixed Point Theory and Applications, 2016: 69.

[78] 俞建. 有限理性与博弈论中平衡点集的稳定性. 北京: 科学出版社, 2017.

[79] 俞建, 贾文生. 不动点与平衡点. 运筹学学报, 2020, 24(2): 14-22.

[80] Komiya H. Inverse of the Berge maximum theorem. Economic Theory, 1997, 9: 371-375.

[81] Zhou L. The structure of the Nash equilibrium sets of standard 2-player games. Rationality and Equilibrium, 2005, 57: 57-66.

[82] Pang J S, Fukushima M. Quasi-variational inequalities, generalized Nash equilibria and multi-follower games. Computational Management Science, 2005, 2: 21-56.

[83] Yu J,Wang H L. An existence theorem for equilibrium points for multi-leader-follower games.Nonlinear Analysis TMA, 2008, 69: 1775-1777.

[84] Chen G Y, Huang X X, Yang X Q. Vector Optimization. Berlin: Springer-Verlag, 2005.

[85] Yang H, Yu J. Essential components of the set of weakly Pareto-Nash equilibrium points. Appl. Math. Letters, 2002, 15: 553-560.

[86] Yu J, Peng D T. Solvability of vector Ky Fan inequalities with applications. J. Syst. Sci. Complex., 2013, 26: 978-990.

[87] Wang S Y. Existence of a Pareto equilibrium. J. Optim.Theory Appl., 1993, 79: 373-384.

[88] Yu J, Yuan G X Z. The study of Pareto equilibria for multiobjective games by fixed point and Ky Fan minimax inequality methods. Computer. Math. Applic., 1998, 35 (9): 17-24.

[89] Qiu X L, Peng D T, Yu J. Berge's maximum theorem to vector-valued functions with some applications. J. Nonlinear Sci. Appl., 2017, 10: 1861-1872.

[90] Lin Z,Yu J. The existence of solutions for the system of generalized vector quasi-equilibrium problems. Appl. Math. Letters, 2005, 18: 415-422.

[91] Binmore K. 博弈论教程. 谢识予, 等, 译. 上海: 格致出版社, 2010.

[92] Selten R. Reexamination of the perfectness concept for equilibrium points in extensive games. Inter. J of Game Theory, 1975, 4: 25-55.

[93] Wu W T, Jiang J H. Essential equilibrium points of n-person noncooperative games. Scientia Sinica, 1962, 11: 1307-1322.

[94] 俞建. 本质博弈与 Nash 平衡点集的本质连通区. 系统工程理论与实践, 2010, 30: 1798-1802.

[95] Fort M K. Essential and non essential fixed points. Amer. J. Math. , 1950, 72: 315-322.

[96] Wilson R. Computing equilibria of N-person games. SIAM J. Appl. Math., 1971, 21: 80-87.

[97] Sard A. The measure of the critical values of differentiable maps. Bull. Amer. Math. Soc., 1942, 48: 883-890.

[98] Harsanyi J C. Oddness of the number of equilibrium points: A new proof. Inter. J. of Game Theory, 1973, 2: 235-250.

[99] Debreu G. Economies with a finite set of equilibria. Econometrica, 1970, 38: 387-392.

[100] Dierker E. Topological Methods in Walrasian Economics. Berlin: Springer-Verlag, 1974.

[101] 陈光亚. 向量极值问题的本质弱有效解. 系统科学与数学, 1983, 3: 120-124.

[102] 俞建. 对策论中的本质平衡. 应用数学学报, 1993, 16: 153-157.

[103] Yu J. Essential equilibria of n-person noncooperative games. J. Math. Economics, 1999, 31: 361-372.

[104] Tan K K, Yu J, Yuan X Z. The stability of coincident points for multivalued mappings. Nonlinear Analysis TMA, 1995, 25: 163-168.

[105] Tan K K, Yu J, Yuan X Z. Stability of production economies. J. Austral. Math. Soc. Series A, 1996, 61: 162-170.

[106] Yu J, Yuan X Z, Isac G. The stability of solutions for differential inclusions and differential equations in the sense of Baire category theory. Appl. Math. Letters, 1998, 11(4): 51-56.

[107] Yu J, Liu Z X, Peng D T, Xu D Y, Zhou Y H. Existence and stability analysis of optimal control. Optimal Control Applications and Methods, 2014, 35: 721-729.

[108] Yu J, Peng D T. Generic stability of Nash equilibria for noncooperative differential games. OR Letters, 2020, 48: 157-162.

[109] Yu J. Essential weak efficient solution in multiobjective optimization problems. J. Math. Anal. Appl.,1992,166: 230-235.

[110] Tan K K,Yu J,Yuan X Z. The uniqueness of saddle points. Bulletin of the Polish Academy of Sciences Mathematics, 1995, 43: 119-129.

[111] Yu J, Peng D T, Xiang S W. Generic uniqueness of equilibrium points. Nonlinear Analysis, TMA, 2011, 74: 6326-6332.

[112] Peng D T, Yu J, Xiu N H. Generic uniqueness theorems with some applications. J. Global Optim., 2013, 56: 713-725.

[113] Yu J, Yuan X Z. The relationship between fragmentable spaces and class L spaces. Proc. Amer. Math. Soc., 1996, 124: 3357-3359.

[114] Reny P. On the existence of pure and mixed strategy Nash equilibria in discontinuous games. Econometrica, 1999, 67: 1029-1056.

[115] Dasgupta P, Maskin E. The existence of equilibrium in discontinuous economic games: Theory. Review of Economic Studies, 1986, 53: 1-26.

[116] Simon L. Games with discontinuous payoffs. Review of Economic Studies, 1987, 54: 569-597.

[117] Simon L, Zame W. Discontinuous games and endogenous sharing rules. Econometria, 1990, 58: 861-872.

[118] Baye M, Tian G, Zhou J. Characterizations of the existence of equilibria in games with discontinuous and non-quasiconcave payoffs. Review of Economic Studies, 1993, 60: 935-948.

[119] Scalzo V. Essential equilibria of discontinuous games. Economic Theory, 2013, 54: 27-44.

[120] Carbonell-Nicolau O. On essential, (strictly) perfect equilibria. J. Math. Economics, 2014, 54: 157-162.

[121] Deghdak M, Florenzano M. On the existence of Berge's strong equilibrium. International Game Theory Review, 2011, 13(3): 325-340.

[122] Correa S,Torres-Martínez J P. Essential equilibria of large generalized games. Economic Theory, 2014, 57: 479-513.

[123] Carbonell-Nicolau O. Further results on essential Nash equilibria in normal-form games. Economic Theory, 2015, 59: 277-300.

[124] Carbonell-Nicolau O, Wohl N. Essential equilibrium in normal-form games with perturbed actions and payoffs. J. Math. Economics, 2018, 75: 108-115.

[125] Myerson R B. Refinements of the Nash equilibrium concept. Inter. J. of Game Theory, 1978, 7: 73-80.

[126] Kohlberg E, Mertens J F. On the strategic stability of equilibria. Econometrica ,1986, 54: 1003-1037.

[127] Jiang J H. Essential components of the set of fixed points of the multi-valued maps and its applications to the theory of games. Scientia Sinica, 1963, 12: 951-964.

[128] Kinoshita S. On essential components of the set of fixed points. Osaka J. Math., 1952, 4: 19-22.

[129] Yu J. Xiang S W. On essential components of the set of Nash equilibrium points. Nonlinear Analysis TMA, 1999, 38: 259-264.

[130] Yu J, Luo Q. On essential components of the solution set of generalized games. J. Math. Anal. Appl., 1999, 230: 303-310.

[131] Zhou Y H, Yu J, Xiang S W. Essential stability in games with infinitely many pure strategies. Inter. J. of Game Theory, 2007, 35: 493-503.

[132] Hillas J. On the definition of the strategic stability of equilibria. Econometrica, 1990, 58: 1365-1390.

[133] 俞建, 陈国强, 向淑文, 杨辉. 本质连通区的存在性和稳定性. 应用数学学报, 2004, 27: 201-209.

[134] Yu J, Yang H, Xiang S W. Unified approach to existence and stability of essential components. Nonlinear Analysis TMA, 2005, 63: 2415-2425.

[135] Yu J, Xiang S W. The stability of the set of KKM points. Nonlinear Analysis TMA, 2003, 54: 839-844.

[136] Yu J, Zhou Y H. A Hausdorff metric inequality with applications to the existence of essential components. Nonlinear Analysis TMA, 2008, 69: 1851-1855.

[137] Zhou Y H, Yu J, Xiang S W, Wang L. Essential stability in games with endogenous sharing rules. J. Math. Economics, 2009, 45: 233-240.

[138] Khanh P Q, Quan N H. Generic stability and essential components of generalized KKM points and applications. J. Optim. Theory Appl., 2011, 148: 488-504.

[139] Yang Z. Essential stability of α-core. Inter. J. of Game Theory, 2017, 46: 13-28.

[140] 俞建, 贾文生. 有限理性研究的博弈论模型. 中国科学, 2020, 50(9): 1375-1386.

[141] Simon H A. 管理行为. 杨砾, 等, 译. 北京：北京经济学院出版社, 1991.

[142] Durlauf S N, Blume L E. 新帕尔格雷夫经济学大辞典. 2 版. 北京：经济科学出版社, 2016.

[143] Kahneman D. Haps of bovnded rationality: Psychology for behavioral economics. American Economic Review, 2003, 93(5): 1449-1475. (译文见《比较》杂志总 13 辑, 2004 年, 由李敏谊译)

[144] Thaler R H. Behavioral economics: Past, present, and future, American Economic Review, 2016, 106(7): 1577-1600. (译文见《比较》杂志总 93 辑, 2017 年, 由颜超凡译)

[145] Roth A E. 经济学中的实验室实验六种观点. 聂庆, 译. 北京：中国人民大学出版社, 2013.

[146] Camerer C F. 行为经济学新进展. 贺京同, 等, 译. 北京：中国人民大学出版社, 2010.

[147] Anderlini L, Canning D. Structural stability implies robustness to bounded rationality. J. Economic Theory, 2001, 101: 395-422.

[148] Yu C, Yu J. On structural stability and robustness to bounded rationality. Nonlinear Analysis TMA, 2006, 65：583-592.

[149] Yu C,Yu J. Bounded rationality in multiobjective games. Nonlinear Analysis TMA, 2007, 67: 930-937.

[150] Yu J, Yang H, Yu C. Structural stability and robustness to bounded rationality for non-compact cases. J. Global Optim., 2009, 44: 149-157.

[151] Yu J, Yang Z, Wang N F. Further results on structural stability and robustness to bounded rationality. J. Math. Economics, 2016, 67: 49-53.

[152] Miyazaki Y, Azuma H. (λ, ε)-stable model and essential equilibria. Mathematical Social Sciences, 2013, 65: 85-91.

[153] Miyazaki Y. A remark on topological robustness to bounded rationality in semialgebraic models. J. Math. Economics, 2014, 55: 33-35.

[154] Loi A, Matta S. Increasing complexity in structurally stable models: An application to pure exchange economy. J. Math. Economics, 2015, 57: 20-24.

[155] 中国科学院数学研究所第二室. 对策论 (博弈论) 讲义. 北京：人民教育出版社, 1960.

[156] 克里斯汀 · 蒙特, 丹尼尔 · 塞拉. 博弈论与经济学. 张琦, 译. 北京: 经济管理出版社, 2005.

[157] 董保民, 王运通, 郭桂霞. 合作博弈论. 北京: 中国市场出版社, 2008.

[158] Roth A E. The Shapley Value: Essays in Honor of Lloyd. S. Shapley. Cambridge: Cambridge University Press, 1988.